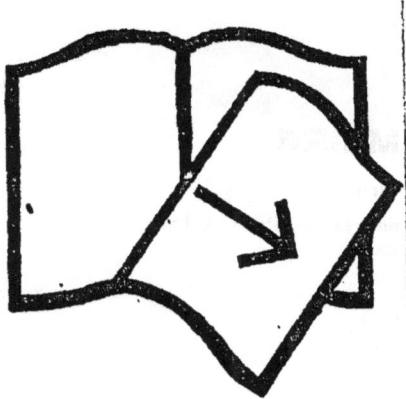

Couverture inférieure manquante

Début d'une série de documents en couleur

HOMMES ET CHOSES
DE
CHEMINS DE FER

PAR

Gustave NOBLEMAIRE

Ingénieur en Chef des Mines
Directeur de la Compagnie des Chemins de Fer de Paris à Lyon
et à la Méditerranée

PARIS
IMPRIMERIE PAUL DUPONT
144, Rue Montmartre, 144
—
1905

Fin d'une série de documents en couleur

HOMMES ET CHOSES
DE
CHEMINS DE FER

HOMMES ET CHOSES

DE

CHEMINS DE FER

PAR

Gustave NOBLEMAIRE

Ingénieur en Chef des Mines

Directeur de la Compagnie des Chemins de Fer de Paris a Lyon
et a la Méditerranée

PARIS
IMPRIMERIE PAUL DUPONT
144, Rue Montmartre, 144
—
1905

LA VIE
ET LES TRAVAUX
DE
M. CHARLES DIDION

Mai 1883

Des pertes nombreuses et vivement ressenties frappent coup sur coup le corps des Ponts et Chaussées. C'est pour lui une ancienne et louable coutume d'inscrire à son livre d'or le nom de ceux de ses membres qui l'ont particulièrement honoré et dont il a le droit de s'enorgueillir ; c'est pour l'auteur de ces lignes un devoir à la fois d'affection et de reconnaissance de retracer la vie et les services de l'homme si bienveillant, de l'éminent Ingénieur dont l'Administration publique et la grande industrie ont eu naguère à regretter la perte.

Né le 30 janvier 1803, à Charmes (Moselle), Charles Didion est entré à l'Ecole Polytechnique en 1820. Il en est sorti le premier en 1822 pour entrer à l'Ecole des Ponts et Chaussées. Il est devenu Ingénieur ordinaire en 1825, Ingénieur en chef en 1841, Inspecteur divisionnaire en 1848, Inspecteur général en 1857. — Chevalier de la Légion d'honneur en 1841, Officier en 1846, Commandeur en 1864, M. Didion a pris une trop grande part à l'histoire de nos chemins de fer en France pour n'y pas laisser une trace ineffaçable : ouvrier de la première heure dans cette industrie nouvelle dont, avec les Seguin, les Talabot, les Flachat, il avait vite entrevu et pressenti l'avenir ; constructeur, dès 1832, des premières lignes ferrées du midi de la France, d'Alais à Beaucaire et de Nîmes à Montpellier, il a consacré à cette industrie la plus grande partie de sa longue carrière, et son nom demeurera indissolublement associé à celui du chemin de fer d'Orléans, qu'il a été appelé à organiser en 1852, et que pendant trente années il n'a cessé de diriger.

Les commencements de Charles Didion furent modestes et difficiles. Son père avait trois enfants ; le petit commerce qu'il exerçait à Charmes assurait, tant bien que mal, à la famille, cette vie calme et modeste des petites villes, souvent voisine du bonheur réservé à la médiocrité, souvent aussi voisine de la gêne, quand, par hasard, se font sentir jusqu'à elles les complications de la politique ou les incidents des crises commerciales.

L'éducation des enfants y est facile et peu coûteuse, mais nécessairement limitée ; à quatorze ans, Charles Didion savait tout ce que pouvaient lui apprendre les modestes professeurs de sa ville natale. Les succès de l'enfant, les horoscopes flatteurs dont il est l'objet, déterminent la famille à une séparation doublement pénible : on l'envoie au collège de Nancy, et de cette époque commence une correspondance qu'il m'a été donné de parcourir, grâce au soin pieux avec lequel elle était conservée et classée par une mère naïvement confiante, dès cette époque, dans l'avenir de son fils. Le jeune provincial y occupe bientôt le premier rang, « bien que je sorte de mon village, dit-il plaisamment, et du pensionnat de l'abbé Pillard ». — Les pensionnats ecclésiastiques étaient-ils donc, dès 1818, suspects à l'Université?

Cette existence en partie double est relativement coûteuse, malgré tout ; on a beau essayer d'en alléger le poids par de savantes combinaisons, par la multiplication des envois confiés au messager qui, deux fois par semaine, fait le service entre Charmes et Nancy ; cela n'empêche pas que l'époque du payement des droits universitaires revienne bien fréquemment. L'enfant ne cesse de s'en lamenter dans ses lettres, en donnant à ses parents l'assurance touchante que sa bonne conduite et son travail leur rendront le fardeau moins lourd et qu'il saura les récompenser de leurs sacrifices. Son professeur, qui plus tard devait devenir son beau-frère, M. Roussel, se porte garant de ces promesses et d'une parole que, devenu homme, l'enfant a vaillamment tenue.

En 1820, il entre le quatorzième à l'École Polytechnique ; il y apporte ces habitudes de travail réglé et tranquille qui, pendans toute sa carrière, feront sa force, mais que des intelligences moins bien douées pourraient difficilement se permettre. « Notre promotion, écrit-il, est infatigable et une espèce de rareté ; les salles sont presque pleines à quatre heures du matin ; il y a plus de la moitié des élèves qui ne se couchent qu'à une heure ou minuit. Et moi, qui travaille quatre fois plus qu'à Nancy, je suis ici une espèce de paresseux... Je n'essaye pas d'en faire autant, parce que c'est un mauvais système ; je n'ai pas encore travaillé en dehors des heures d'étude... Je ne compte guère monter cette année, parce qu'il y a trop d'élèves qui avaient sur moi de l'avance ; mais ces différences disparaîtront l'année prochaine, et rira bien qui rira le dernier. »

Il ne devait pas attendre longtemps pour « bien rire », et, en novembre 1821, il entre en 2ᵉ division, premier de sa promotion : « Lundi matin, messe du Saint-Esprit avec sermon par l'archevêque de Paris, auquel j'ai eu l'insigne honneur d'être présenté ainsi qu'au président du Conseil, comme premier de la division. Après quoi, splendide déjeuner chez le général, avec l'archevêque, des pairs de France, des membres de l'Institut, des généraux, et nous, chétifs, au nombre de quatre élèves, qui avons officié très dignement pour notre part. »

Au milieu de ces joies bien naturelles, les sacrifices continuaient « les trimestres à payer semblent revenir chaque mois », et malgré ses démarches, le chef de la promotion ne pouvait obtenir une portion de bourse, qui aurait été cependant la bien venue pour alléger les charges de la famille. Il s'en console en comptant sur l'avenir. Et cependant, bien peu s'en faut que cet avenir, qui s'annonçait si brillant et si assuré, ne soit brusquement brisé, transformé tout au moins, par suite d'un de ces incidents qui, plusieurs fois à cette époque, ont mis en question l'existence même de l'Ecole Polytechnique.

Lorsque Paris est agité, il est rare que l'émotion ne gagne pas de suite la studieuse et ardente jeunesse qui, sur les bancs de l'école, n'a pas encore perdu, et croit de bonne foi qu'elle ne perdra jamais, les plus généreuses illusions. Coupable, dans ces circonstances, d'une imprudence que nous avons tous impunément commise, surpris par un surveillant maladroitement zélé au moment où il remettait à la salle voisine une circulaire délicate, Charles Didion, malgré son rang à l'Ecole, est envoyé au donjon de Vincennes, où il est gardé dix-sept jours. On était au mois de juin 1822 ; l'époque des examens de sortie approchait, et une séquestration dans ces conditions pouvait avoir, avec une moins riche organisation, les conséquences les plus fâcheuses. Aussi, à peine rendu à la liberté, il rompt, pendant les quelques jours qui le séparent encore des examens, avec ses habitudes de travail raisonnable et limité aux heures normales d'étude ; deux examens successifs subis devant M. de Prony et M. Chevreul lui valent deux 20, et, malgré les craintes et les soucis qui avaient si justement traversé son habituelle quiétude, il sort de l'Ecole avec le n° 1, qu'il n'avait pas perdu depuis son passage en seconde année.

A l'Ecole des Ponts et Chaussées ces angoisses sont oubliées ; il se laisse même aller à des rêves de fortune en touchant pour la première fois, le 31 décembre, les 77 fr. 77 qui représentaient alors, défalcation faite de la retenue pour la retraite, les appointements mensuels d'un élève ingénieur.

La vie de Paris, bien modeste pourtant, deux voyages de mission, l'un à Périgueux, l'autre à Rouen et au Havre, lui montrent que le moment de la réalisation de ses rêves dorés n'est pas encore arrivé ; aussi, après l'achèvement de ses trois années d'étude, préfère-t-il, à l'honneur d'assister à Paris, pendant une année, aux délibérations du Conseil général, une place en province. On le nomme, en 1825, aspirant Ingénieur à Niort.

Il y passe trois années sous les ordres paternels de M. Mesnager ; les travaux à exécuter n'étaient pas très importants, les crédits étaient rares ; un barrage éclusé près de l'embouchure de la Sèvre à Marans, une écluse auprès de Niort, la vie d'une petite ville avec ses cercles, ses coteries, ses séduisantes familiarités, tel est le bilan d'un séjour de trois années au bout desquelles il a le droit d'écrire : « Philosophe par nécessité, je trouve cette vie excellente pour un homme de quarante ans ; j'ai le sang trop actif pour ne pas quelquefois la trouver un peu monotone. »

Aussi salue-t-il avec reconnaissance la décision qui, en mai

1828, l'attache à Decize, sous les ordres de l'Ingénieur en chef Vigoureux, à la construction du canal latéral à la Loire. C'était la période des grands travaux entrepris par le Gouvernement pour établir ou améliorer les canaux. L'impatient Ingénieur allait y trouver, en compagnie de ses camarades Job, Bolin et Talabot, un large aliment à son activité, à son besoin d'apprendre le métier à la véritable école, celle de la pratique. A la suite de la tentative infructueuse faite, en 1829, par le Gouvernement, pour traiter avec des compagnies l'achèvement et l'exploitation de ces voies navigables, le travail reprend de plus belle, et ce ne sont pas, on le croira facilement, les conditions un peu austères du séjour dans l'île de Decize qui pouvent distraire le jeune et zélé Ingénieur des travaux de bureau et de chantiers qu'il dirige tous lui-même et qu'il considérera toujours comme l'origine de son expérience des travaux et de sa fortune à venir.

La révolution de 1830 éclate, ramenant, comme d'usage, à la surface, par un mouvement naturel d'ébullition, toutes les idées qui touchent ou croient toucher à la solution de ces problèmes sociaux, souvent résolus, dit-on, et toujours à résoudre.

Le *Système industriel* de Saint-Simon, son *Nouveau Christianisme*, avaient enflammé une foule d'esprits passionnés et aventureux, esprits d'élite au demeurant pour la plupart, et dont un grand nombre ont survécu au ridicule de certaines manifestations de la religion nouvelle et laissé dans notre histoire industrielle une trace lumineuse. C'est de cette époque que datent les relations de M. Didion avec Enfantin, Transon, Pereire, Fournel, Michel Chevalier, Arlès. Son éloignement de Paris, sa haute et sereine raison devaient le prémunir contre les exagérations auxquelles échappent difficilement les apôtres des idées nouvelles. Il allait d'ailleurs trouver bientôt, sur un champ de bataille digne de lui, l'occasion d'appliquer dans la juste mesure les idées de ses amis sur la reconstitution de l'ordre social par l'industrie.

Le canal d'Aigues-Mortes à Beaucaire, dans lequel la famille du maréchal Soult avait de grands intérêts, avait attiré de Bourges à Nîmes, depuis 1829, un jeune Ingénieur que l'État avait chargé d'exécuter pour le compte de la compagnie tous les travaux nécessaires, et qui allait trouver dans le Gard le point de départ d'une admirable carrière industrielle, M. Paulin Talabot. Il y attire à son tour son ami et camarade Charles Didion, qui sollicite et obtient le service ordinaire de l'arrondissement de Nîmes.

Un service ordinaire à Nîmes, en 1832, devait laisser quelques loisirs à son titulaire. M. Didion le pensait bien, il y comptait ; il comptait aussi sur l'esprit d'initiative de son ami, sur la richesse du pays pour utiliser ses heures disponibles et donner libre carrière aux aspirations qui leur étaient communes.

« D'après Talabot, écrit-il le 8 mars 1832, la prospérité commerciale est plus grande dans ce pays qu'elle ne l'a été depuis quinze ans. L'enquête pour le chemin de fer se continue ; il espère faire une belle entreprise d'eaux à conduire à la ville de Nîmes, et projette un très grand desséchement de marais, enfin un pont suspendu. Voilà plus de besogne que nous n'en pourrons faire, si la gastrite de Talabot le laisse plus libre de se fatiguer. Malheureusement il est bien souffrant... J'espère beaucoup de nos projets avec lui ; une fois lancés, nous pourrons peut-être aller loin, si la paix continue, comme cela est probable. »

C'est à Nîmes que se noue plus étroitement entre ces deux éminents collaborateurs une amitié fidèle, qui, pendant cinquante années, les a liés dans une inaltérable et féconde intimité.

M. Didion y arrive au mois de juillet 1832, et, pour unir plus étroitement leurs efforts, les deux amis font ménage commun dans une vaste maison où se trouve à la fois leurs bureaux et leur domicile personnel, séparés les uns des autres par un jardin inondé d'air et de lumière. Séduisante installation pour ceux qui, comme eux, aiment la nature méridionale, ne se laissent effrayer ni par la poussière de Provence, ni par son soleil de juillet, et que charment au contraire son ciel bleu, ses âpres parfums, ses lumineux horizons et le chant des cigales.

Sous l'influence des passions religieuses surexcitées par cette ardente nature, les agitations à Nîmes sont fréquentes, les discordes parfois profondes. On le sait en Lorraine et on s'en inquiète ; le nouvel arrivé s'empresse de faire connaître à sa mère le pays auquel, pour de longues années, il va lier sa destinée.

« Notre maison est à M. de S..., aujourd'hui poursuivi comme carliste et caché. En cas de révolution, les protestants nous laisseraient paisibles, puisque nous sommes de leurs amis ; et si les catholiques, plus nombreux, prenaient le dessus, notre maison, appartenant à un chef de leur parti, serait pour eux l'Arche sainte. La ville, du reste, est fort paisible aujourd'hui, grâce à la conduite prudente et modérée du Préfet, M. de Lacoste. Mais la population est autrement vivante que dans nos villes du Nord. Sur les boulevards qui entourent la ville, on circule au milieu d'une foule vive et pétulante dont l'air de gaieté est inconnu sous notre ciel gris du nord et du centre de la France. Ce sont là les éléments de la bruyante émeute ; mais les partis se connaissent parfaitement ; les pierres et les coups de poing ont toujours une adresse bien déterminée ; de sorte que les étrangers pourraient, sans inconvénient, se mettre aux premières loges. »

Le service des routes pour M. Didion, le service du canal de Beaucaire pour M. Talabot, ne pouvaient suffire à leur exubérante activité ; ils exécutent de concert, avec autant d'habileté que de promptitude, d'importants travaux de dessèchement dans les étangs historiques que traverse ou côtoie le canal de Beaucaire à Aigues-Mortes, et complètent les projets du chemin de fer d'Alais à Beaucaire, pour lesquels une société d'études avait été organisée par M. Paulin Talabot et dont les avant-projets avaient été, dès 1831, présentés par lui au Conseil général des Ponts et Chaussées.

Sur l'insistance de M. Odilon Barrot et malgré la résistance de M. Thiers, aussi peu enthousiaste des chemins de fer dans le Midi que dans le Nord, le Gouvernement se décide à donner suite aux projets depuis si longtemps à l'étude, et la loi du 29 juin 1833 approuve l'adjudication passée au profit de MM. Talabot, Veaute, Abric et Mourier.

On a bien usé depuis cette époque (et abusé) des prospectus destinés à faire connaître au public, qu'on veut enrichir malgré lui, le but, l'utilité, les avantages des entreprises qu'on lui propose. Ces procédés n'étaient pas encore de mode alors, mais on lira, croyons-nous, avec intérêt la lettre intime, aussi nette que précise, dans laquelle M. Didion exposait à sa famille le résultat de leurs communes études, l'objet et l'avenir probable de l'œuvre qu'ils allaient entreprendre :

« Mars 1833. — Le chemin de fer d'Alais à Beaucaire est destiné à faire arriver à bon marché à Beaucaire tous les produits du bassin d'Alais. A partir de là, les transports se font aisément, d'une part sur Marseille et Toulon par le Rhône et la Méditerranée, et d'autre part sur Montpellier, Toulouse et tout le Midi par les canaux de Beaucaire et du Languedoc. Le bassin d'Alais, riche en mines de toute espèce, est surtout très bien pourvu de houille et de minerai de fer ; la houille est de la meilleure qualité, mais les frais de roulage sont trop élevés pour que sa consommation puisse s'étendre en dehors du département, et on n'en tire actuellement que 30,000 tonnes pour le service des machines, des distilleries et des forges d'Alais. La consommation de Marseille et de tout le Midi est alimentée par la houille de Saint-Etienne, qui descend le Rhône ; mais du jour où les houilles d'Alais arriveront à bon marché au port de Beaucaire, elles s'empareront de tout le marché du Midi, qui, aujourd'hui, consomme au moins 60,000 tonnes, et qui en consommera d'autant plus que les prix baisseront davantage. Ce sera là le principal service du chemin de fer. Il aura 24 lieues de longueur : 4 d'Alais jusqu'aux mines, 14 d'Alais à Nîmes et 6 de Nîmes à Beaucaire ; le transport, qui coûte aujourd'hui 34 francs des mines à Beaucaire, ne coûtera plus que 12 francs par le chemin de fer. Aussi les propriétaires houillers n'ont-ils pas hésité à prendre envers la compagnie du chemin de fer l'engagement de livrer 80,000 tonnes au moins à la circulation. Après les houilles viendront les produits des hauts fourneaux et des forges d'Alais. Cet immense établissement, que dirige notre camarade de Billy, est monté pour donner 10 à 12,000 tonnes de fer ou de fonte par année, et tout annonce qu'on y pourra fabriquer le fer à aussi bon marché qu'en Angleterre.

« Sans même compter les produits de la foire de Beaucaire, le tarif de l'adjudication donne un produit brut de plus de 1,100,000 francs ; les frais d'entretien et de machines étant évalués à 350,000 francs, d'après les plus coûteux des chemins de fer aujourd'hui en activité en Angleterre, il en résulte un produit net de 750,000 francs. Nos estimations, faites largement, montent à 8 millions de francs, qui seront le fonds social. En prélevant 400,000 francs pour les intérêts, il en résulte un bénéfice annuel de 850,000 francs, à répartir pour amortissement et dividende. »

Avec un pareil exposé et une pareille signature, il ne serait pas malaisé aujourd'hui de recueillir immédiatement un capital même beaucoup plus important. Mais on était en 1833, et ce ne fut pas, à cette époque, la partie la plus facile de la tâche du créateur de cette entreprise, que de lui assurer la confiance de quelques capitalistes.

M. Paulin Talabot obtient d'abord celle des principales maisons de commerce de Marseille et de Nîmes ; par acte du 27 juillet 1837 se constitue la société des mines de la Grand'-Combe et des chemins de fer du Gard, entre MM. Jules, Léon et Paulin Talabot, Louis Veaute, Abric, Mourier, Fraissinet et Roux, Jean Luce, Joseph Ricard, Delort et Fournier frères, ayant pour objet l'aménagement et l'exploitation des mines de la Grand'Combe et l'exécution des chemins de fer de Beaucaire à Nîmes, Alais et la Grand'Combe.

Le concours empressé et généreux que prêta à l'entreprise nouvelle le baron James de Rothschild, plein de foi dans son avenir, et enfin un prêt de l'État, remboursable en charbon à fournir à la marine militaire à Toulon, assurent la réalisation de l'œuvre si patiemment et si soigneusement étudiée.

Les travaux vont enfin entrer dans leur phase active. M. Didion sollicite, en mars 1837, sa mise en congé illimité et se consacre avec ardeur à l'exécution de travaux difficiles moins encore par leur importance que par leur nouveauté. En dehors du chemin de Saint-Étienne, établi dans des conditions particulières, et si bizarrement desservi alors par l'emploi de tous les moyens de traction, par des chevaux, des machines fixes et des câbles, par la gravité et même par des locomotives, celui d'Alais à Beaucaire était, en effet, le premier exemple d'un chemin de fer établi sur un type qui depuis n'a plus varié.

Confondus dans une action et une vie communes, M. Talabot s'occupe, en même temps que des travaux, des affaires générales de la compagnie, de son organisation financière, des dispositions à prendre pour la mise en valeur des mines et l'exploitation du chemin de fer, M. Didion, plus spécialement de la direction de la construction.

Tout y était à créer, et pour les travaux proprement dits et pour les affaires administratives. Pour les travaux, l'expérience qu'il avait acquise sur les chantiers de Decize allait suppléer à l'insuffisant bagage de l'Ecole des Ponts et Chaussées (1). Le personnel fait également défaut ; il recourt pour le former à quelques agents du cadastre, à quelques jeunes gens sortant de l'Ecole centrale et qui apprennent le métier auprès de trois conducteurs déjà expérimentés que M. Talabot avait amenés du canal du Berry ; l'un d'eux, M. Bourdaloue, devait se faire plus tard une spécialité et un nom qui demeurent connus. Les affaires contentieuses, administratives, étaient nouvelles et délicates, puisqu'il s'agissait de faire en grand l'une des premières applications de la loi récente du 7 juillet 1833, sur les expropriations. Les difficultés se résolvent cependant grâce au caractère toujours égal, à l'humeur enjouée de M. Didion, à son extraordinaire facilité de travail ; la jurisprudence s'établit grâce au concours d'un jurisconsulte que le barreau de Nîmes s'honore de compter encore dans ses rangs, M. Fargeon, jeune avocat alors, et intimement associé à la vie, aux joies et aux préoccupations des deux amis.

Ceux-ci commandent à l'usine d'Alais (Tamaris) les premiers rails qu'elle ait fabriqués et multiplient les voyages en Angleterre pour y étudier les conditions de la construction et de l'emploi du matériel roulant. Cordialement accueillis par l'illustre George Stephenson, ils se lient avec son fils Robert, qui, peu d'années auparavant, en 1829, appliquant aux locomotives l'invention de Marc Seguin, le célèbre créateur du chemin de Saint-Etienne, avait remporté le prix du concours à Liverpool, et, complétant ainsi l'œuvre paternelle, donné à la locomotive le caractère essentiel que, sous des formes et avec des dimensions bien différentes, elle a conservé depuis. Chaque année il visite sur son yacht les rivages, de la Méditerranée, touche à Marseille, visite à Nîmes ses deux amis et les aide à y installer les ateliers de réparation du matériel roulant. Les locomotives nécessaires à l'exploitation future sont

---

(1) Les cours de l'Ecole des Ponts et Chaussées n'étaient pas en 1825 ce qu'ils sont devenus depuis, et l'on y remplaçait parfois la précision scientifique par une douce familiarité. M. Didion aimait, à titre d'exemple, à citer ce passage d'une des leçons qu'il y avait reçues « que pour qu'une pile pût faire culée, il fallait lui donner *pas mal* d'épaisseur ».

commandées moitié aux ateliers de Sharp à Manchester, moitié à ceux de Robert Stephenson à Newcastle.

Enfin une première partie de la ligne est livrée à la circulation le 15 juillet 1839, de Nîmes à Beaucaire, au moment de l'ouverture de la célèbre foire, alors dans tout son éclat, et au milieu des transports d'enthousiasme de la population bigarrée qui, de toutes parts, s'y donnait rendez-vous. La seconde partie, retardée par dix-huit crues successives du Gardon qui gênent et compromettent même, dans l'hiver de 1839, l'achèvement du pont de Ners, le principal ouvrage de cette section, est livrée à la circulation le 1ᵉʳ août 1840.

On nous pardonnera d'avoir redit avec quelques détails les circonstances de l'exécution du premier chemin type qui ait été exécuté dans notre pays, et le début dans la vie industrielle des deux Ingénieurs qui laisseront dans l'histoire de nos chemins de fer la trace la plus profonde et la plus brillante.

Leur collaboration ne s'était pas bornée à l'exécution du chemin d'Alais à Beaucaire : ils étudient complètement, de 1838 à 1840, le chemin de Marseille à Avignon, opposent au tracé par la vallée de la Durance, alors préconisé par M. de Montricher, l'habile auteur du canal de Marseille, le tracé par Arles et la Crau, et en font prévaloir l'adoption.

« Le chemin de Beaucaire achevé, l'un de nous deux, dit M. Didion, devient un pléonasme » ; et, tout en continuant une collaboration si féconde, tant que se prolongera leur commun séjour à Nîmes jusqu'en 1845, les deux amis suivent, à partir de 1840, deux voies distinctes, mais parallèles, qu'ils parcourront jusqu'au bout avec un égal éclat.

M. Didion entreprend le chemin de Nîmes à Montpellier, et depuis cette époque il n'est pas, du nord au midi de la France, une entreprise de chemin de fer qui ne sollicite ses conseils ou son concours.

M. Paulin Talabot, fidèle à la région qu'il aime et soutenu par une inébranlable confiance dans l'avenir du pays, dans les grandes destinées qui attendent Marseille, poursuit et achève l'entreprise qu'il a conçue et créée ; à Beaucaire-Alais, succèdent Avignon-Marseille, en 1843 ; puis Lyon-Avignon, en 1851. — Conception de l'idée, organisation financière, étude et construction des lignes, tout lui appartient, tout est son œuvre.

Les chemins construits à côté de ceux-ci, dans l'Hérault et le Gard, sont réunis aux premiers et forment, en 1852, la compagnie de Lyon à la Méditerranée, qui, bientôt transformée par une fusion, dont il est le premier artisan, avec les chemins de fer de Paris à Lyon, de Dijon à la frontière suisse, de Lyon à Genève et du Bourbonnais, deviendra, en 1857, le chemin de Paris à Lyon et à la Méditerranée. Malgré les soucis incessants de l'organisation et de la direction d'une pareille affaire, il trouve le temps d'organiser, comme en se jouant, les plus grandes entreprises industrielles de notre époque en France et à l'étranger : les chemins de fer du sud de l'Autriche, les chemins de fer d'Algérie, les mines de Mokta-el-Hadid, qu'il reprend ruinées pour les amener, en peu d'années, au plus haut degré de prospérité ; les sociétés financières, les usines métallurgiques en Russie ; en France, la société des transports maritimes à vapeur, dont les transports de minerai de Mokta sont l'origine et la raison d'être, sollicitent tour à tour son activité. Quand la mort du collaborateur éminent qu'il s'était adjoint, M. Audibert, le force, en 1873, à ressaisir le gouvernail, il se remet, à soixante-quatorze ans, à l'œuvre de sa jeunesse avec la résolution, la sérénité qu'aucune épreuve ne peut ébranler, et reprend, pendant neuf années, avec les fatigues et les soucis des luttes de chaque jour, la direction générale de cette grande entreprise de Paris à Lyon et à la Méditerranée ; il lui conserve aujourd'hui les conseils de sa haute expérience, et son nom reste encore pour elle un drapeau, à l'ombre duquel est fier de servir l'armée qu'il a si longtemps et si vaillamment commandée.

Ces quelques années passées à l'industrie, en assurant à Didion une modeste indépendance, lui avaient permis de réaliser vis-à-vis de sa famille les espérances qu'exprimait au collège de Nancy l'enfant justement confiant dans son avenir. Son ambition de philosophe n'allait pas beaucoup plus loin. On lui offre, en 1840, la direction de la construction du chemin de fer de Paris à Rouen : il préfère rentrer au service de l'État, « espérant, dit-il, que le corps l'accueillera volontiers et sans rancune ». Il accepte l'offre de M. le comte Jaubert, ministre des Travaux publics, et prend la direction de la construction du chemin de fer de Nîmes à Montpellier, destiné à prolonger le chemin de Montpellier à Cette, alors entrepris par le baron de Mecklembourg, et à relier ainsi le bassin du Gard à la mer par une voie ferrée ininterrompue.

Le 20 janvier 1841 il est nommé Ingénieur en chef des Ponts et Chaussées, et décoré de la Légion d'honneur le 4 avril, à trente-huit ans. Ces deux distinctions étaient noblement gagnées.

De 1840 à 1845, il se consacre à la construction du chemin de Montpellier, que sa nature aimable et conciliante lui permet de mener à bien, malgré les difficultés de plus d'un genre où les questions de la construction technique jouaient un rôle moins important encore que les questions de personnes et d'administration générale. L'exploitation en est remise à une compagnie fermière, qui la conserve jusqu'à la constitution, en 1852, de la compagnie de Lyon à la Méditerranée.

En 1845, après deux voyages d'études successifs en Belgique, en Angleterre et en Ecosse, le choix éclairé de l'éminent sous-secrétaire d'Etat qui a donné une si vive et si utile impulsion à l'exécution de nos travaux publics, M. Legrand, le fait venir à la résidence de Paris, qu'il ne devait plus quitter, et l'appelle à succéder à M. Avril comme secrétaire du Conseil général des Ponts et Chaussées. Il n'y fait qu'un séjour de dix-huit mois, cède à M. Busche une place dont le titre seul constitue pour l'Ingénieur qui l'occupe un honneur justement recherché, et il est choisi, le 23 juillet 1846, par la compagnie concessionnaire du chemin de fer de Bordeaux à Cette pour prendre la direction de la construction de ce chemin, qu'il organise en y appelant MM. Job et Belin, ses anciens collaborateurs du canal latéral à la Loire.

On était alors au milieu de cette longue période d'enfantement de laquelle ne devait sortir qu'en 1852, après bien des soubresauts et des catastrophes, l'organisation actuelle de nos chemins de fer, période d'ardente ébullition, où à des engouements irréfléchis succédaient d'injustifiables défiances. Le crédit des compagnies naissantes n'était pas encore assez solidement établi pour résister à de pareilles bourrasques ; la crise financière et commerciale de 1847, avant-coureur de la crise politique bien autrement redoutable de 1848, fait subir à toutes les valeurs une énorme dépréciation. Plusieurs compagnies, dont la fortune actuelle, rapprochée des misères du début, offre un singulier et instructif contraste, Bordeaux à

Cette, Lyon à Avignon, sombrent dans la tourmente et, hors d'état de remplir leurs engagements, sont déclarées déchues. M. Didion reprend sa liberté, et on lui confie (novembre 1847) l'achèvement de la ligne de Paris en Belgique et le contrôle des travaux des embranchements sur Calais, Dunkerque et de Creil à Saint-Quentin.

La Révolution de 1848 éclate avec son inévitable cortège de bouleversements et de ruines : les capitaux inquiets et méfiants se retirent, les entreprises commencées s'arrêtent : les chemins de fer de Paris à Orléans, de Marseille à Avignon, etc., doivent être mis sous séquestre, celui de Paris à Lyon racheté ; au mouvement fécond des dernières années succède cette agitation dans le vide, ordinaire apanage des temps troublés ; les problèmes sociaux, plus insolubles que jamais aux époques et par les procédés révolutionnaires, surgissent de toutes parts. M. Didion, nommé Inspecteur divisionnaire des Ponts et Chaussées le 1er avril 1848, se fait-il illusion à ce sujet ? « La grande question de la politique à venir, écrit-il à cette époque, c'est l'organisation des ouvriers. Voilà notre vieux groupe saint-simonien justifié pleinement ; il deviendra, je l'espère, très utile, parce que tous nos amis ont des positions respectables et veulent l'ordre avant tout en même temps qu'ils comprennent mieux que les autres la situation et ses difficultés. » Il était à coup sûr indiqué naturellement au choix du ministre des Travaux publics pour une mission difficile, dangereuse peut-être, dans le bassin de la Loire. Faut-il en faire honneur à l'application des principes chers à l'école de Saint-Simon, ou simplement à la haute et calme raison de l'ambassadeur, à son sens pratique, à son expérience des hommes et des choses? C'est à toutes ces causes, sans doute, qu'il faut attribuer le succès complet d'une intervention qui alors dénoua les difficultés et concilia, à la commune satisfaction, les prétentions, que les fauteurs de troubles seuls disent inconciliables, des mineurs et des concessionnaires de chemins.

Pendant quatre années consécutives M. Didion prend part aux travaux du Conseil général des Ponts et Chaussées et se consacre exclusivement, en apparence du moins, au service de son inspection dans la région des Alpes. En réalité, son activité s'étendait dans un bien autre rayon. Le général Cavaignac, son camarade d'école, avait désiré s'attacher plus officiellement un concours dont il connaissait tout le prix, et lui avait offert le ministère des Travaux publics. Avec la profonde sagesse qui ne l'a jamais abandonné, M. Didion fuyait l'éclat et les grandeurs, il avait l'horreur des vaines agitations de la politique. Il refusa, préférant se borner au rôle plus modeste et plus utile de conseiller intime ; et, pendant toute cette période, aucune question de chemin de fer ne s'est traitée en dehors de lui au ministère : études de cahier des charges, traités d'exploitation, organisation de séquestre ; dans toutes ces affaires nouvelles et délicates, on était trop heureux de recourir à sa haute expérience et à sa prodigieuse faculté de travail.

En 1852, une contre-révolution rendait aux capitaux la confiance, en dehors de laquelle les grands travaux d'utilité publique peuvent bien être décrétés, mais sans laquelle ils ne peuvent ni s'entreprendre ni prospérer.

De cette époque date l'idée pratique et féconde qui a donné naissance au régime actuel de nos chemins de fer, régime dont une expérience de trente ans a consacré l'efficace élasticité, et que d'imprudents novateurs voudraient aujourd'hui mettre en question.

Les nombreuses petites compagnies qui poursuivaient alors, chacune de son côté, l'achèvement et l'exploitation de réseaux dont toutes les parties ne devaient pas jouir d'une égale prospérité, se réunissent, sous l'énergique impulsion du Gouvernement et se fusionnent en sept grands réseaux ; la durée de leur concession est portée à quatre-vingt-dix-neuf ans. Le crédit des compagnies ainsi constituées se relève rapidement et le Gouvernement non seulement se décharge sur elles des engagements qu'il avait dû contracter, mais encore leur fait accepter, trop facilement peut-être, — l'expérience devait le prouver en 1857, — la concession d'une série de lignes nécessaires au pays, mais destinées à rester longtemps improductives et dont l'exécution aurait été impossible avec l'ancien système de petites compagnies indépendantes et rivales.

M. Didion était naturellement désigné pour la direction d'un des grands réseaux qui venaient de se constituer : la compagnie de Paris à Orléans eut l'heureuse pensée de l'appeler à elle au moment où elle allait absorber par fusion les compagnies du Centre, d'Orléans à Bordeaux, de Tours à Nantes, et se charger, en outre, de l'exécution des lignes de Poitiers à La Rochelle et à Rochefort, portant ainsi à 1,500 kilomètres l'étendue d'un réseau depuis longues années limité à l'exploitation des 108 kilomètres d'Orléans à Paris et qui, en 1882, au moment de la mort de son premier Directeur, devait atteindre un développement de 4,500 kilomètres.

Ce n'était pas une tâche aisée que celle qui consistait à unifier les services de tant de compagnies diverses, ayant jusqu'alors obéi à des administrations individuelles qu'inspirait le soin d'intérêts divergents, quelquefois contradictoires et rivaux ; à substituer à leurs points de vue particuliers, forcément étroits, une direction large, intelligente de l'intérêt commun du public et d'une grande société ; à ramener à une règle uniforme les multiples éléments qui devaient constituer cet important ensemble ; à résoudre enfin les difficultés que soulevaient nécessairement dans une fusion de cette nature les questions de personnes.

L'esprit élevé et généralisateur de M. Didion, son humeur égale et douce, son caractère à la fois ferme et conciliant, devaient lui permettre de résoudre tous ces problèmes, dont quelques-uns, et des plus délicats, s'étaient déjà présentés à lui au chemin de fer de Nîmes à Montpellier.

Une des plus sérieuses difficultés pour ceux qui sont appelés au pesant honneur de diriger d'aussi grandes entreprises, c'est de discerner les aptitudes de leurs collaborateurs, d'utiliser au mieux tous les concours, en mettant chacun à sa vraie place. Ces qualités d'observation et de jugement, M. Didion les possédait au plus haut degré.

Il confie à M. Morandière la construction des lignes nouvelles. Fidèle aux habitudes anglaises que lui avait inculquées à Nîmes son ami Stephenson, convaincu d'ailleurs, qu'au moins dans une période d'organisation aussi laborieuse, il faut simplifier le travail et laisser la part la plus large à l'esprit d'entreprise, il étend à tout le réseau, en le modifiant d'une façon favorable aux intérêts de la compagnie, le traité de traction que M. Polonceau avait passé avec la compagnie d'Orléans, et que seule devait rompre, plus tard, la mort de cet habile ingénieur. Quant à l'exploitation proprement dite, qui comprend le service des trains et des gares, l'étude et l'application des règlements techniques et des tarifs de transport, il était impossible de ne pas administrer directement une matière aussi importante au point de vue de la sécurité, aussi délicate au point de vue des intérêts commerciaux qu'il faut connaître, ménager et satisfaire. M. Didion va chercher, pour le mettre à la tête de cet important service, un jeune ingénieur des Ponts et Chaussées, alors attaché à l'entretien de la voie et que rien ne semblait avoir préparé à l'exercice de ces nouvelles fonctions. J'ai nommé Solacroup, dont il fit, — avec quel succès ! toute notre génération en a été le témoin, — le chef de l'exploitation du réseau agrandi, et qui demeura toute sa vie son ami fidèle et confiant, son respectueux et dévoué collaborateur. Les autres ingénieurs dont alors et depuis il a su s'entourer sont aujourd'hui encore sur la brèche. Pas n'est besoin de les nommer, chacun les connaît, chacun sait à quel point ils sont dignes de leurs anciens et conservent fidèlement leurs sages traditions.

Le hasard des circonstances, ou plutôt l'enchaînement logique des faits qui se rapportent au développement des travaux publics dans notre pays, avait rapproché, à Paris, les deux amis qui, de 1832 à 1845, avaient fait à Nîmes leurs premières armes dans la construction et l'exploitation des chemins de fer. A cette même époque de 1852, M. Paulin Talabot était devenu Directeur général de la compagnie de Lyon à la Méditerranée, constituée par la fusion des compagnies d'Alais à Beaucaire, de Nîmes à Montpellier, de Cette à Montpellier, d'Avignon à Marseille et de Lyon à Avignon. Ils reprennent alors sinon la vie commune de la jeunesse au moins une communauté d'efforts, une collaboration qui, pour n'être pas aussi directe et aussi continue, n'en devait pas moins être utile et féconde.

La réorganisation du Ministère des Travaux publics, en 1855, avait appelé à la direction générale des chemins de fer un de leurs plus fidèles amis, M. de Franqueville ; celui de leurs camarades dont ils estimaient le plus la vive intelligence, le caractère aimable, l'esprit ouvert et conciliant. Depuis cette époque, on peut dire avec raison qu'aucune grande mesure n'a été prise, qu'aucune réforme n'a été faite dans l'organisation des chemins de fer en France, qui n'ait été, à des degrés divers, l'œuvre commune de ces trois maîtres.

C'est sous leur impulsion et par leur accord que s'effectue, en 1857 et 1859, l'extension du réseau d'Orléans, notamment par l'incorporation d'une partie du Grand-Central, ce septième réseau qui, malgré les plus grands efforts, n'avait pu trouver en lui-même les éléments d'une vitalité propre, et que se constitue le grand réseau de Paris à Lyon et à la Méditerranée par la fusion des compagnies de Paris à Lyon, de Lyon à Genève, du Dauphiné et de Lyon à la Méditerranée.

C'est à leur commune collaboration qu'on doit l'œuvre de 1859 qui, complétant et étendant celle de 1852, a constitué sur les bases que l'on sait l'ensemble du réseau français et associé à sa construction et à son achèvement les efforts du Gouvernement et de l'industrie privée.

Une nouvelle crise commerciale menace, en 1857, de compromettre l'achèvement des chemins de fer concédés ; les compagnies concessionnaires sollicitent la revision de leurs contrats, et le Gouvernement, avec une perspicacité et une résolution dont il n'a pas eu à se repentir, décide qu'il n'y a pas lieu de s'en tenir au droit strict dont il est armé vis-à-vis des compagnies, dont les intérêts particuliers ne sont pas seuls en jeu dans une pareille crise. Mais de quelle façon devait-il, sans trop engager les ressources du Trésor, venir le plus utilement à leur secours et préparer le développement ultérieur du réseau en vue de la lutte redoutable que les traités de commerce, dès lors en préparation, annonçaient comme prochaine ?

Les réseaux concédés sont divisés en deux. Dans l'ancien réseau sont classées les lignes alors exploitées et celles des lignes en exécution dont le revenu paraît le plus assuré ; ce réseau peut se passer de l'aide de l'État ; non seulement il vivra par lui-même, mais il devra venir en aide aux lignes improductives dont l'ensemble forme ce qu'on appelle le nouveau réseau.

Pour faciliter l'achèvement de ce dernier, l'État prend à sa charge une partie du capital d'établissement et lui alloue, à fonds perdu, d'importantes subventions.

Mais, eussent-elles atteint la totalité de ce capital, elles n'auraient pas suffi à rendre bonnes par elles-mêmes des lignes dont la plupart ne devaient pas même couvrir leurs frais d'exploitation. Aussi le Gouvernement y ajoute, pour toute la portion du capital que les compagnies consacreront à l'exécution du nouveau réseau et pour une période de cinquante ans, une garantie d'intérêts qui, elle, ne constituera qu'une simple avance et que les compagnies devront ultérieurement lui rembourser, intérêt et principal. Mais pour tenir compte de l'accroissement de produits que devait sans doute assurer à l'ancien réseau l'existence des lignes par elles-mêmes improductives du nouveau, il décide que l'ancien réseau contribuera à alléger le montant de la garantie promise au nouveau, en déversant sur lui tout l'excédent de ses produits nets au delà d'une certaine limite, celle même qu'on avait atteinte à cette époque et qui constitue ainsi le revenu réservé de l'ancien réseau.

Si le pays est insatiable dans ses demandes, et nous ajouterons s'il doit l'être, c'est le devoir des gouvernants de mesurer aux efforts possibles la satisfaction à donner à d'incessantes demandes. A ce devoir, le Gouvernement d'alors n'a pas failli ; ce problème redoutable, il l'a résolu par cette formule si souvent citée, si souvent mal comprise, bien qu'elle soit aussi simple que rationnelle, à laquelle restera justement attaché le nom de Franqueville, qui, avec autant de netteté que de clairvoyance, en a fait comprendre dès l'origine la portée et les résultats probables.

Pendant treize années consécutives, jusqu'en 1865, M. Didion conserve la direction de la grande entreprise qu'il a vu naître pour ainsi dire ; il en règle l'administration technique, commerciale et financière en imprimant à chacune de ses parties ce cachet d'homogène simplicité, d'ordre et de raison qui le distinguaient lui-même au plus haut degré ; il en fait une organisation méthodique que toutes les compagnies peuvent se proposer de prendre pour type et pour modèle.

En 1864, il est nommé commandeur de la Légion d'honneur. Cette distinction si méritée lui est annoncée par M. de Franqueville avec l'aimable délicatesse qui était l'essence même de son caractère. « Le plaisir que vous causera cette nomination, lui écrit-il, ne serait pas complet si je ne vous apprenais que la même distinction est accordée par l'Empereur à notre ami Talabot. »

M. Didion la considère comme le couronnement d'une longue et laborieuse carrière administrative et industrielle. Avec cet esprit de sagesse et de raison qui ne devaient jamais l'abandonner, et dont les exemples sont trop rares, il sait se soustraire à temps aux implacables fatigues d'un labeur sans relâche. Il avait su se préparer un successeur digne de lui, et, en 1805, il se décharge du fardeau de ses fonctions actives sur le plus ancien de ses collaborateurs, sur Solacroup, alors en possession d'une force physique et intellectuelle qu'il semblait qu'aucune fatigue ne dût de longtemps ébranler.

Il est alors nommé délégué général du conseil et, à ce titre, chargé de la haute surveillance des travaux et du contrôle de tous les services de la compagnie ainsi que des négociations de diverse nature qu'elle avait à suivre soit avec les autres compagnies, soit avec le Gouvernement.

Ce fut pour lui, de 1805 à 1882, une période de loisirs relatifs. De pareilles intelligences ne sauraient demeurer inactives ; il eut du moins la faculté de laisser la sienne se porter sur d'autres points que ceux qui, depuis tant d'années, étaient l'objet de ses exclusives préoccupations. « Je puis enfin lire », disait-il avec un vrai bonheur ! Et de fait que ne lut-il pas et, avec l'étonnante mémoire qu'il conserva jusqu'au dernier jour, que ne sut-il pas apprendre et retenir ?

Un jour c'est la botanique qui fixe son attention dans une des nombreuses visites qu'il fait à Trouville à son ancien camarade et ami Léonce Reynaud, lui aussi alors un des lumineux survivants de ces lointaines promotions du commencement de la Restauration. En un an, il a tout lu, tout classé, tout retenu ; les classifications les plus ardues des Candolle, des Bentham et Hooker, des Lemaout et Decaisne, tout est analysé, comparé, discuté et rivé dans une mémoire qui ne savait pas oublier.

Un autre jour, une curiosité à satisfaire, une étymologie à découvrir, le pousse à reprendre peu à peu l'étude des langues. Il n'était pas homme à se contenter de la jouissance, devenue un peu banale, de traduire en vers ou en prose les poésies éternellement jeunes d'*Horace* ; c'est dans les fraîches *Idylles de Théocrite*, dans les *Odes de Pindare*, dans l'antique *Iliade*, qu'il veut se retremper aux sources pures de la littérature et de la poésie.

Ce fut pour lui l'origine d'une longue série d'études de linguistique comparée. Maître bientôt de tous les principes découverts et si philosophiquement exposés par les Celsius, les Brachet, les Max Muller, son esprit précis et méthodique n'est pas de ceux que satisfont des expositions résumées et des affirmations sans preuves, il fallut remonter à l'étude des sources elles-mêmes. La lecture des découvertes de Suse et de Ninive l'amène à l'étude des inscriptions cunéiformes que nous ont laissées en si grande abondance les Persans, les Mèdes et les Assyriens. Il se passionne pour la merveilleuse intuition avec laquelle, d'après les quelques mots de la célèbre inscription de Persépolis, Grotefend en déchiffre les caractères et devine le langage que parlaient les Aryens-Persans, pour la patience et le bonheur avec lesquels Rawlinson, grâce à la grande inscription trilingue de Suse, reconstitue les langues sémitiques des Mèdes et des Assyriens.

Puis ce fut l'Egypte avec sa merveilleuse histoire, sa chronologie encore incertaine, mais reculant si loin au delà des limites admises avant les découvertes des Champollion et des Rougé, des Mariette et des Maspero, l'apparition sur notre globe de l'humanité intelligente et civilisée.

Enfin la recherche de l'origine des langues indo-germaniques et des races qui peuplent presque toute l'Europe actuelle l'entraîne, avec Burnouf, vers l'Inde avec sa primitive théogonie, vers l'étude de la langue antique si riche en monuments littéraires que, dans leurs longues migrations, les Aryas de la vallée de Cachmyr ont répandue, avec de progressives modifications, dans toutes les parties de l'Europe.

Ces études un peu austères furent pendant ses dernières années sa distraction favorite dans les moments de liberté que lui laissait le soin des affaires de la compagnie d'Orléans ; avec elles, il oubliait la fatigue d'incessants projets de remaniement des conventions qui l'avaient constituée, et les soucis qu'auraient pu occasionner à un esprit moins perspicace et moins confiant dans la raison de ceux qui détiennent les pouvoirs publics les jalouses attaques dont elle était l'objet. Sa vue baissait avec une menaçante régularité ; il s'inquiétait d'une affection qui allait lui enlever son travail de prédilection et lui donner un nouveau point de ressemblance avec son ami des premières années. Les dimensions, la forme, la netteté des caractères sanscrits rendaient encore possible pour sa vue affaiblie la lecture du Baga Vadghita, dont, bientôt, il se vit réduit à réciter les strophes comme il récitait les chants du vieil Homère aux familiers qu'attirait dans sa demeure une avenante et cordiale hospitalité.

Ceux qui ont eu la bonne fortune d'être accueillis dans son intimité n'oublieront pas le charme de ses soirées qu'il savait, au gré de ses hôtes, rendre instructives et sérieuses, ou joyeuses et plaisantes, suivant qu'ils lui demandaient d'évoquer à leur profit tel ou tel de ses souvenirs toujours précis et vivaces sur les hommes et les choses du présent et du passé ; ils n'oublieront pas cette aimable bonhomie, pétrie d'esprit gaulois, cette bienveillance sans banalité, ce caractère égal n'ayant jamais ni malice ni arrière-pensée. Il ne fallait pas le voir longtemps pour s'assurer qu'il savait tout, non pas de cette science superficielle que les Revues préparent et résument à l'usage des gens du monde, mais d'un savoir durable et profond, plus désireux de se dissimuler que d'éblouir, mais qui ne demandait qu'à s'ouvrir au premier appel de ses interlocuteurs.

Arrivé enfin au terme d'une longue vie, grâce à une santé robuste sur laquelle la maladie n'avait jamais eu de prise, jouissant en paix du prix de ses travaux, pouvant comparer avec orgueil, s'il eût été accessible à un pareil sentiment, l'humilité de son point de départ et l'élévation du but qu'il s'était dès lors assigné et que de persistants efforts lui avaient fait atteindre, il s'éteignit doucement, en chrétien, le 26 janvier 1882. Il avait atteint sa soixante-dix-neuvième année.

Il est utile et salutaire de conserver le souvenir d'existences aussi bien remplies. C'était pour moi un devoir de pieux respect et d'affectueuse reconnaissance que de rappeler à la mémoire de ses contemporains, de faire connaître à ceux qui ne l'ont pas approché, l'un des Ingénieurs qui ont jeté le plus d'éclat sur le corps des Ponts et Chaussées, et dont il doit avec le plus de soin conserver la mémoire : car ils sont rares ceux à qui Dieu répartit aussi également et dispense d'une main aussi libérale toutes les qualités qui constituent l'intelligence et la raison.

ALEXANDRE SURELL

Janvier 1888

Alexandre Surell naquit à Bitche le 19 avril 1813 ; il est mort à Versailles le 11 janvier 1887. Elève de l'Ecole polytechnique en 1831, Ingénieur des Ponts et Chaussées en 1836, Ingénieur en chef en 1855, il fut fait chevalier de la Légion d'honneur en 1841 (à 28 ans), officier en 1859. Cette longue et heureuse existence, consacrée tout entière à l'étude et au travail, soutenue et charmée jusqu'à la fin par la recherche et l'amour du vrai, du beau et du bien dans toutes leurs manifestations, mérite d'être retracée à l'affection de ses camarades et de ses contemporains et offerte en exemple à ceux qui n'ont pas eu le bonheur de l'approcher ou de le connaître. Elle ajoute au lustre de l'Ecole polytechnique dont il fut un des fils les plus brillants et les plus affectueux à la fois ; elle mérite de prendre place dans les fastes du corps des Ponts et Chaussées qui peut être fier de cet ingénieur comme d'un de ses plus glorieux représentants.

Son père, arrière-petit-fils d'émigrés protestants chassés des Cévennes par la révocation de l'Edit de Nantes, était né à Varsovie d'une mère Polonaise et avait épousé une Autrichienne.

C'est à cette double origine, sans doute, au sang des races du Nord qui se mélangeait dans ses veines avec le sang français, à son éducation en pleine Lorraine, à l'Ecole sans rivale enfin qui en fut le couronnement, qu'il dut, — harmonisant en lui les qualités des deux races, — la souplesse et la grâce de son esprit, sa nature douce, poétique et rêveuse, complétée par une rectitude de jugement, une précision dans les observations et les déductions, et une netteté dans l'action, qui ont imprimé à tous ses travaux un cachet personnel tout à fait caractéristique.

Il avait gardé de son pays d'enfance le plus fidèle et le plus cher souvenir. Ses parents s'étaient établis à Sarreguemines, riante petite ville baignée par la Sarre, et ce fut à son modeste collège qu'il fit ses études jusqu'à l'âge de seize ans. Ces seize années furent pour lui un songe enchanté ; de sa mère, élève de Beethoven, il tenait le goût de la musique qui fut pour toute sa vie le plus charmant des délassements, de son père, le goût de la nature et de l'histoire naturelle. Sa pensée le ramenait sans cesse à cette heureuse période de sa vie, aux bords de la Sarre, aux forêts dont il connaissait les moindres sentiers, aux heures de collège aussi, légères pour lui parce que le travail y était facile, marchant de pair avec les exercices physiques, l'étude de la nature et les distractions d'un art aimable entre tous. Il s'animait encore, en ses dernières années, en y songeant, et telle était restée sa gaîté communicative, sa jeunesse d'esprit et de cœur, qu'il faisait passer ses auditeurs par toutes les impressions qu'il avait éprouvées lui-même à la découverte d'un insecte rare ou d'un bel *Apollon*.

Qu'on ne rie pas de ces enfantillages ! heureux qui les a pratiqués et, au besoin, les recommencerait encore. Ne faut-il pas plaindre plutôt ceux auxquels l'éducation dans les grandes villes n'a pas permis de les connaître ? Assez tôt vient l'âge mûr, assez tôt il efface, sous les préoccupations de la vie, les riantes impressions de l'enfance ! Aux austères censeurs qui ne savent qu'être sérieux, ne préfère-t-on pas ces natures heureuses, si bonnes, si aimables pour les autres ?

Comment à un esprit aussi épris d'art et de nature put venir le désir de se préparer à l'Ecole polytechnique ? On peut supposer que la volonté paternelle n'y fut point étrangère. Surell se rend au collège de Metz et suit, sinon avec plaisir, au moins avec le sérieux qu'il apportait à toute chose, la classe de mathématiques spéciales ; si bien qu'à dix-huit ans il entrait à l'Ecole en même temps que son compatriote et ami de collège, Sauvage, qui devait, lui aussi, plus tard, fournir une si brillante carrière dans l'industrie des chemins de fer.

Les deux années qu'il y passa, furent — malgré les jours d'émeute dont l'Ecole ressentit alors le contre-coup, malgré la sinistre épidémie qui vint ravager Paris — au nombre des meilleures de sa vie. Le respect affectueux témoigné par la population parisienne de 1830 à l'uniforme de l'Ecole, le régime même, un peu claustral, de cette institution, l'activité intellectuelle entretenue par le nombre et l'inconnu des examens, le charme de l'existence en commun avec des intelligences d'élite « triées par sélection parmi la jeunesse la plus laborieuse de France » laissèrent dans son esprit des traces ineffaçables.

Jugeant, cinquante ans plus tard, avec la jeunesse et ses illusions en moins et l'expérience de la vie en plus, l'éducation de l'Ecole, il s'écriait avec autant d'autorité que de raison, en présidant, le 25 janvier 1885, l'une des assemblées annuelles de notre association amicale : « Quand on reproche à son enseignement d'être trop étendu et trop théorique, je réponds qu'il faut nous féliciter d'avoir pu, dès notre début, tremper nos lèvres à ces sources de la science pure. Elles nous ont imprégnés de leur esprit de rigueur et de précision, de leur art de conduire les raisonnements et les recherches par des voies plus fécondes et plus sûres que celles de la logique scholastique. Par leurs difficultés même, elles ont exercé notre esprit aux difficultés futures en lui donnant l'habitude des méditations prolongées et la persévérance opiniâtre dans le travail. De ces premiers efforts, il nous reste quelque chose qui est d'un prix inestimable : c'est d'avoir appris à apprendre. »

Les trois années d'Ecole des Ponts et Chaussées ne lui laissèrent pas d'aussi agréables souvenirs. C'était, à la vérité, la liberté, et la première conquise ; mais la liberté à Paris, quand elle n'est dorée, pour un jeune homme sans fortune, que par les maigres appointements de l'élève ingénieur, donne parfois l'idée du supplice de Tantale. Pour s'en garantir, il avait, pendant l'hiver, la musique dans laquelle il se plongeait avec son ami Félicien David, dont il partageait le culte pour les mélodies allemandes (l'Allemagne alors faisait de la mélodie).

En 1836, après deux missions un peu austères dans le Cantal et dans la Lozère, il fut envoyé comme ingénieur ordinaire à Embrun.

Homme du Nord, transporté dans le Midi, des frais vallons des Vosges aux sauvages aspérités des Hautes-Alpes, il semblait qu'il dût suivre l'exemple de beaucoup de fonctionnaires qu'on y envoie et qui trop souvent, suivant son expression,

« n'aspirent qu'à secouer sur ce pays déshérité la poussière de leurs sandales ».

Un double attrait l'y retint : la rencontre d'une compagne qu'il sut se choisir sans compter et dont l'intelligence, merveilleusement accommodée à la sienne, a charmé et embelli son existence, et l'intérêt particulier qu'éveilla dans son esprit chercheur la pauvreté même du pays, la situation déplorable, et pour beaucoup de personnes irrémédiable, que faisait aux ingénieurs chargés des travaux publics une nature se jouant de leurs efforts et les condamnant au rôle de Sisyphe dans leur lutte incessante contre les torrents.

Pendant six années, il y étudie le régime des torrents et il résume, dans un ouvrage célèbre, les résultats de ces recherches et les moyens de lutter avec succès contre l'ennemi séculaire. En outre de nombreuses rectifications de routes et réfection de ponts, il construisit la route qui, du Monestier au Bourg-d'Oisans, traverse le col du Lautaret et ouvre, en longeant le magnifique massif du Pelvoux, une communication directe entre Briançon et Grenoble.

En 1842, — à la suite des inondations si désastreuses de la vallée du Rhône qui, en 1840, avaient emporté les digues, ravagé la plaine de Beaucaire à la mer en semant la désolation et la ruine dans un des plus fertiles pays du monde, — un service spécial du Rhône est institué par l'Administration et confié à un ingénieur en chef fort distingué, M. Bouvier. Surell y est attaché comme ingénieur ordinaire. Sa résidence, d'abord fixée à Vienne, est successivement transférée, au fur et à mesure que s'achevait le travail des digues, à Avignon, à Beaucaire et à Arles.

Pendant onze ans, il s'occupe avec une ardeur infatigable à étudier, à exposer, dans de nombreux et remarquables mémoires, et à résoudre les questions fort délicates soulevées par la lutte avec un fleuve qui semblait défier tous les efforts des ingénieurs. Cette lutte dans laquelle son activité physique et son ardeur intellectuelle trouvaient un égal aliment, est couronnée de succès, et le fleuve a beau, en 1844, revenir plus furieux encore qu'en 1840, il trouve les digues rehaussées, raffermies et protégeant le pays contre de nouveaux ravages.

En 1853, la compagnie des chemins de fer du Midi lui offre de l'attacher à la construction de la ligne de Bordeaux à Cette, et, bientôt après, lui confie la direction de l'exploitation de son réseau.

C'est une existence, une carrière toute nouvelle. Avant de l'y suivre, qu'il nous soit permis de jeter un regard en arrière et de donner une idée des travaux si remarquables et si complets de la première période de sa vie.

Et pour des coups d'essai veulent des coups de maître.

Il nous sera permis d'appliquer ce vers cornélien au premier ouvrage de notre héros. L'*Etude sur les torrents des Hautes-Alpes*, écrite en 1838, est l'œuvre d'un jeune ingénieur de vingt-cinq ans, œuvre classique et parfaite, où les faits, observés avec une rare sagacité, reliés entre eux avec une irréfutable rigueur, conduisent à des solutions qu'au point de vue administratif le législateur s'est résolu à adopter dans leur entier, et qu'au point de vue technique l'ingénieur forestier ne fait qu'appliquer littéralement, depuis que la loi lui en a donné les moyens.

Cette œuvre, qui compte déjà cinquante ans d'existence, à une époque où l'on écrit tant qu'on n'a plus le loisir de tout lire, est-elle connue comme elle mérite de l'être? J'aime à le penser. Peut-être cependant les ingénieurs et les amis, auxquels s'adresse plus spécialement cette étude, me sauront-ils gré d'essayer ici d'en donner une idée précise. Je ne saurais suivre une meilleure voie ni mieux faire connaître l'homme éminent auquel je rends un juste hommage qu'en procédant le plus possible par extraits (le style, c'est l'homme) et en multipliant les citations.

Le premier soin de l'auteur est de définir et de caractériser les torrents des Hautes-Alpes. Leur cours se compose de trois parties bien distinctes. Dans leur partie basse, ils s'étalent sur un lit *démesurément large et bombé* (cône de déjection) ; ce fait bien remarquable établit une distinction bien tranchée entre les torrents et la plupart des autres cours d'eau. Quand on les remonte en s'engageant dans les détours des montagnes, on les voit s'enfoncer entre des talus abrupts, crevassés, qui se dressent jusqu'à de grandes hauteurs en formant des gorges profondes (canal d'écoulement) ; lorsqu'enfin on approche de la source même de ces torrents, le terrain s'ouvre en amphithéâtre, il forme une sorte d'entonnoir béant vers le ciel (bassin de réception) qui reçoit sur une vaste surface les eaux des pluies, des neiges et des orages, en accumule la masse dans le même lit et la précipite rapidement dans la gorge.

« Ils coulent dans des vallées très courtes, quelquefois même dans de simples dépressions ; leurs crues sont courtes, presque toujours subites. Leur pente excède 6 centimètres par mètre sur la plus grande longueur de leur course ; elle varie très vite et ne s'abaisse pas au-dessous de 2 centimètres par mètre. Ils ont une propriété tout à fait spécifique : ils affouillent dans la montagne, déposent dans la vallée et divaguent par suite de ces dépôts. Cette propriété, formée par un triple fait, ne se retrouve dans aucune des autres classes de cours d'eau et fournit un caractère bien tranché.

« ... C'est un fait à peu près constant dans tous les cônes de déjection que les eaux se tiennent sur la région la plus élevée du cône en en suivant l'arête culminante, parce que cette arête, aboutissant au débouché de la gorge, est placée dans le prolongement même de sa direction.

« ... Le torrent qui roule un grand volume d'eau sur des pentes très rapides affouille et ronge avec fureur le pied des berges ; celles-ci s'éboulent et, comme elles sont généralement très profondes, leur chute entraîne des effets qui s'étendent fort loin ; le long des deux rives on voit courir de larges fentes qui s'étendent parallèlement au lit... l'ébranlement communiqué de proche en proche se propage jusqu'à des distances incroyables, dépassant parfois 800 mètres, et finit par embrasser des pans tout entiers de montagnes.

« ... Lorsqu'ils dégorgent dans les vallées, ces torrents produisent des effets directement contraires à ceux qu'on observe dans les montagnes, mais non moins désastreux : ils n'emportent pas les propriétés, mais ils les enterrent sous des monceaux d'alluvion. »

A quoi faut-il attribuer l'existence de ces torrents, dont les crues, véritables avalanches d'eau ou souvent même de boue, sont provoquées soit par la fonte des neiges vers le mois de juin, soit par les orages vers la fin de l'été ?

« Rien ne caractérise mieux les torrents que leurs cônes de déjection, dont la forme n'est que le résultat de l'affouillement dans les montagnes. Pour qu'un affouillement se manifeste, deux conditions sont nécessaires et suffisantes : la présence d'un terrain affouillable et le développement d'une grande force d'érosion, c'est-à-dire le rassemblement instantané d'une grande masse d'eau dans un même canal et sur des pentes très rapides.

« L'influence des déboisements sur la production des torrents est incontestable, mais elle ne constitue pas une raison première ; elle eût été nulle sous un autre ciel et dans d'autres terrains.

« On ne peut dire que les torrents, de même que les avalanches et les glaciers, ne commencent à se montrer qu'à partir d'une certaine altitude et que s'ils ne se produisent pas dans toute espèce de montagnes, c'est que toutes ne s'élèvent pas jusqu'à cette hauteur nécessaire à leur formation. A cela, on répond que les torrents apparaissent dans les Alpes françaises à toutes sortes de hauteurs, que les montagnes de Suisse, plus élevées dans quelques parties que les Hautes-Alpes, ne présentent pas dans ces parties les mêmes genres de torrents... Dira-t-on qu'ils résultent de la forme particulière des montagnes des Hautes-Alpes ? Mais cette forme elle-même résulte de la constitution de leurs terrains en même temps que de la puissance plus ou moins énergique des agents extérieurs auxquels ces terrains ont été soumis.

« Il faut donc conclure que la cause véritable des torrents ne peut pas être ailleurs que dans l'alliance d'un certain genre de climat, avec une certaine constitution géologique... et l'on peut affirmer d'avance que partout où ces conditions se produisent, il se rencontrera des torrents semblables (1). »

Quelles sont donc les particularités du sol et du climat dans les Hautes-Alpes ?

Les terrains primitifs compacts, granits, gneiss, y sont rares et ne viennent au jour que dans les sommets les plus élevés. Ce qui abonde dans le pays, ce sont les molasses tertiaires, le grès vert, les calcaires schisteux noirs du lias surtout et les

---

(1) Cette conclusion est plus vraie que ne le pensait alors Surell lui-même, qui, faute d'avoir pu faire des observations sur une échelle suffisante, croyait ces accidents localisés dans les Hautes-Alpes. On les retrouve, et pour les causes même qu'il leur assigne, dans les Basses-Alpes, la Savoie, l'Isère et, en plus petit nombre, dans les Pyrénées : le Secheron et Sainte-Foy, en Savoie, le Laau d'Esbas, dans la Haute-Garonne, le Péguere, dans les Hautes-Pyrénées.

terrains gypseux du trias. Tous ces terrains, relevés suivant des inclinaisons très fortes, forment généralement des masses friables et se délitant avec la plus extrême facilité. Les calcaires et les marnes du lias, remarquables par leur incohésion dans les Hautes-Alpes, ne ressemblent en rien à ceux du même étage qu'on observe dans les autres régions jurassiques; leur altération a été comparée par Elie de Beaumont à celle d'un morceau de bois à demi brûlé dont on peut suivre le tissu fibreux depuis la partie carbonisée jusqu'à la partie demeurée intacte.

Quant au climat, « les fontes de neige et les orages auxquels sont dues les crues se produisent dans les Hautes-Alpes avec des circonstances propres à en augmenter spécialement l'intensité. Leurs montagnes plus élevées pénètrent plus avant dans la région des longues neiges, les reçoivent sur une plus grande superficie, les conservent plus longtemps et par là même en amoncellent davantage. Au retour du printemps, le soleil, à cause de la latitude du pays, prend de suite une grande chaleur ; souvent, il arrive du sud des vents chauds qui hâtent encore l'effet de l'insolation. Il en résulte que la fonte, au lieu de s'opérer peu à peu, se fait tout d'un coup... Les pluies sont rares dans ces régions, on n'y connaît ni les brouillards, ni les brumes, ni ces pluies fines, longues, continues qui sont dans une grande partie de la France l'état normal de l'atmosphère pendant six mois de l'année. Rien n'égale la pureté de l'air et l'inaltérable sérénité du ciel de ces montagnes ; mais cet air si limpide, ce ciel toujours bleu, l'un des plus grands charmes de cette austère contrée, sont pour l'habitant le plus funeste des présents... Cette rareté des pluies fait de ce pays l'un des plus secs de la France ; c'est la Provence transportée au milieu des Alpes ; faute d'humidité, le gazon et les arbres y poussent plus difficilement et le sol a plus de peine qu'ailleurs à se défendre contre l'action de pluies plus destructives ».

Une série d'observations groupées avec autant de sagacité que de logique établit de la façon la plus sûre que ces conditions spéciales de sol et de climat sont aggravées ou atténuées, que les torrents naissent, s'éteignent ou renaissent par l'absence ou la présence de la végétation : « Les terrains au milieu desquels sont jetés des torrents d'origine récente sont toujours dépouillés d'arbres et de toute espèce de végétation touffue ; d'autre part, les revers récemment déboisés sont rongés par une infinité de petits torrents, et les mêmes yeux qui ont vu tomber les forêts sur le penchant d'une montagne y ont vu incontinent apparaître une multitude de torrents... Au milieu de certaines vigoureuses forêts de mélèzes et de sapins, des coupes faites sans police ont ouvert de larges clairières, dirigées dans le sens de la plus grande pente, cette disposition étant celle qui rend l'exploitation la plus facile. A la place de chaque clairière, le sol végétal a été emporté par les eaux ; un sillon s'y est formé, peu profond dans le commencement, mais qui se creuse de plus en plus, s'étend, monte, grandit et constitue bientôt un torrent complet...

« En examinant les bassins de réception des grands torrents *éteints*, on y découvre presque toujours des forêts, et le plus souvent des forêts épaisses... Il en est dont les forêts sont tombées, en partie, dans les premières années de la Révolution, sous la cognée de l'habitant. Le résultat de ces déboisements a été de *rallumer* les torrents éteints. On a vu de paisibles ruisseaux faire place à de fougueux torrents, que la chute des bois avait réveillés de leur long sommeil et qui vomissaient de nouvelles masses de débris sur des cônes de déjection cultivés sans défiance depuis un temps immémorial...

« Il y a une distinction profonde et radicale à faire entre les pays de plaine et les pays de montagne ; les uns ne ressemblent en rien aux autres, et si, dans les premiers, le danger des déboisements est loin d'être démontré, il l'est d'une manière décisive dans les seconds. »

La conclusion n'est, dès lors, pas douteuse : c'est la végétation, le reboisement ou le gazonnement des montagnes qui est la condition nécessaire et suffisante de leur protection...

« La nature, en appelant les forêts sur les montagnes, plaçait le remède à côté du mal ; elle combattait les forces actives des eaux par d'autres forces actives empruntées au règne de la vie. Sur ces revers mobiles, elle étendait une couche solide qui les protégeait contre les attaques extérieures, à peu près de la même manière qu'un revêtement de pierre protège les digues en terre. Il est même digne de remarque que le peu de consistance de certains calcaires ou détritus meubles qui y attire les torrents est précisément une circonstance propice au développement de la végétation. La même cause qui multiplie les torrents devrait donc multiplier aussi les robustes forêts, et faire succéder, à la longue, la fécondité aux ruines, et la stabilité au désordre.

« ... C'est la végétation qui prévient ces ruines, et, comme il n'y a pas de végétation sans eau, c'est dans les montagnes que la nature a répandu les eaux avec le plus de profusion. Elles reçoivent plus de pluie que les plaines, et comme elles montent dans la région des nuages, elles s'imbibent de leurs eaux. Les neiges, les glaciers couronnent leurs cimes comme d'immenses réservoirs d'où ruissellent d'innombrables filets qui portent la fertilité, de croupe en croupe, jusqu'au fond des vallées. Ainsi, les eaux, qui sont l'agent le plus énergique de la destruction du sol sont, en même temps, l'agent le plus actif de sa défense. En attirant la végétation, elles préservent le sol contre leurs propres attaques, et, plus elles ont de force pour détruire, plus elles en font naître pour conserver.

« ... A défaut de forêts, beaucoup de terrains résisteraient s'ils étaient revêtus de prairies ; le gazon les protégerait en pompant les eaux, en les divisant et en donnant au sol le liant et la ténacité qui lui manque. S'il pouvait rester quelque doute à cet égard, je citerais ce qui se passe sur la plupart des cols et dans les montagnes *pastorales*. On y peut voir des talus extrêmement déclives, coupés dans tous les sens par de nombreux et rapides cours d'eau, et dont le sol, pourtant, parce qu'il est tapissé de pelouses, tient ferme contre toute espèce de dégradation... »

Il faut néanmoins, dans les prairies, compter avec les troupeaux. A ceux du pays s'ajoutent, en été, les troupeaux transhumants, qu'y conduisent les bergers de la Provence, et dont le nombre est tout à fait disproportionné avec les produits des maigres terrains qui les nourrissent ; ils épuisent le sol, le pétrissent par leur piétinement et écrasent les plantes naissantes.

« ... Le mal est devenu si manifeste, que beaucoup de communes, pour sauver leurs montagnes, ont pris le parti de les *mettre à la réserve*, c'est-à-dire de les abandonner à elles-mêmes. Telle est la bonté naturelle de ces terrains, que la végétation reparaît à leur surface dès que les moutons cessent de la fouler, et cette mesure si simple a suffi partout pour réparer l'effet de longs abus.

« ... Combien toutes nos digues paraissent débiles à côté de ces grands moyens dont dispose la nature lorsque, l'homme cessant de la contrarier, elle poursuit patiemment son œuvre à travers les longs intervalles des siècles ! Tous nos mesquins ouvrages ne sont que des *défenses*, ainsi que l'indique même leur nom. Ils ne diminuent pas l'action destructive des eaux, ils l'empêchent seulement de s'étendre au delà d'une certaine borne. Ce sont des masses passives opposées à des forces actives, des obstacles inertes et qui se détruisent, opposés à des puissances vives qui attaquent toujours et ne se détruisent jamais... Pourquoi donc l'homme ne demanderait-il pas un secours à ces forces vivantes dont l'énergie et l'efficacité lui sont si clairement révélées ? Pourquoi ne leur commanderait-il pas de faire de nouveau, et cette fois par son ordre, ce qu'elles ont fait anciennement sur tant de torrents éteints et par l'ordre seul de la nature ?

« ... Le problème est donc ramené à la discussion des meilleurs moyens à suivre pour jeter la plus grande masse de végétation soit sur les terrains menacés de futurs torrents, soit à l'entour des torrents déjà formés : l'art alors se bornera à imiter la nature, à s'emparer de ses procédés et à opposer habilement les forces de la vie organique à celles de la matière brute... Ce n'est pas, d'ailleurs, dans le bas qu'il faut chercher des expédients de défense, il se défendra de lui-même sitôt qu'on sera parvenu à modifier les conditions du haut. Il faut donc laisser là les digues et reporter la lutte dans les régions supérieures de la montagne... Tout système de défenses, quel qu'il soit, qui n'empêchera pas d'abord les affouillements dans la montagne, demeurera toujours incomplet... De là, cette conclusion importante, que le champ des défenses doit être transporté dans les bassins de réception.

« ... Ces idées, si elles réussissent à convaincre les hommes éclairés avec le même caractère d'évidence sous lequel elles m'apparaissent à moi-même, ne tendent à rien moins qu'à créer une nouvelle sorte de travaux publics ; elles ouvrent un champ nouveau d'études et de travaux dont la législation reste à faire, où l'argent manque, où l'art lui-même est encore à trouver. En proposant des choses qui n'existent pas, des dispositions nouvelles à introduire dans nos lois, des dépenses nouvelles à inscrire dans nos budgets et qui, jusqu'ici, n'ont pas été scellées de cette étiquette qui légitime tant de dépenses et tant de mesures : l'*utilité publique*, je risque d'alarmer certains esprits. Mais, qu'on veuille bien se demander si les choses que je propose sont possibles, en même temps que bonnes et nécessaires, et non pas, si elles sont en harmonie ou en contradiction avec les moyens d'exécution que fourniraient en ce moment la législation ou l'administration, car c'est à l'insuffisance de ces moyens qu'il faut surtout pourvoir.

« ... La première mesure, la plus utile de toutes serait celle qui investirait l'administration du droit de *mettre à la réserve* certains quartiers, malgré la résistance des communes, toutes les fois qu'il sera dûment constaté que cette mesure est nécessaire à la conservation du sol. Il faudra, si l'on veut hâter les résultats, venir au secours de la nature par des semis et des plantations ; ces terrains devront donc être confiés aux soins de l'administration forestière, quelle que soit, d'ailleurs, la solution que l'on donne à la question de savoir par qui et à la charge de qui seront faits les semis et plantations.

« ... Dans les croupes supérieures dénudées, il n'y a guère que des terres appartenant aux communes ; mais, à mesure qu'on descend des hauteurs, on ne peut manquer de rencontrer quelques cultures particulières ; le choc est alors inévitable entre la propriété privée et l'intérêt de tous. En ce cas, deux partis sont à prendre : la sujétion imposée aux propriétaires de renoncer à la culture et de planter du bois, et l'expropriation même du terrain. Pour être légale, elle exigerait d'abord que le boisement fût déclaré d'*utilité publique*. Or, je demande si, dans ce département, les chemins vicinaux, auxquels la loi confère ce privilège, le méritent davantage que les travaux qui feraient cesser la dévastation des torrents. »

Le mémoire, auquel nous venons de faire ces longs emprunts, contient donc non seulement en germe, mais jusque dans les détails d'exécution, et justifie de la façon la plus précise et la plus irréfutable, toutes les dispositions qui devaient faire, trop tardivement, l'objet des lois des 28 juillet 1860, 8 juin 1864 et 4 avril 1882 sur le reboisement et le gazonnement des montagnes.

La nécessité de ces mesures administratives bien établie et démontrée, Surell indique les procédés techniques qu'il estime les plus propres à amener l'extinction d'un torrent existant. Il propose de tracer sur l'une et l'autre de ses rives une ligne continue qui le suivrait depuis son origine la plus élevée jusqu'à sa sortie de la gorge ; la bande comprise entre cette ligne et le sommet des berges forme la *zone de défense* à exproprier s'il y a lieu. Il s'agit d'y attirer la végétation par les moyens les plus actifs et les plus prompts : par des semis et plantations ; là où il sera impossible de faire venir, tout d'abord, des arbres, on provoquera la croissance des herbes, des arbustes, des buissons. Dans le haut, où la zone embrasse toute l'enceinte du bassin de réception, ce qu'il faut surtout créer, c'est une forêt qui, s'étendant de proche en proche, finira par envahir l'origine du torrent dans ses derniers replis. La végétation descendra peu à peu sur les berges et finira par les tapisser ; mais leur fixation est de trop grande importance pour qu'on l'abandonne aux caprices du sol et de la nature ; afin d'y attirer la végétation, on les coupera par de petites rigoles dérivées du torrent ; prolongées peu à peu jusqu'au sommet des berges, elles pénétreront dans la zone de défense dont elles fertiliseront le sol. Enfin, on combattra les affouillements en construisant, au pied des berges, de petits murs ou des barrages en fascines ou en clayonnage, empruntant ainsi, aux systèmes actuels de défense, ce qu'ils ont de réellement efficace.

Reste la question des voies et moyens ; ce n'était pas la moins importante ; et ce fut, pendant longtemps, la pierre d'achoppement, bien que, dans les évaluations nécessairement un peu hasardées de l'auteur de cette étude, un crédit annuel de 100,000 francs, maintenu pendant une soixantaine d'années, dût suffire pour mener le travail à bonne fin. Dans son esprit, les frais de l'opération devaient être à peu près entièrement à la charge de l'Etat : « Il n'est pas possible qu'un département tel que celui-ci, un des plus pauvres et des moins peuplés de France, dont le sol cultivable arrive à peine au tiers de la superficie totale et ne suffirait pas à nourrir ses habitants, s'ils étaient moins endurcis aux privations et s'ils n'abandonnaient pendant une partie de l'année cette terre avare, soutienne, à lui seul, la charge d'une telle entreprise. Vainement on lui prouvera que son salut est attaché à ce sacrifice. L'effort étant au-dessus de ses forces il ne pourra pas le faire.

« ... Cette impuissance perce ici partout. Chaque année, les eaux arrachent quelques lambeaux de champs à de malheureux paysans qui voient engloutir leur dernier pain sans qu'ils puissent le sauver par un léger sacrifice. C'est que, si mince qu'elle paraisse aux opulents de nos villes, c'est pour eux une dépense excessive qu'ils ne peuvent pas faire, parce qu'ils n'ont rien, littéralement rien. Ils ne trouveraient des secours qu'aux portes de l'usure, cette autre plaie des pays pauvres ! Mais j'aime autant les voir à la merci du torrent qui mettra plus de temps à les ruiner et n'a de prise que sur leur champ, jamais sur leur personne.

« ... L'étranger, qui parcourt pour la première fois ces montagnes, et voit les torrents dévorer, impunément, héritages sur héritages, ne manque jamais de s'indigner noblement ; c'est aussi juste que s'il reprochait à des perclus de ne pas se sauver devant un incendie. La race, ici, n'est ni indolente, ni insoucieuse du péril ; elle a toutes les qualités de la montagne ; elle est dure à la peine, active, persévérante. La bonne envie de se défendre ne manque chez personne ; ce qui manque chez presque tous, c'est l'argent nécessaire aux défenses.

« ... Sans qu'il y coopère de sa bourse, le pays paiera sa part assez largement par tous les sacrifices qu'il sera forcé de subir. Les habitants ne seront-ils pas contraints de diminuer le nombre de leurs moutons et de livrer une partie de leurs pâturages au régime forestier ? Leurs cultures ne seront-elles pas troublées par des sujétions nouvelles ? Ces charges, pour n'être pas au-dessus de leurs forces, n'en sont pas moins réelles et le poids leur en paraîtra d'autant plus lourd qu'il n'est allégé par aucune jouissance immédiate. En les acceptant, ils auront fait tout ce qu'ils pouvaient faire ; il ne faut leur demander rien de plus. Si l'on veut, dès lors, que ces travaux se fassent, il faut puiser ailleurs de quoi subvenir à la dépense ; sinon, qu'on se résigne à voir le département, abandonné à lui-même, tomber de ruine en ruine jusqu'au dernier terme de la misère et de la dépopulation.

« ... Il doit sembler étrange qu'une calamité aussi générale soit demeurée à peu près ignorée au dehors et comme ensevelie dans le pays même sur lequel elle pèse. C'est que nous jugeons volontiers les choses par l'éclat avec lequel elles se produisent ou, pour me servir du terme consacré, par leur *retentissement*. Mais c'est là une fausse mesure.

« ... Il y a de certains départements où la plus petite incommodité soulève aussitôt un concert de clameurs. La plainte est formée, la presse locale s'en empare, la gonfle, la lance au dehors, et telle niaiserie colportée avec pompe, va réveiller, par toute la France, l'attention publique. L'administration elle-même, les yeux tendus sans relâche vers ces pays de difficile humeur, s'y montre plus libérale et plus empressée.

« ... Il est d'autres pays, au contraire, retirés à l'écart, qui n'ont ni presse ni prôneurs, dont personne ne prend soin parce que, vivant en quelque sorte sur eux-mêmes, ils n'occupent personne de leurs affaires : telles sont les Hautes-Alpes. Relégué à l'extrémité du royaume au milieu de monts sauvages rarement explorés par les voyageurs, ce département est peut-être le plus ignoré de France. En vain, la nature y a étalé, d'une main prodigue, ces magnifiques scènes que nos touristes vont chercher, à grands frais, dans les pays voisins. Il n'est guère connu au dehors que par les fonctionnaires de nos diverses administrations, et la plupart y séjournent le moins qu'ils peuvent, pressés de secouer contre lui la poussière de leurs sandales.

« ... Les travaux des Alpes auraient-ils moins d'importance que les travaux des Landes? Des deux côtés, il s'agit de prévenir la ruine d'une contrée, de sauver les habitations et les cultures, de donner de la valeur à des terrains improductifs. Où donc est la différence ?

« ... Cette différence, je vais la dire sans détour : c'est que le danger des dunes est depuis longtemps étalé au grand jour, tandis que les désastres des torrents sont restés à peu près inconnus hors du champ dont ils consomment la ruine. C'est que l'habitant des Alpes, perdu dans ses obscures vallées, s'est courbé sous la main du fléau, en homme qui n'espère ni ne réclame aucun secours ; tandis que les dunes, s'avançant près des portes de Bordeaux, menaçaient une ville puissante, qui, de tout temps, a su bien parler et bien agir ; et si elle a obtenu l'intervention de l'Etat, c'est qu'elle a fait tout ce qu'il fallait pour l'obtenir.

« ... La ruine future du pays étant démontrée comme un

fait inévitable, on peut se demander si l'Etat doit permettre qu'elle se consomme sous ses yeux. Maintenant tous les faits sont débattus et étalés au grand jour et la question est devenue claire comme la lumière. On sait que les torrents ruineront le pays ; on sait que le reboisement est le seul moyen de prévenir cette ruine ; on sait que ce remède dépasse les forces d'une contrée épuisée. Cela posé, faut-il que la contrée s'éteigne peu à peu, les choses continuant d'aller comme elles vont ? ou bien, faut-il que le reste du pays lui vienne en aide?

« ... Ce malheureux département marche à sa ruine et l'administration, dont le devoir est de veiller à la conservation de notre territoire, n'a encore tenté aucun effort pour conjurer cet avenir. Il devient pressant de forcer son attention sur un mal dont elle semble ignorer l'étendue et les suites, et j'ai cru qu'en mettant la plaie au jour, j'accomplissais un devoir. »

Le travail, dont j'ai cherché par de longues citations à donner une idée exacte et complète, bien que sommaire, est, qu'on ne l'oublie pas, l'œuvre d'un ingénieur de vingt-cinq ans. Deux années de séjour dans le pays lui avaient suffi pour en étudier et en connaître à merveille les plaies et les besoins. Amoureux passionné de la nature, il n'en avait pas fallu autant pour que les charmes grandioses des paysages alpestres exerçassent sur lui leur irrésistible séduction. Précision minutieuse dans l'observation des faits ; extrême sagacité dans leur rapprochement et leur interprétation ; inattaquable rigueur du raisonnement qui, de l'origine désormais bien connue du mal, déduit, naturellement, le remède, telles sont, dès le début de sa carrière, les qualités maîtresses de Surell. Ajoutons-y l'indépendance de caractère qui transforme en un énergique appel aux pouvoirs publics, indifférents par ignorance, le cri d'alarme et de pitié arraché par la vue de tant de souffrances, et nous aurons l'homme tout entier. J'ai voulu le peindre en lui laissant, le plus souvent possible, la parole, fidèle image de son esprit, de son talent, de sa nature réfléchie et enthousiaste à la fois. J'ai l'espérance, pour ce motif, qu'on me pardonnera ces nombreux emprunts à son œuvre maîtresse.

L'administration supérieure, dont il avait, en effet, éveillé l'attention, fit imprimer à ses frais, en 1841, l'*Etude sur les torrents des Hautes-Alpes*. Le ministre, M. Dufaure, et le directeur général, M. Legrand, dont le nom est attaché à tout ce que les travaux publics ont fait de bien dans cette longue période, crurent s'honorer eux-mêmes, en donnant au jeune ingénieur la croix de la Légion d'honneur pour un travail que l'année suivante (1842), l'Institut jugeait digne d'un des prix Montyon.

Bien au-dessus de ces récompenses si flatteuses, Surell aurait placé la mise en œuvre de ses idées, mais c'est à pas lents que marche, d'habitude, l'administration ; les inondations qui désolèrent le Midi en 1840, 1844, 1846 avaient eu beau donner à la question un regain d'actualité, les cartons s'étaient refermés. Il fallut, pour les faire ouvrir définitivement, l'inondation terrible de 1856 et l'énergique volonté du maître que la France venait, quelques années auparavant, de se donner : l'Empereur, dans sa lettre du 19 juillet 1856 au ministre des Travaux publics, traça, de sa main, le programme des travaux à entreprendre dans les pays de montagne, pour prévenir les débordements dans les plaines.

Comme il arrive d'ordinaire, on dépassa le but ; à la suite de la lettre impériale, des services spéciaux d'inondation furent créés, dont l'existence n'était pas partout très motivée, ni les occupations excessives ; mais la part qui fût faite au service des *Eaux et Forêts*, dont Surell avait signalé le concours comme le plus naturellement indiqué pour les travaux d'extinction des torrents, fut assez sagement calculée pour que des résultats très remarquables aient pu être obtenus sûrement et, somme toute, à peu de frais.

En 1867, le Conseil général des Hautes-Alpes, bien placé pour juger ces résultats, pouvait dire avec raison : « L'expérience a parlé et, si voisins que nous soyons encore du jour où fut décidée la régénération des montagnes, le succès de cette grande œuvre est désormais assuré. Les résultats presque inespérés déjà obtenus nous permettent de compter d'une manière absolue sur le résultat final. Nos grandes pentes seront restaurées et les torrents principaux éteints ou du moins réprimés. »

Le résultat a même été plus prompt qu'on ne s'y attendait :

« L'aspect de la montagne a brusquement changé, dit M. Gentil, inspecteur général des mines, le sol a acquis une telle stabilité que les violents orages de 1868, qui ont provoqué tant de désastres dans les Hautes-Alpes, ont été inoffensifs dans les périmètres régénérés. »

Mais ce qui est surtout digne de remarque, c'est, comme l'avait bien prévu Surell, la simplicité des divers moyens employés par l'administration forestière : « Lorsqu'on visite un de ces torrents récemment éteints de main d'homme, disait Cézanne dans sa préface de la réédition de 1870, par exemple celui de Saint-Pancrace, près de Gap, ou celui de Sainte-Marthe, à la porte d'Embrun, on est tout d'abord frappé de l'extrême simplicité des procédés employés, de leur souplesse pour s'adapter à tous les accidents de ces surfaces déchirées, et, en même temps, de leur efficacité et de la rapidité décisive du résultat. Lorsqu'ensuite on en vient à essayer de les décrire, on s'aperçoit que ce qu'il y aurait de mieux à faire serait de recopier tels ou tels passages de l'*Etude sur les torrents des Hautes-Alpes*. C'est ce qu'a bien voulu constater lui-même, le 2 juillet 1869, le directeur général des eaux et forêts, M. Faré : « Dans l'opération entreprise, dit-il, en exécu« tion des lois de 1860 et 1864, la voie tracée par M. Surell, « avec une autorité que tous les hommes compétents se sont « plu à reconnaître, a été fidèlement suivie par l'administra« tion des forêts ; c'est, par conséquent, à l'auteur de l'*Etude* « *sur les torrents des Hautes-Alpes* que doit être attribuée, en « grande partie, le succès dont les efforts de l'Administration « commencent à être couronnés. »

Si l'administration forestière a la modestie de reporter à M. Surell l'honneur d'avoir tracé la voie, il nous sera permis avec lui de revendiquer pour elle, pour l'intelligente et active direction des Costa de Bastelica, des Séguinard et des Demontzey, une large part dans le succès :

« Après un long sommeil dans le sein de diverses commissions, écrivait-il en 1870, l'idée est enfin devenue une réalité dans les mains de l'administration des eaux et forêts ; ses fonctionnaires dévoués poursuivent depuis plusieurs années, non pas seulement dans les Hautes-Alpes, mais dans toutes les montagnes de France, un ensemble de travaux conformes à ceux indiqués et discutés dans notre *Etude* ; tâche bien autrement difficile et méritoire que cette œuvre de jeunesse où nous n'avons eu qu'à pousser le cri d'alarme, en montrant de loin le secours ! Si l'application a révélé quelques difficultés, inévitables toutes les fois qu'on passe d'un projet quelconque à son exécution, elles ont été partout surmontées par la persévérance et la sagesse de cette administration, et le succès, finalement, n'a été inférieur à aucune de nos prévisions, si même il ne les a dépassées. L'attention publique, absorbée aujourd'hui par le développement sans fin de nos voies ferrées, ne s'est pas encore tournée vers ces nouveaux travaux d'utilité publique qui s'accomplissent obscurément dans les coins les plus retirés de la France. Mais j'ose prédire que l'utilité et la grandeur de cette œuvre éclateront un jour avec la grandeur même des résultats et qu'elle aura sa place d'honneur parmi d'autres entreprises, utiles ou glorieuses, qui signaleront notre époque à la reconnaissance de nos descendants. »

Quelques années plus tard, l'Exposition de 1878 confirmait cette prédiction. La reproduction des travaux exécutés par le service forestier dans les régions de montagne appelait l'attention de tous les pays sur les résultats obtenus par l'application des principes posés par Surell et de la méthode qu'il en a déduite.

La restauration des terrains de montagne agitée de nouveau dans l'opinion publique ne tarda pas à faire l'objet d'une loi nouvelle, celle du 4 avril 1882, dont les dispositions, encore plus complètement d'accord que celles des lois de 1863 et 1864 avec les desiderata de l'*Etude sur les torrents*, permettent aujourd'hui de les réaliser sans réserves.

De nombreux forestiers, russes, anglais, allemands, danois, espagnols, italiens, roumains, ont successivement visité les travaux des forestiers français. En 1883, à la suite des grandes inondations du Tyrol, le ministre de l'Agriculture de l'Empire d'Autriche voulut se rendre compte par lui-même de la méthode et de son application. Une mission de douze membres séjourna trois mois dans les Basses-Alpes.

La lecture du compte rendu de ces missions diverses, des nombreuses conférences faites à Vienne, par M. de Seckendorf, chef de la mission autrichienne, a dû procurer à Surell la plus belle des récompenses qu'ait pu souhaiter son patriotique désintéressement.

Ce lui fut une dernière et bien réelle satisfaction, malgré la séparation qu'elle lui imposait, de voir son fils, au sortir de l'Ecole forestière, choisir la résidence de Digne, pour appliquer les idées paternelles, sous l'éminente direction de M. Demontzey, à l'extinction des torrents de la vallée de l'Ubaye, en tout comparables à ceux de l'Embrunais.

Dans les paroles d'adieu qu'adressait au collègue, à l'ancien directeur des chemins de fer du Midi, M. Aucoc, vice-président du conseil d'administration, il faisait entre Surell et Brémontier un rapprochement qui s'est souvent présenté à l'esprit de tous. Il aurait pu reproduire, — et ce sera notre dernière citation, — le parallèle qu'avait écrit lui-même l'auteur de l'*Etude sur les torrents* :

« ... Dans les Landes, les routes, les habitations, les cultures étaient englouties par des montagnes de sable mouvant, comme elles le sont dans les Alpes par les déjections des torrents ; on y citait aussi des villages entiers condamnés à périr, et dont la ruine pouvait même être calculée avec précision, tant le fléau marchait d'un pas réglé. La cause identique à celle qui engendre ici les torrents était l'incohésion, l'instabilité du sol. Seulement, le vent jouait là-bas le rôle que jouent ici les eaux : il emportait les sables et les répandait sur les cultures, de la même manière que les torrents emportent ici les terres friables des montagnes, et les vomissent dans les plaines. Abandonné à lui-même, le département des Landes aurait vu son littoral se transformer, insensiblement, en un long désert de sables, entrecoupé de marais perfides et qui, s'étendant de l'Adour à la Garonne, et marchant vers l'intérieur des terres, menaçait de tout envahir jusqu'aux portes de Bordeaux. Il existait des portions de dunes où les pins avaient pris pied par quelque hasard heureux, et là, le mouvement des sables s'était arrêté. On citait aussi les dunes de la Teste, ainsi fixées par une vaste forêt de pins ; et, quand un incendie eût dévoré le milieu de ces bois, les sables se mirent à marcher dans la partie brûlée, tandis que les parties épargnées par le feu demeuraient stables.

« ... De tous ces faits on pouvait conclure qu'il était possible de boiser les dunes, et que le boisement fixerait les sables. N'est-ce pas exactement l'histoire de nos Alpes ? Quoi de surprenant, d'ailleurs, que les causes semblables produisent des effets semblables et soient combattus par de semblables moyens ?

« ... Lorsqu'en 1780 l'ingénieur des Ponts et Chaussées Brémontier, après avoir attaqué le phénomène de la marche des dunes par sa face scientifique, vint à proposer les plantations comme l'unique défense qui pût lui être opposée avec succès, on ne manqua pas de se récrier d'abord sur l'impossibilité d'appliquer son système. C'est le malheur de certains esprits trop positifs, de ne pouvoir rien voir ni rien croire, au delà de ce qui existe déjà tout fait autour d'eux. Tout leur est rêve ou utopie, sauf la réalité présente et palpable, comme si la raison ne nous permettait pas de prévoir et d'affirmer, avec une certitude complète, certains faits absents, par leur liaison logique avec d'autres faits connus !

« ... L'analogie n'est-elle pas frappante entre les travaux accomplis dans les Landes et ceux qu'il conviendrait d'ouvrir dans les Alpes ? De part et d'autre, n'est-ce pas la même cause et le même remède, les mêmes dangers pour la contrée et le même devoir pour l'État... La réussite des premiers démontre, *a fortiori*, le succès probable des seconds. Qui donc oserait mettre en parallèle, d'une part, la mobilité de ces sables arides que le moindre souffle disperse dans les airs et qui ont formé des déserts sur tous les points du globe où ils se sont déposés ; d'autre part, les difficultés que peuvent offrir au reboisement des revers calcaires, qui étaient, il y a peu de siècles, chargés d'épaisses forêts, où il n'y a, pour ainsi dire, qu'à refaire le passé ? »

Des deux côtés, même foi d'apôtre basée sur l'étude raisonnée des faits, même puissance d'entraînement. Brémontier et Surell sont, au même titre, des bienfaiteurs de l'humanité ; et, quand nous serons guéris de la maladie des gloires de clocher, des statues élevées aux grands hommes inconnus et qui méritent de le demeurer, il est permis d'espérer que les départements qui, comme les hommes, conservent parfois la mémoire des services rendus, consacreront aux deux ingénieurs, auxquels ils doivent tant, par un monument élevé sur une place publique de Bordeaux et d'Embrun, un souvenir durable de leur reconnaissance.

En attendant, le corps qui a le droit d'être fier d'eux ne devrait-il pas placer à l'École des Ponts et Chaussées, par exemple, en même temps que les portraits des directeurs successifs de l'École, ceux des ingénieurs qui se sont particulièrement illustrés par des travaux d'utilité générale dont le temps a consacré la valeur et affirmé la réussite ? Ne serait-il pas bon que leur souvenir restât ainsi vivant pour ainsi dire dans le lieu même où ils ont reçu l'instruction professionnelle, complément de l'éducation polytechnique, au milieu de leurs pairs et de leurs futurs émules ?

Après six années passées dans les Hautes-Alpes, lorsqu'à la suite des trop fameuses inondations de 1840, l'Administration organisa, en 1842, sous la haute direction de M. l'ingénieur en chef Bouvier, un service spécial du Rhône, Surell y est attaché comme ingénieur ordinaire. De même qu'il avait analysé la Durance et ses terribles affluents, il étudie avec une ardeur enthousiaste et comme passionnée, dans toute l'étendue de son cours commercial, depuis Lyon jusqu'à ses embouchures, ce fleuve magnifique, impétueux, qui, roulant deux fois autant d'eau que la Seine, la Garonne et la Loire réunies, se montre impatient du joug et rebelle aux tentatives de l'homme. Il voit dans le Rhône, et non sans raison, le principal anneau de la chaîne qui fait communiquer la Manche avec la Méditerranée ; il l'admire comme reliant dès à présent Marseille avec Lyon et la Loire, le Languedoc avec l'Alsace et le Rhin ; comme pouvant, sans grands efforts, relier la France avec le bassin du Danube et l'Orient, comme destiné à devenir, par le percement de l'isthme de Suez, la grande route de l'Inde ; il le veut à la hauteur de tous les besoins publics, et peu s'en faut (on n'était, il est vrai, qu'en 1842) qu'il ne conclue, même pour le transport des voyageurs, à la supériorité de cette incomparable voie d'eau, — non pas telle qu'elle est, mais telle qu'elle peut être si l'on se décide à en tirer parti, — sur le chemin de fer qu'étudiait alors M. Kermaingaut, et dont la loi de 1842 venait de décréter le principe.

Le résumé de ce labeur obstiné de dix années, nous le trouvons dans une série de mémoires publiés, les premiers en commun avec M. Bouvier, en 1843 et 1844, sur les *Moyens d'améliorer la navigation du Rhône* ; le dernier, en 1847, sur l'*Amélioration de ses embouchures*.

Les premiers essais de navigation à vapeur, tentés en 1835, semblaient en 1842 assurés du succès, au moins avec des intermittences qu'il importait de supprimer ou de réduire.

Les transports de marchandises se partageaient entre la navigation ordinaire et les bateaux à vapeur. Ils représentaient alors un tonnage :

```
A la remonte, de  108.000ᵀ dont 40.000ᵀ par bateaux à vapeur
A la descente, de 237.000  dont 27.000      —            —
   Au total...    345.000  dont 67.000      —            —
```

La durée moyenne du voyage entre Arles et Lyon était de quarante jours à la remonte, trois jours à la descente, et le prix de transport. de 0 fr. 14 dans un sens, 0 fr. 05 dans l'autre par tonne et kilomètre. Avec les bateaux à vapeur, la durée du voyage était de trente-cinq heures à la remonte, douze heures à la descente, aux prix moyens de 16 et 9 centimes.

Il est vraiment curieux de lire dans ce mémoire les conditions étranges dans lesquelles s'effectuait la navigation ordinaire, au moyen de chevaux, sur des chemins de halage placés tantôt sur une rive, tantôt sur l'autre, interrompus par les embouchures de tous les affluents, bouleversés ou détruits par toutes les crues du fleuve. L'ingénieur ne se défend pas d'une certaine tendresse pour ces *équipages* de rudes mariniers de Condrieu, qu'il veut faire vivre, côte à côte, avec les bateaux à vapeur. Dans ce but il veut, pour la remonte, assurer la stabilité et la continuité des chemins de halage ; pour la descente, qui se fait librement au fil de l'eau, augmenter la profondeur du lit. Il faut, pour cela d'abord, fixer les berges, dont la corrosion, funeste aux propriétés riveraines, jette d'ailleurs dans le fleuve des masses de débris qui provoquent, en partie, la formation des atterrissements, des bancs de gravier et des hauts-fonds, puis barrer les bras secondaires.

Il signale, comme une loi naturelle d'équilibre, la sinuosité du fleuve, qu'une série de causes, variables d'une crue à l'autre, empêche de couler longtemps en ligne droite et qui, forcément, serpente d'un bord à l'autre, renvoyé d'incidence en incidence par les deux rives, hostile aux rives concaves qu'il corrode, et fuyant les rives convexes le long desquelles il dépose des atterrissements, attaquant successivement l'un et l'autre bord, mais jamais tous les deux à la fois. Le problème de la fixation des rives se réduit donc pour lui à fixer la rive concave *en la régularisant*.

Les ouvrages destinés à fixer les rives doivent-ils être insubmersibles ou submersibles ? Peu importe pour la navigation ; mais pour l'agriculture c'est autre chose. L'effet fatal des digues insubmersibles est de relever indéfiniment le fond du lit, de sorte que les terres riveraines finissent par être au-dessous du niveau du fleuve et n'avoir plus d'écoulement. C'est le cas du Pô, de la Meuse, de la Charente, du Rhône lui-même entre Beaucaire et la mer, où les plaines extérieures sont très au-dessous des *segonneaux* (terres cultivables situées à l'intérieur des digues, et dont le niveau s'élève avec le lit même du fleuve). Dans les inondations, d'ailleurs, ce que redoute l'agriculture, ce n'est pas la submersion qui recouvre les champs d'un limon fécondant, comble les creux et tend à niveler le terrain, c'est la formation des courants qui ravine et emporte les terres. Il se prononce donc en faveur des digues submersibles pour fixer et limiter le lit mineur.

Quant au lit majeur, il le constitue par des digues insubmersibles enracinées au pied de la montagne, barrant transversalement la vallée pour empêcher les courants, et se recourbant ensuite parallèlement à la direction du fleuve, submersibles d'ailleurs dans ces dernières parties pour ne pas enlever aux terres le bénéfice de la submersion.

Enfin, il repousse de la manière la plus formelle l'emploi de tout ouvrage saillant, proscrit l'usage des épis et recommande de tracer les digues du lit mineur aussi bien que les barrages très obliques qui fermeront, en temps ordinaire, les bras parasites, de manière à ne pas heurter le courant et à suivre le plus possible la direction du thalweg.

Ces trois principes dérivent directement pour lui de l'observation des faits, n'imposent au fleuve aucune condition différente de celles auxquelles il obéit de lui-même ; ce sont ses lois naturelles, et loin de chercher à les combattre, l'ingénieur doit volontairement s'y soumettre. C'est bien ici la même philosophie d'observations et de déductions que dans l'*Etude sur les torrents*.

Ces idées sur la constitution du lit majeur, sur les graves défauts de défenses insubmersibles étaient bien en avance sur son temps. Elles sont aujourd'hui couramment admises. On va même plus loin, on ne considère comme véritablement efficaces et utiles que les défenses contre la corrosion des rives.

On estime qu'il importe, pour atténuer les ravages des grandes crues, de leur choisir largement l'espace et d'atténuer leur vitesse en donnant toute l'ampleur possible à leur section d'écoulement. On réserve les défenses de territoire pour les villes et pour quelques cas particuliers dans lesquels une situation ancienne ou des intérêts majeurs les commandent.

Ses idées sur le danger des ouvrages saillants, sur la nécessité d'agir par des moyens gradués, sans violence et sans heurter de front les forces de la nature, règnent aujourd'hui sans conteste, et ce n'est que là où l'on s'en est inspiré qu'on a pu obtenir des améliorations réelles et durables.

La nécessité de se soumettre aux lois naturelles, de s'en faire un auxiliaire au lieu de les combattre, était encore une idée neuve quand il la formulait, presque neuve encore aujourd'hui ; nulle part peut-être plus qu'en matière d'hydraulique fluviale, il n'est nécessaire de s'inspirer davantage de cet esprit d'observation véritablement scientifique.

C'est ce qu'ont bien compris, M. l'inspecteur général Jacquet, les ingénieurs qui, sous ses ordres, se sont voués à l'amélioration de la navigation du Rhône ; c'est en s'inspirant de ses idées qu'ils ont obtenu, depuis 1872, les remarquables succès que les *Annales des Ponts et Chaussées* (juillet 1887) ont si justement mis en relief.

En terminant son mémoire de 1843, Surell revient d'ailleurs sur ce qu'il avait, jusque-là dans le désert, proclamé en 1838 comme indispensable : le reboisement et le gazonnement des montagnes. « Il est incontestable, dit-il, que les nombreux défrichements opérés dans les derniers siècles, ont produit une profonde perturbation dans la région de la plupart de nos cours d'eau. Il est temps d'y porter un remède. L'Etat pourrait, par quelques fonds habilement employés, reboiser peu à peu les montagnes, aujourd'hui chauves et pelées, qui recèlent les sources de nos rivières. Les forêts agissent sur l'écoulement des eaux comme une sorte de régulateur ; elles les retardent dans leur course et les empêchent de se concentrer instantanément dans les vallées. Avec des bassins supérieurs convenablement boisés, les rivières auraient plus de volume à l'étiage et moins de volume dans des crues moins soudaines.

« Avec un régime mieux réglé, les rivières auraient aussi moins de tendance à déplacer leurs cours ; car une des causes principales de leur instabilité consiste dans ces alternatives fréquentes entre les basses et les hautes eaux, chacun de ces deux états comportant des conditions différentes d'équilibre. Le reboisement est donc une opération d'une souveraine importance et qui devrait prendre place au milieu de nos travaux d'utilité publique. Il lui faut des fonds spéciaux, une loi spéciale, que tous les bons esprits attendent et réclament. »

C'est dans le bas Rhône que les inondations de 1840 et 1841 avaient causé les plus grands ravages ; rompant les digues insubmersibles qui le bordent et le contiennent de Beaucaire à la mer, il avait submergé 43,000 hectares et causé pour 17 millions de dommages. L'ingénieur chargé de la réparation de ces dégâts s'élève, dans un mémoire du 15 juillet 1844, contre l'iniquité du décret de l'an XIII, qui ne fait aucune distinction entre l'entretien normal et les réparations extraordinaires des digues, et en laisse les frais aux trois seules communes de Beaucaire, Fourques et Saint-Gilles, d'un territoire de 15,000 hectares, alors que dix communes embrassant un territoire de 43,000 hectares et deux compagnies industrielles, le Canal et les Salins, sont également intéressées à leur conservation.

Il insiste sur la nécessité d'exhausser et d'élargir les digues de la rive droite, d'autant plus menacées que le chemin de fer, alors en construction, d'Arles à Marseille, allait constituer sur la rive gauche une digue plus inattaquable ; sur la nécessité non moins impérieuse d'abroger un décret injuste et contraire au système que la loi de 1807 avait établi, en matière de syndicats. Dès l'année suivante, les conclusions de ce mémoire étaient adoptées, le décret abrogé, une dépense de 800,000 fr. appliquée à l'exhaussement des digues, et un syndicat général, qui fonctionne depuis cette époque, constitué.

En 1847, Surell publie un important mémoire dans lequel il avait concentré le meilleur de ses pensées, sur l'*Amélioration des embouchures du Rhône*, qui lui paraissait, avec raison, le complément naturel et indispensable des travaux entrepris pour perfectionner la navigation du fleuve.

Vauban, en 1685, avait déclaré ces embouchures incorrigibles et proposé la construction du canal d'Arles à Bouc, exécuté en 1802, mais impropre à la navigation à vapeur. L'importance de cette question singulièrement ardue avait amené sur place plusieurs des chefs de l'administration des travaux publics : en 1842, M. Teste ; en 1843, M. Legrand ; M. Dumon, en 1844. Il ne s'agissait de rien moins que de rendre à Arles le rang de grand port maritime qu'il avait occupé sous la domination romaine et, pour cela, de faire, tout d'abord, disparaître les hauts-fonds et de porter partout à 4 mètres le tirant d'eau qui, au pont d'Arles même, atteignait 17 mètres.

Mais une bien autre difficulté résidait dans l'existence, au devant de chacune des embouchures, d'une *barre* sablonneuse, sinueuse de forme et traversant le lit dans toute sa largeur en présentant sa concavité au courant fluvial sous-marin. Cette ligne de faîte a deux pentes : l'une, très douce, du côté du fleuve, l'autre, plus raide, plongeant dans la mer ; elle n'est recouverte que d'une mince lame d'eau, mais elle est toujours traversée, sur un point ou sur un autre, par un courant qui y creuse une sorte de chenal variable de position, dont la largeur est de 100 à 150 mètres et dont la profondeur varie de $1^m,30$ à 2 mètres.

Surell, avec Elie de Beaumont, voit dans les barres un cas particulier du phénomène général des cordons littoraux formés dans toutes les mers du monde par les sables que le mouvement incessant des vagues tend à retrousser le long du rivage. Au moins, dans les mers sans marée, les barres se produisent devant tous les fleuves, de ceux même dont les eaux sont les plus pures, comme la Néva, la Vistule, même devant un canal ; l'apport des matières précipitées par le fleuve ne forme pas les barres, elle en favorise seulement le développement ; il en est de même de toutes les causes qui tendent à refouler la mer contre le rivage, comme les vents quand ils soufflent ordinairement du large. Par contre, la prédominance des vents de terre et l'action des courants littoraux qui balaient les embouchures sont ordinairement de nature à en entraver le développement.

Cela posé, les embouchures sont-elles réellement incorrigibles ? « Quand on a démontré que les barres sont inévitables, que leur formation s'enchaîne à des lois générales qu'il n'est pas au pouvoir de l'homme de renverser, on n'avance rien qui ne soit très exact. Mais ce n'est pas là qu'est la question. Il ne s'agit pas de détruire la barre, ce qui serait, en effet, une entreprise insensée ; il s'agit seulement de l'abaisser, c'est-à-dire de modifier sa forme de manière à donner un peu plus de hauteur à la lame d'eau qui la recouvre, et la question ainsi posée n'aboutit ni à une impossibilité, ni à un renversement de toutes les lois naturelles. S'il est nécessaire qu'un barrage sous-marin se forme aux embouchures, il ne l'est nullement que ce barrage soit recouvert par $1^m,80$ plutôt que par 3 mètres d'eau. » Puis, — rappelant que les fleuves qui débouchent dans le golfe du Mexique, le Tampico, le Pensacola, le Mississipi, le Chagres, laissent sur leur barre des passages de 3 à 7 mètres de profondeur, que ceux qui débouchent dans la Baltique, mer également sans marée, offrent des hauteurs de passe de $3^m,50$ pour la Vistule, 4 mètres pour la Néva, 5 mètres pour le Niémen, — il ajoute : « On ne saurait raisonnablement admettre que le Rhône soit voué à n'avoir que $1^m,80$ de passe, même après que l'endiguement du fleuve aura totalement changé les conditions sous l'empire desquelles cette profondeur s'est établie. Si ce mouillage se maintient aujourd'hui à l'extrémité d'un *grau* traversé par 920 mètres cubes d'eau, est-il croyable que, toutes les autres circonstances restant les mêmes, il se maintiendra encore, alors que la même bouche débitera 2,100 mètres cubes avec une vitesse supérieure et une largeur moindre ? Quelles que soient les idées qu'on se fasse au sujet des barres, on n'admettra jamais qu'elles ne s'approfondissent pas à la suite de pareils changements... La barre est un monument d'équilibre élevé sur les limites de deux forces qui se combattent : d'une part, le fleuve animé de son impulsion, de l'autre, la mer résistant par son inertie, ou refoulant sous l'action des vents contraires. Chaque changement dans l'une de ces forces entraîne aussitôt d'autres conditions d'équilibre et, partant, une autre forme de la barre. Voilà pourquoi la hauteur d'eau sur les passes est loin d'être la même dans tous les fleuves. Voilà pourquoi sur le même fleuve elle varie selon que les bouches anciennes se ferment ou que de nouvelles s'ouvrent. Voilà enfin pourquoi il est permis d'espérer qu'en modifiant la disposition des embouchures de manière à faire prévaloir l'action du fleuve, on arrivera aussi à modifier la forme des passes, de manière à leur donner plus d'eau, sans qu'elles cessent d'ailleurs de constituer des hauts-fonds. »

Des raisonnements, de l'ensemble des observations locales, Surell conclut avec assurance que le problème de l'approfondissement des barres n'est pas insoluble en général et qu'il se présente ici en particulier avec un ensemble de conditions favorables. Le Rhône débouche dans une mer dont la profondeur, à 6 kilomètres du bord, est de 60 à 70 mètres. Ses alluvions que l'énergie du courant porte à 4 kilomètres et même parfois jusqu'à 10 kilomètres en mer, sont balayées vers l'ouest par le courant littoral qui suit les côtes avec une vitesse de 0,50 à 1 mètre ; c'est une condition autrement favorable que celles des bouches du Pô, sur lesquelles le courant littoral de l'Adriatique amène du nord les dépôts du Tagliamento, du Piave, de la Brenta et de l'Adige. — L'orientation des embouchures est dirigée du N.-O. au S.-E., c'est la direction du vent le plus fréquent, du mistral ; grand avantage sur le Nil où, au contraire, le courant fluvial est contrarié par les vents régnants qui soulèvent les sables de la plage, les répandent dans le fleuve et conspirent avec la mer pour bouleverser les passes. L'instabilité et l'inconsistance du sol qui ont opposé d'insurmontables obstacles aux travaux que les Américains ont voulu établir aux bouches du Mississipi, ne sont pas à redouter ici ; le sol aux embouchures est celui du Delta, celui sur lequel sont édifiés les Saintes-Maries, Aigues-Mortes, le phare de Faraman. Sans doute, le Rhône n'échappe pas à l'objection classique qu'on adresse au principe même des endiguements d'embouchure : la nécessité de prolonger indéfiniment les digues en raison de l'avancement continuel de la barre. Mais cette objection, très sérieuse pour le Mississipi, par exemple, qui s'allonge de 350 mètres par an et exigerait ainsi la construction annuelle de 700 mètres de digues, est sans importance pour le Rhône dont l'allongement n'est que de 33 mètres par an depuis Cassini et suit d'ailleurs une loi décroissante.

Partant de là, Surell propose de limiter le lit majeur en cas de crues, par deux digues insubmersibles espacées de 3 à 1 kilomètre, de fixer à 500 mètres la largeur du lit mineur du fleuve réduit à une seule bouche et de le contenir entre deux digues submersibles, l'une de ces digues, d'ailleurs, étant la rive gauche elle-même qu'il suffira de pereyer de la Tour-Saint-

Louis à la mer. Il considère comme inutile, coûteux et dangereux de le prolonger jusqu'au delà de la barre ; il lui suffit, pour que l'approfondissement s'accomplisse, de jeter sur la passe, avec une plus grande vitesse, une masse d'eau supérieure à celle qui y passe aujourd'hui. La digue de la rive droite, construite comme celles de la Hollande, en pieux et fascines, sera reliée à la rive par des ouvrages transversaux, pour empêcher les eaux épanchées par dessus la digue de prendre leur cours vers la mer en longeant le pied (ce qui placerait la digue entre deux fleuves, entre deux dangers) et pour favoriser le colmatage du terrain compris entre la digue et la rive. Enfin, il propose de barrer tous les bras, sauf un, par deux digues submersibles, l'une à l'amont qui tendra à diriger le fleuve dans un lit unique, l'autre, à l'aval, pour empêcher que les bras restant ouverts du côté de la mer n'exercent dans les crues des appels d'eau énergiques qui rendraient les déversements dangereux et retarderaient le limonage, et il engage à adopter, comme unique embouchure, le Grau de l'Est, le mieux orienté. Il évalue à 3 millions la dépense totale de l'opération.

Aurait-elle donné tous les résultats qu'il en attendait ? l'expérience seule peut prononcer en matière aussi délicate. Partagées par beaucoup d'ingénieurs, contestées par d'autres, ces idées ont été appliquées au Mississipi avec un succès qui n'est pas encore définitivement assuré ; au Danube, où elles paraissent avoir complètement réussi. C'est sans doute, une de ces questions qui ne comportent pas de solutions générales.

Après avoir exposé avec les détails les plus précis et les plus entraînants toutes les raisons qui justifient son projet et autorisent à compter sur son efficacité et sa réussite, trop impartial, trop honnête pour ne croire qu'à ses propres idées, pour présenter et défendre exclusivement son travail par cela seul qu'il est le résultat de plusieurs années d'incessantes et parfois dangereuses études personnelles, Surell examine et discute le projet du canal de la Tour-Saint-Louis à l'Anse-du-Repos que M. Peut venait de mettre hautement en avant. C'était la solution de Drusus désespérant de régulariser le réseau des bouches du Rhin et creusant un nouveau lit, l'Yssel ; la solution d'Auguste, dirigeant sur Ravenne une embouchure artificielle du Pô ; la solution du canal Mamoudieh détournant le Nil sur Alexandrie. Ce canal débouche comme celui de Marius, dans le golfe de Foz (à fosse Mariana), à l'est des embouchures et, par suite, à l'abri des alluvions du Rhône que le courant littoral emporte vers l'ouest, à l'abri même des sables entraînés par ce courant littoral qui, par suite de la disposition des lieux, ne pénètre pas plus que les vents, dans un golfe que les marins de tous les âges ont baptisé du nom bien caractéristique d'Anse-du-Repos.

Il le met en parallèle avec son projet d'endiguement et conclut à une enquête locale solennelle, pour trancher la question : « Les deux solutions semblent égales à beaucoup d'égards ; elles ouvrent vers la mer deux voies dont le départ commun est à la Tour-Saint-Louis, débouchant sur la même plage à 3 kilomètres l'une de l'autre. Des deux côtés, il y a lutte contre les envasements avec espoir d'en triompher : ici, où ils sont formidables, en s'aidant de la chasse énergique du fleuve ; là, où ils sont faibles, par le secours des machines. Les résultats nous paraissent également certains des deux côtés. Mais à quel degré l'état actuel des embouchures sera-t-il amélioré ? On ne peut disconvenir qu'à cet égard, le canal, qui ne présente pas cette incertitude, offre par là même un avantage sur les embouchures. Il donnera le tirant d'eau annoncé, ni plus, ni moins, et, en le construisant, on sait, au juste, à quoi l'on aboutira... Au degré d'avancement où la question est parvenue, elle exige les lumières d'une enquête qui fasse ressortir des motifs de préférence suffisants pour rendre l'une des deux solutions décidément meilleure. C'est aux hommes de mer, surtout, à faire connaître de quel côté seraient les plus grandes commodités au double point de vue de l'entrée et de la sortie.

« Si Arles avait aujourd'hui l'importance qu'elle a eue, et qu'elle ne reprendra qu'à la suite de ces travaux, nous oserions dire que la meilleure solution serait peut-être celle qui les accepterait toutes les deux. Prises isolément, chacune a ses inconvénients. Prises ensemble, elles se complètent l'une l'autre. Les embouchures seraient surtout la porte de sortie ; le canal, celle d'entrée. Dans le gros temps, le canal recevrait ce qui n'aurait pu traverser la barre. La direction du canal étant à peu près perpendiculaire à celle du fleuve, les mêmes vents qui seraient contraires à l'une des deux voies seraient propices à l'autre. »

Après dix-sept ans de minutieuses enquêtes, le gouvernement impérial se décida à agir. Commencés en 1864, les travaux du canal Saint-Louis furent terminés en 1870 ; trop tôt encore, car ce n'est qu'en 1881, après l'achèvement des travaux d'amélioration du Rhône, que le port, avec son bassin de 14 hectares, ses quais de 2 kilomètres et son canal de 4 kilomètres de longueur, a pu réellement être utilisé. Il a, depuis, rapidement regagné le temps perdu.

Comme il arrive trop souvent, le succès obtenu, on oubliait le promoteur de l'idée ; et Surell, le témoin de tous le moins suspect, s'empressait d'écrire à M. Peut, le 2 juin 1886 : « Sans vous, personne ne saurait aujourd'hui qu'il y a un canal Saint-Louis possible. C'est vous qui m'en avez parlé le premier quand personne n'y songeait. Je n'ai eu d'autre mérite que de traduire votre pensée en style d'ingénieur et d'en confirmer l'exactitude. Je l'ai toujours dit et imprimé de manière que personne n'en ignorât. » Sincérité et désintéressement bien naturels à qui se sait si riche de son propre fonds.

Ce fut le dernier mémoire complet de Surell sur des questions auxquelles il avait, pendant dix-huit années, consacré toutes les forces de son esprit fécond et toutes les ressources de son intelligence. Il fut suivi, en 1847, d'une *Etude sur le barrage du petit Rhône pour servir à l'irrigation et au desséchement d'une partie du Delta*. Le Delta du Rhône, depuis Beaucaire, comprend une superficie de 145,000 hectares, dont 102,000 sont constitués par des marais, des étangs, de maigres pâturages à peu près improductifs et malsains. La grande et la petite Camargue en occupent 80,000. Frappé de la grandeur des résultats poursuivis alors par M. Mougel dans la construction du barrage du Nil, il propose de barrer le petit Rhône, un peu en aval de Sylveréal, de relever ainsi ses eaux à 1^m,50 au-dessus de la mer et de tirer du magnifique réservoir ainsi formé 75 mètres cubes par seconde, sur les 134 mètres superficiels de l'étiage, pour irriguer sur ces deux rives une surface de 93,000 hectares. Cet énorme volume d'eau donnera en même temps une force motrice suffisante pour dessécher une vaste étendue de plaines plus basses que la mer et les transformer en polders. Mais ici, le problème est plus difficile que celui qu'a si heureusement résolu l'industrie patiente de la Hollande où les terrains, une fois ravis à l'eau, sont immédiatement cultivables ; dans la Camargue, ils se transformeraient en véritables champs de sel, si on ne les *lavait* d'une manière continue avec de l'eau douce ; la force motrice accumulée dans le petit Rhône devrait donc servir à enlever non seulement les eaux qui couvrent actuellement le terrain, mais encore et surtout celle qu'il serait nécessaire d'y lancer incessamment pour dessaler ces polders d'un nouveau genre. La dépense était évaluée à 520,000 francs.

Ce projet simple et grandiose, sur lequel l'ingénieur du Rhône appelait la discussion et les lumières d'une enquête approfondie, est resté à l'état d'étude. Combien d'autres observations n'avait-il pas patiemment accumulées, qu'il aurait mises au jour, au grand profit de sa chère vallée, si les circonstances lui avaient permis d'y consacrer le reste de sa carrière. Elles allaient, au contraire, et l'on ne peut s'empêcher de le regretter, l'en éloigner bientôt. La Compagnie des chemins de fer du Midi voulut s'attacher un ingénieur dont le nom était connu de tous ceux qui s'occupaient alors de travaux publics, et lui confia, en 1853, la construction de la section de Moissac à Villefranche, avec la traversée de Toulouse.

Ce ne fut pas sans un réel déchirement que Surell s'arracha à ce service du Rhône auquel il était passionnément attaché. Mais son projet d'endiguement et d'amélioration des embouchures n'avait été approuvé par le Conseil des Ponts et Chaussées qu'avec des modifications qui ne répondaient pas à ses idées ; sans fortune, d'ailleurs, ayant une nombreuse famille, à laquelle il a toujours sacrifié ses propres penchants, il vit dans cet appel flatteur et dans ce nouvel emploi de ses capacités un avenir plus facile pour les siens. Il accepta donc, et, à partir de ce moment, consacra à la tâche absorbante qu'il avait assumée toutes les ressources de son intelligence.

C'était presque une ironie du sort qui attachait à un chemin de fer, dont bientôt après il devait prendre la direction, un ingénieur à ce point épris de la navigation. Par une sorte de compensation, à son service de construction à Toulouse se joignait l'administration du canal latéral à la Garonne. A la direction de la Compagnie, qu'il prit plus tard, se rattacha la direction du canal du Midi, qu'en 1858, la Compagnie du Midi prenait pour quarante ans en affermage.

Le Canal latéral, de 209 kilomètres de longueur, avait été, dès son exécution décidée, une sorte d'épouvantail qui avait fait avorter tous les projets d'établissement de la ligne de Bordeaux à Cette. Une première compagnie, concessionnaire en 1846 avait, sous cette menace, renoncé à l'entreprise en abandonnant la moitié de son cautionnement. Et, telle avait été l'émotion des populations intéressées, que douze départements du Midi, par l'organe de leurs cinquante-trois représentants à l'Assemblée législative, avaient demandé la suppression du Canal et son remplacement par un chemin de fer. Singulier contraste avec les idées qui ont cours aujourd'hui dans les Conseils du Gouvernement, avec les idées aussi qui, en 1868, poussaient les représentants des mêmes départements à demander le rachat du canal du Midi et la modification des tarifs sur le canal latéral ! Sous l'impression des émotions d'alors, le canal latéral fut, en 1852, annexé à la concession du chemin de fer du Midi, avec cette stipulation que canal et chemin de fer ne pourraient être rachetés l'un sans l'autre.

Demeuré jusque-là forcément étranger aux exigences et aux procédés de l'industrie des chemins de fer, plus poussé, d'ailleurs, par sa nature à innover qu'à copier simplement les exemples de ses devanciers, Surell dût apprendre en même temps qu'appliquer, quand la direction de l'exploitation lui fut confiée en 1854 ; et ce travail d'organisation, de recrutement de personnel, de préparation des règlements relatifs à la sécurité, à la comptabilité, laissa dans son esprit, quand il songeait aux cinq années qu'il y consacra à Bordeaux, un souvenir presque pénible.

C'était, en effet, pour ce nouveau venu dans ce milieu, une tâche particulièrement laborieuse.

Dans le service du mouvement, il fallait organiser l'exploitation à voie unique sur les lignes de Bayonne, en 1855, de Bordeaux à Toulouse en 1856, de Toulouse à Cette en 1857, c'est-à-dire sur une longueur ininterrompue de 674 kilomètres, qu'aucun autre réseau n'avait jusque-là connue. Grâce aux sages règlements de Surell, perfectionnés plus tard par de

Freycinet et Cezanne, le problème fut résolu avec un succès complet, et, contrairement à tout ce que l'on aurait pu penser, la Compagnie put avec un service régulièrement assuré, attendre, pour poser la double voie, que la circulation s'élevât à vingt trains dans chaque sens, correspondant à plus de 60,000 francs de recette kilométrique.

Le service de la Voie bien assuré dès le début (c'est facile aux Compagnies qui peuvent puiser dans l'inépuisable pépinière des Ponts et Chaussées), eut, comme le service du Matériel et de la Traction, à se débattre contre des difficultés et à réparer des mécomptes, dont les survivants de cette époque de début n'ont assurément pas perdu le souvenir.

Dans le commencement de l'organisation de la Compagnie qui, en 1854, remettait à Alfred Bommart la direction de la Construction, à Surell celle de l'ensemble des services de l'Exploitation, la direction suprême avait été concentrée à Paris sous l'autorité du fondateur de la Compagnie, Emile Pereire, entre les mains d'un Triumvirat composé des personnalités les plus éminentes parmi les premiers pionniers de l'industrie des chemins de fer, Eugène Flachat, Clapeyron, de Vergès. Malgré sa composition, ce Comité de Direction n'avait pas échappé aux inévitables inconvénients d'une organisation où manque, avec l'unité de responsabilité, l'unité de commandement. Des vues, fort ingénieuses à coup sûr, mais appliquées sur une trop vaste échelle, sans les expériences préalables qu'on n'avait pas eu le temps de faire, avaient conduit à poser la voie Brunel sur toute la longueur de Bordeaux à Bayonne, la voie Barlow sur la ligne entière de Bordeaux à Toulouse, et à adopter exclusivement pour la traction des trains de voyageurs, des machines tenders légères et d'une trop réelle instabilité. Il fallut, au bout de peu d'années, condamner et transformer ces machines et enlever les deux voies, dont les matériaux fournirent avec usure, pendant longtemps, les éléments de poteaux indicateurs, de ponts métalliques, de supports de réservoirs d'eau, dont l'architecture spéciale rappelle encore aujourd'hui l'origine.

Le réseau était dès lors constitué par ses deux artères magistrales ; l'une d'elles, celle de Bayonne, ne desservait qu'un port sans importance et traversait, en précurseur, une région que son infertilité même avait rendue depuis trop longtemps célèbre, les Landes. Une couche de sable presque pur, de 1 à 2 mètres d'épaisseur, y forme, sur 200 kilomètres de longueur (de Bordeaux à Dax) et sur 50 kilomètres de largeur (de Mont-de-Marsan aux Dunes dont l'Océan s'est fait une bordure), une sorte d'immense cuvette plate dont le fond est formé par un banc uniforme de sable coagulé et imperméable, l'alios ; il suit parallèlement les rares ondulations du sol et y retient les eaux, dont la présence persistante, fatale aux populations rongées alors par la fièvre et la pellagre, s'opposait à toute culture et ne tolérait que quelques rares bouquets de pins maritimes clairsemés au milieu d'une étendue grandiose et sauvage de bruyères.

Dès 1854, M. l'inspecteur général Chambrelent entreprenait, le premier, la lutte contre cette ingrate nature, dans la région qui sépare Arcachon de Bordeaux. Des défrichements méthodiques, rendus singulièrement difficiles par le peu de netteté des lignes de pente dans l'immense plaine des Landes, avaient préparé la réussite d'importantes plantations d'arbres résineux. Cet exemple avait été suivi par l'ingénieur Crouzet, administrateur des fermes impériales des Landes.

Et bientôt, grâce à une sorte de contagieuse ardeur, les bruyères disparaissaient de toutes parts faisant place à des plantations de pins, dont l'ennemi n'était plus l'eau, mais plutôt les escarbilles des locomotives et dont la croissance avait été si rapide que, lors de la guerre de la Sécession Américaine, le pays, étonné d'une fortune si nouvelle, risqua d'en tarir la source pour suffire aux demandes de résine qui affluaient de toutes parts.

Emile Pereire était trop soucieux de tout ce qui touchait à Bordeaux et aux intérêts de la Compagnie du Midi pour ne pas encourager de tout son pouvoir ce développement inattendu. Il avait trouvé dans Surell un lieutenant singulièrement apte à le comprendre, aussi riche que lui d'imagination, d'ardeur et de foi. Le premier août 1857, leur initiative convaincue obtenait pour la Compagnie du Midi l'entreprise de la construction de routes agricoles, sillonnant les Landes, d'un réseau de 500 kilomètres et permettant d'amener au chemin de fer les produits des forêts nouvelles que l'absence de moyens de transport économique aurait frappées de stérilité.

Par décret du même jour, la Compagnie du Midi obtenait la concession de 652 kilomètres du réseau pyrénéen, reliant aux lignes mères de Cette et de Bayonne, les nombreuses stations thermales qui forment aujourd'hui, pour le Midi, un des plus brillants fleurons de sa couronne estivale.

La construction d'une de ces lignes fournit à Surell l'occasion de donner la mesure de ce que peut, sur un bon personnel, l'entrain communicatif d'un bon chef. L'Empereur avait décidé, un peu à l'improviste, de se rendre à Cauterets ; la voie s'arrêtait alors à Mont-de-Marsan ; il s'agissait d'achever jusqu'à Tarbes, 48 kilomètres d'une ligne encore en construction, de la ballaster et d'y poser la voie. Ce fut enlevé en douze jours et douze nuits, car on dût incessamment travailler à la lueur des torches (on n'avait pas alors la ressource de l'électricité ni des lucigènes dont la Compagnie du Midi a su faire un si utile usage dans la récente expérience de mobilisation). On pût voir en cette circonstance, quelle influence exerçaient sur tout le personnel qui l'entourait, son entrain, son activité infatigable et sa bonne humeur communicative. Ingénieurs, agents secondaires, entrepreneurs, ouvriers, tous allaient du même pas, tous subissaient cet ascendant, prenant goût à la besogne, comme le soldat prend goût à la bataille quand le général sait l'entraîner en payant de sa personne. C'est à cette occasion qu'il reçut la croix d'officier de la Légion d'honneur (1859).

A cette époque, Surell, nommé directeur de la Compagnie, fixa sa résidence à Paris. Il y entraîna un état-major calqué sur celui de Bordeaux, et assez nombreux pour conjurer souvent, pour accentuer parfois, les inconvénients de ce dualisme.

Il pût y suivre de plus près les laborieuses négociations des conventions, qui, en 1809, modifièrent la situation de toutes les grandes compagnies en divisant leurs réseaux en deux parties distinctes, les excédents de produits nets de l'ancien réseau se déversant désormais sur le nouveau pour diminuer d'autant la garantie d'intérêt que l'Etat assurait à ce dernier.

Il prit part également à une lutte longue et passionnée entre la Compagnie du Midi, — qui, au nom de ce qu'elle appelait, par euphémisme sans doute, le principe de l'émancipation du Midi, voulait pénétrer jusqu'à Marseille, — et la Compagnie de Paris à Lyon et à la Méditerranée qui défendait, avec son bien, un autre principe peut-être digne de quelque respect, celui de l'indépendance des réseaux. Après deux ans d'une lutte ardente (1861-1862), où des champions comme Emile Péreire et Paulin Talabot, se livrèrent de furieux assauts, M. Rouher, alors Ministre des Travaux publics, se constitua lui-même juge et arbitre du débat. L'Etat sépara les combattants, mais pas à la façon du juge de la fable ; car s'il renvoyait les plaideurs dos à dos, chargés l'un et l'autre d'un assez lourd faisceau de lignes nouvelles plus ou moins improductives, il assumait lui-même, par le jeu de la garantie d'intérêt, une part du fardeau qu'il leur imposait au nom de l'intérêt public.

Cinq ans après, à l'occasion de difficultés dans le règlement des comptes d'établissement, et de la préparation de nouvelles conventions avec l'Etat, Surell présente, le 25 mai 1867, une note (qui n'était peut-être pas destinée au grand jour des *Annales des Ponts et Chaussées*) relative au meilleur mode de construction des chemins de fer lorsqu'ils sont concédés suivant la loi de 1842, c'est-à-dire quand l'Etat prend à sa charge la valeur de l'infrastructure. Il s'efforce de démontrer que l'exécution peut en être faite plus économiquement par l'Etat que par les Compagnies.

C'est, à notre sens, affaire de convenance pour l'Etat, plutôt que d'économie, de choisir entre les deux systèmes. Il choisit, en 1868, pour la Compagnie du Midi, celui que préconisait son Directeur. Les autres compagnies n'ont pas adopté ce mode d'opérer, qui, cependant, simplifierait singulièrement leur besogne et leurs responsabilités ; peut-être, en l'écartant, n'ont-elles pas mal servi l'intérêt général du pays.

Mais si le doute est possible sur l'excellence de l'un ou de l'autre système, il ne peut en exister aucun sur la justesse de la proposition qui termine le mémoire :

« Si le système de la loi de 1842 est la vraie solution à appliquer aux lignes futures, ne faudrait-il pas lui emprunter aussi cette disposition qui mettait à la charge des départements et des communes les deux tiers des indemnités de terrain ? Les acquisitions se feraient à meilleur compte, la charge de l'Etat serait réduite ; et cette participation des populations à la dépense des lignes ne serait-elle pas le meilleur critérium de leur utilité ? »

Cette solution, qui s'imposait déjà en 1857, alors que le mémoire précité considérait comme excessives des dépenses de 50,000 à 90,000 francs par kilomètre pour achats de terrain, n'a pas été adoptée. C'est un malheur; car depuis cette époque, surtout avec le système des conventions de 1883, qui met à la charge de l'Etat une part plus forte que celle de la loi de 1842, la faiblesse croissante des jurys d'expropriation a imposé au pays des dépenses autrement exagérées encore.

On ne saurait assez s'étonner que de pareils abus, depuis si longtemps signalés, aussi faciles à éviter qu'à prévoir, n'aient pas encore provoqué la modification d'un état de choses, trop avantageux aux intérêts particuliers pour n'être pas mauvais pour l'intérêt public.

En 1870, sur la demande du Ministre, Surell reprend momentanément sa résidence de Bordeaux. Ce ne sont pas, à cette époque néfaste, les questions commerciales qui le préoccupent; les ateliers de réparation sont, sous son impulsion, transformés à Bordeaux, comme ils l'étaient dans Paris assiégé, en fabriques d'armes et de matériel de guerre pour seconder les efforts désespérés de la Défense nationale. Ce que fut pour ce Lorrain doublement Français la paix douloureuse qu'il fallut subir, paix qui lui enlevait son pays d'origine et ne lui permettait plus de revoir les lieux où s'était écoulée son heureuse enfance, il n'est pas difficile de le comprendre. Par découragement peut-être, par sagesse plutôt, il se décida, en 1871, à renoncer à ses fonctions actives et à remettre la direction à des mains singulièrement aptes à les recevoir, celles d'Huyot, élevé en Autriche à la forte école de Maniel, et qu'il avait depuis de longues années appelé de ce pays pour l'associer à ses travaux.

Le Conseil d'administration tint à honneur de se conserver la collaboration de son premier directeur, en lui ouvrant une place dans son sein. Pendant seize ans encore il put continuer à la compagnie, dont il avait organisé tous les rouages, choisi et formé tout le personnel, le concours singulièrement précieux à tous, de son influence et de son dévouement.

A tous ses collègues il prêchait la nécessité de suivre son exemple, de se retirer jeune sans attendre que l'âge ou la fatigue les rendît moins capables, soit d'accomplir leur lourde tâche, soit même de profiter d'un repos laborieusement conquis. Mais ce sont des situations qu'il est d'ordinaire aussi difficile de quitter que d'occuper.

Singulièrement attachantes en effet, malgré les responsabilités qu'elles entraînent avec elles, sont des fonctions qui comportent l'étude et la solution toujours rapide de problèmes incessamment nouveaux de l'ordre technique, commercial, administratif. Ce n'est pas tout d'organiser ces grandes machines, d'en régler même dans leurs plus petits détails le fonctionnement compliqué ; des questions nouvelles surgissent chaque jour et s'imposent à qui a l'ambition nécessaire de se maintenir au niveau des progrès réalisés ailleurs, dans une industrie que chaque compagnie, dans chaque pays, s'efforce de faire avancer, soit dans la voie de l'exploitation économique, soit dans la voie plus séduisante, et non moins féconde des innovations, des facilités nouvelles à donner à un public justement exigeant, des améliorations à introduire dans le transport des personnes ou des choses.

Surell s'y décida cependant, et telles étaient les ressources et la fécondité de cet esprit original et charmant, qu'il sut, chose rare, trouver dans un travail volontaire une occupation et des satisfactions, qui font trop souvent défaut à ceux auxquels manque subitement, après de longues années de labeur, l'obligation d'un travail toujours imprévu, mais chaque jour régulièrement imposé.

Retiré à Versailles, dans une riante campagne plantée de ses mains, il y eut la joie de marier sa fille à un jeune camarade, capitaine du génie revenu déjà décoré de l'expédition du Sud oranais pour prendre part à la campagne de France. Sa tâche, disait-il, était finie.

L'étude de la philosophie avait exercé de tout temps sur son esprit une séduction particulière. Déjà, à l'École polytechnique, pendant une longue maladie, il s'était donné pour compagnons de chevet Jansenius, Arnault, Nicole, Pascal. A l'École des Ponts et Chaussées, il avait ébauché une traduction de Kant ; mais, depuis cette époque, les progrès inespérés des sciences physiques et naturelles ont ouvert à la philosophie de nouveaux horizons en lui révélant des lois inconnues. A ces lueurs nouvelles, Surell espérait pouvoir ajouter quelques rayons.

En compagnie de Darwin, des Herbert Spencer, des Schopenhauer, des Fichte, cet esprit chercheur trouva d'inépuisables jouissances dans l'étude de la création et du Créateur. « Il ne sert à rien, disait-il, de poser des bornes à l'esprit humain s'il les franchit toujours, quoi qu'on fasse. Pourquoi se tourmenterait-il de la sorte s'il n'était travaillé par quelque nécessité toute-puissante ?... »

Mais, après quinze années de travaux, sentant ses forces l'abandonner, trop amoureux de netteté et de vérité pour laisser à un autre le soin de coordonner ses notes éparses en dénaturant peut-être sa pensée, il défendait d'imprimer, de communiquer, même à ses amis, des études, qui auront du moins contribué à rendre douces et légères les dernières années de sa vie.

« Il lisait beaucoup, « dit de lui M. le pasteur Viguier, mais il lisait surtout dans son âme. Sa pensée est bien à lui ; c'est dans le calme de son indépendance qu'il faisait sa vie spirituelle, sans compromission d'aucune sorte, avec l'unique souci de la vérité. »

Ecoutons-le dans les conseils qu'il écrit à son fils à son entrée dans le monde ; il s'y peint tout entier : « La raison sans le sentiment est une lumière sans chaleur. La morale fondée sur la raison pure fait penser au froid cristal et à la grandeur solitaire des glaciers ; on les admire, on ne voudrait pas y habiter. Ne t'arrête jamais à une mauvaise pensée. Dans tes lectures, tes affections, tes occupations, même dans tes plaisirs, recherche tout ce qui peut t'élever, évite tout ce qui peut t'abaisser. *Sursum corda !...* Gare-toi du pessimisme qui est une erreur et une maladie, du matérialisme, du positivisme à la mode qui croit tout trancher avec la force et la matière, dont personne ne sait au juste ce qu'elles sont. Cultive cette aspiration qui pousse l'univers vers le mieux et qui nous tourmente nous-mêmes d'un désir de perfection et d'extension d'être allant jusqu'à l'infini ! »

Modeste dans ses goûts, Surell ne connut pas l'ambition et

ne se laissa pas entraîner à de faciles candidatures. Ses idées politiques de la nuance la plus franchement libérale, étaient purement personnelles ; il n'eût jamais consenti à les asservir à un parti. C'était un républicain progressiste, également ennemi de la routine et de l'anarchie. Il préféra ne pas se mêler à des luttes qui, dans sa pensée, constituaient le pire malheur pour la République. Administrateur de premier ordre, il lui répugnait de voir l'action parlementaire se substituer à tout. Ne procédant que par règles précises et méthodiques, il ne pouvait considérer, sans une vive inquiétude, un mouvement qui ne tend qu'à saper les bases de toute administration. Il se tint donc à l'écart, se bornant à accepter dans sa retraite les modestes fonctions de conseiller municipal de sa ville d'adoption.

Ami fidèle, sa maison était grande ouverte à ses camarades. Nul plus que lui n'eut le culte de cette fraternité contractée à l'école. Aussi, fut-il vivement touché quand le Comité de notre Association amicale lui demanda de présider la réunion de 1885. Son discours montra aux jeunes élèves que leur vieux camarade n'avait rien oublié des traditions qui sont la gloire de l'Ecole. Ne se trouvant d'autre titre à un si grand honneur, disait-il, que d'avoir survécu parmi ce groupe d'ouvriers de la première heure qui ont consacré leurs forces à édifier le réseau de nos voies ferrées, il voulut réveiller devant eux le souvenir de leurs travaux. Il leur montra Michel Chevalier décrivant, en 1832, avec une précision prophétique, l'extension universelle des chemins de fer ; Lamé et Clapeyron, au chemin de Saint-Germain ; Payen et Lefort aux deux chemins de Versailles ; Talabot et Didion au chemin d'Alais ; puis la France, entrée tard dans la carrière, d'écolière se faisant institutrice, et déversant sur toutes les parties de l'Europe ses éducateurs : les Thirion, les Sauvage, les Lechatelier, les Lalanne, les Collignon, les Gouin, les Maniel, les Cézanne, les Huyot, pour ne citer que les plus illustres parmi cette pléiade de camarades disparus, qui ont planté dans tant de régions étrangères le drapeau industriel de notre patrie.

Rappelant ensuite les critiques parfois dirigées contre les prétendus défauts de notre Ecole, il demande ce qui aurait bien pu, si elles étaient fondées, déterminer les gouvernements ou les sociétés chargées de la responsabilité financière de ces grandes opérations à les remettre avec tant de confiance aux fils d'une Ecole si peu propre à former des esprits pratiques ?

« Il était dans sa destinée, ajoute-t-il, d'être attaquée sous tous les régimes. Fille de notre première République et héritière du meilleur de son esprit, elle n'en a pas moins à se défendre aujourd'hui contre ce travers que la démocratie traîne parfois derrière elle comme une ombre funeste : la soif immodérée de l'égalité et la défiance des capacités. Il faut en prendre notre parti. L'Ecole ne se défendra jamais mieux qu'en multipliant les services qu'elle rend autour d'elle : là est tout le secret de sa force, de sa durée et de son incontestable popularité. Elle survivra à ceux qui la dénigrent, comme à ceux qui rêvent pour elle des transformations, dont le plus sûr effet serait de lui enlever ce qui fait précisément son excellence, savoir : sa tradition scientifique et morale. Pour valoir ce qu'elle vaut, il faut qu'elle reste ce qu'elle est, avec son haut enseignement commun à tous les services, avec son casernement d'où naissent les liens entre les diverses carrières, avec son régime militaire où elle puise des habitudes de dignité, de respect, de discipline, qu'elle ne retrouverait au même degré sous aucune forme d'administration... On répéterait ailleurs les mêmes cours avec les mêmes examens à l'entrée et à la sortie ; on ne referait pas l'élève de notre Ecole Polytechnique... Il existe des écoles plus ou moins semblables dans la plupart des Etats de l'Europe, pourquoi n'ont-elles pas le même lustre et ne produisent-elles pas les mêmes sujets ? C'est que quelque chose s'est ajouté ici-même, dans l'enceinte de ses murs, à l'enseignement des cours : c'est l'éducation que les élèves se donnent entre eux par un échange continuel de sentiments et d'idées pendant ces années de vie commune et de travail acharné. C'est cet enseignement mutuel qui leur imprime le cachet dont ils porteront l'empreinte toute leur vie ; il achève l'œuvre des professeurs en donnant une certaine trempe morale au caractère. Et tous ceux qui ont eu à diriger des hommes savent qu'ils valent autant par le caractère que par l'esprit... »

Puis, jetant un regard mélancolique sur les douloureuses épreuves du passé, devant cet auditoire où civils et militaires se confondent dans un sentiment commun de camaraderie fraternelle et d'égal dévouement au pays, il s'écrie : « Et vous, jeunes camarades, vous à qui revient la tâche de transmettre fidèlement le flambeau qui, de promotion en promotion, est arrivé dans vos mains, vous qui n'avez entrevu que de loin les dernières épreuves de notre chère patrie, aimez-la plus que jamais ! Elle a, plus que jamais, besoin de vos dévouements après la sanglante mutilation qui lui a arraché une partie de ses enfants. Pour nous, qui sommes arrivé aux extrémités de la vie, fils déshérité de notre sol natal, nous emporterons notre deuil dans la tombe, en vous remettant ce qui ne nous a jamais abandonné, nos espérances !... »

On juge de l'émotion que soulevèrent ces nobles et touchantes paroles.

J'ai essayé, par l'analyse et par de nombreuses citations de ses écrits de faire connaître l'ingénieur et l'homme. Je n'ai pas eu la même ressource pour faire apprécier le Directeur et l'Administrateur de la Compagnie du Midi ; on écrit peu dans ces situations où il faut vivre et travailler à la vapeur, où la besogne de chaque jour se traduit par une infinité de notes sommaires, d'idées jetées sur le papier, d'ordres donnés à la façon de généraux d'armée en campagne, je n'ai donc pu, pour le faire connaître comme administrateur, qu'indiquer les résultats de cette longue période et invoquer le souvenir de tous ceux, étrangers ou fonctionnaires de la Compagnie qui ont eu l'heureuse fortune de le voir à l'œuvre, de partager ses travaux. Avec lui, disait un de ses collaborateurs, le travail perdait toute apparence triste et aride ; travailler avec d'autres était difficile quand on avait goûté au travail sous sa main. Pour tous, grâce à la douceur pénétrante de son caractère, il était un conseil, un ami.

Plus encore que ses qualités éminentes de Directeur et d'Administrateur au coup d'œil rapide, au jugement prompt et sûr, plus encore que son ardeur persuasive et entraînante, ce qu'on aimait en lui c'était sa grande bonté. « Elle était sans bornes, disait à ses obsèques M. d'Eichthal, Président du Conseil d'administration du Midi. Tous les agents placés sous ses ordres savaient que, quelque nombreuses et importantes que fussent ses occupations, il ne laissait jamais à un autre le soin de leurs intérêts; aussi lui rendaient-ils en affection la bienveillance qu'il leur témoignait. » En écrivant ces paroles, la

Revue générale des chemins de fer a été simplement l'écho d'unanimes regrets.

Optimiste avec enthousiasme, trouvant dans tout des sources d'admiration et de jouissance, ardent et généreux pour toutes les grandes choses, pour toutes les nobles causes, pour les beautés littéraires, pour les chefs-d'œuvre de l'art, pour les merveilles de la science, jouissant de la nature en artiste, en poète, en sage, tout ce qui était beau l'enflammait, tout ce qui était bon l'émouvait, et c'est à lui qu'il est facile et doux d'appliquer cette maxime qu'il donnait à son fils :

Vis en pensée avec les morts que tu as aimés.

LES
INSTITUTIONS PATRONALES
DANS LES
COMPAGNIES DE CHEMINS DE FER

Discours prononcé à la Séance d'ouverture du Congrès
de la *Société d'Économie sociale et des Unions*
Paris 1889

Mesdames, Messieurs,

Je sais bien à qui je dois l'honneur inattendu d'occuper ce soir le fauteuil présidentiel et j'en rends grâce à la bienveillante insistance de votre bureau et particulièrement de mon ami M. Cheysson, le directeur ordinaire de vos travaux ; mais je sais moins bien à quoi je suis redevable, sinon de la tâche de le remplacer, même momentanément, dans cette direction, du moins de l'honneur d'occuper passagèrement un siège où m'ont précédé tant de hauts esprits dont je ne suis pas, tant de profonds économistes dont je ne serai jamais.

Si malgré mon ignorance des choses de l'économie politique, malgré, je ne dirai pas à coup sûr mon dédain ni mon indifférence, mais malgré la crainte respectueuse qu'inspire instinctivement à tout profane une science dont il n'a ni pénétré ni étudié les arcanes, si ces messieurs m'ont choisi, c'est sans doute qu'ils ont voulu rendre un nouvel hommage à votre illustre fondateur, M. Le Play, dans la personne d'un de ses anciens élèves ; ils ont pensé, je suppose, que le fait d'appartenir à ce corps des mines, dont il fut une des lumières et qui conserve fidèlement sa mémoire, était un lien ou un symbole suffisant pour justifier l'inattendu de leur choix ; ils ont dû croire surtout que le directeur de la plus grande des Compagnies de chemins de fer, celui qui a le pesant honneur de commander à une armée pacifique de 70,000 hommes opérant sur le quart du territoire de notre pays, était un *patron* dans une large acception du mot, et avait qualité pour porter la parole devant une Société qui a pris pour principal objet de ses études le développement des institutions patronales, l'amélioration du sort des classes laborieuses, l'accord du capital et du travail.

C'est à ce titre surtout que j'ai accepté de déférer à leur désir. Si je fais de l'économie sociale un peu comme M. Jourdain faisait de la prose, j'ai comme vous le désir passionné, j'ai plus que plusieurs d'entre vous l'occasion d'essayer de résoudre ces graves problèmes, et je n'ai pu refuser d'en attester l'importance en venant au milieu de vous. Sur ce terrain du moins, je n'y serai pas déplacé.

L'exposé des relations entre les patrons et leurs employés se réduit pour moi à l'exposé des devoirs des patrons vis-à-vis des employés. Les devoirs de ceux-ci, ils les connaissent de reste, sans pour cela toujours les remplir. Le premier de tous vis-à-vis d'eux-mêmes et de leurs familles, plus encore que vis-à-vis de leur patron, est d'épargner, et, si j'osais faire de l'actualité, je dirais d'épargner les grèves. L'insurrection est parfois, a-t-on dit, le plus sacré des devoirs ; sur le terrain politique, vis-à-vis des tyrans, peut-être ; dans le domaine industriel, où la tyrannie de l'un, si elle existe, a pour contre-partie la liberté de l'autre, c'est le plus désastreux des moyens pour ceux qui y ont recours. — Pour les prévenir, un patron vraiment digne de ce nom doit mettre au premier rang de ses préoccupations, avant le perfectionnement de ses méthodes industrielles, l'étude de ses devoirs vis-à-vis de ceux qu'il emploie ; c'est d'ailleurs la meilleure politique, une affaire n'ayant de prospérité durable qu'à la condition d'assurer l'harmonie et l'accord entre le capital et le travail. A défaut d'éducation suffisante chez des travailleurs qui, dans leurs aspirations naturelles vers le mieux, ne savent pas toujours discerner leurs véritables intérêts, le premier devoir du patron est de les guider et de prendre lui-même souci de l'intérêt matériel et de l'intérêt moral de la masse de ses collaborateurs.

C'est une tâche à la fois plus facile et plus difficile pour un petit patron que pour le chef d'une grande industrie ; plus facile, parce qu'en raison du cercle plus étroit de ses opérations, il est en relations de chaque jour avec tout son personnel, connaît chacun de ses employés ou de ses ouvriers et vit avec eux presque sur le pied d'une vie de famille ; c'était le cas des maîtres de ces petites forges au bois naguère si prospères, écrasées aujourd'hui sous le poids d'une concurrence qui ne permet la vie qu'à la condition d'une énorme production ; plus difficile, parce qu'en raison de la faiblesse relative de ses ressources, de la précarité de son industrie qui lui défend d'envisager les lointains horizons, il ne dépend pas de lui de garantir à ses employés une période indéfinie de travail dont il n'est pas sûr pour lui-même, ni d'assurer leur avenir quand l'âge et les fatigues les auront rendus impropres au travail.

Tout autre est la situation des grandes industries, des compagnies de chemins de fer, par exemple, constituées soit avec une durée perpétuelle comme en Angleterre, soit, comme en France, pour une longue période de temps (99 ans) et sûres, si elles ont été prudemment constituées (et le contraire s'est vu), d'une existence assez longue pour user plusieurs générations d'employés. Ce n'est que de ces industries que je vous parlerai.

Je ne prendrai pas toutefois mes exemples en Angleterre ; il semble que la perpétuité des concessions devrait y rendre plus facile et plus générale qu'ailleurs l'institution des mesures propres à assurer l'avenir du personnel. Tel n'est pas le cas cependant, et, par une habitude d'esprit qui pourra lui coûter cher un jour, le patron y considère moins qu'ailleurs l'ouvrier comme un associé ou un ami ; il le loue pour ce qu'il vaut, débat librement avec lui son prix, librement aussi le renvoie quand les forces lui manquent, estimant qu'il a assez fait en le payant au jour le jour et que le devoir cesse avec le travail.

En France, ce n'est pas ainsi que les compagnies de chemins de fer ont compris leur situation ; inspirées par une plus haute conception de leurs devoirs au point de vue moral et humanitaire, elles ne se sont jamais désintéressées de l'avenir de ceux qui collaborent à l'édification de leur fortune petite ou grande et n'ont jamais reculé, c'est un honneur qu'il leur sera permis de revendiquer, devant des sacrifices qui grèvent leur prix de revient, et que, mues par un esprit plus exclusivement commercial, disons le mot, plus égoïste, elles auraient pu ne pas s'imposer, mais qui leur paraissent faire partie intégrante de leurs charges. Assurer dans le présent l'existence matérielle des employés leur paraît quelque chose ; en assurer l'avenir et se préoccuper de leurs besoins moraux, elles le tiennent pour une de leurs plus impérieuses obligations.

Assurer les besoins matériels actuels, c'est toute la question des salaires, elle se règle par le jeu naturel de la loi de l'offre et de la demande et vous n'attendez pas que je vous en entretienne longuement.

Presque partout, et par la force des choses, du fait même des chemins de fer qui ont supprimé les distances et facilité les échanges, les habitudes et les besoins, sinon les ressources, se sont nivelés dans toutes nos provinces ; presque partout, ce qui suffisait autrefois ne satisfait plus et le besoin de bien-être, de confort relatif s'est accru plus rapidement que ne s'est réduit le prix des objets nécessaires à l'alimentation ou au vêtement ; presque partout, par suite, le prix de la main-d'œuvre s'élève. Contre cette progression irrésistible de cet élément si important de leurs dépenses, coïncidant avec un abaissement, inévitable aussi, du produit de chacune de leurs unités de transport (taxe d'un voyageur ou d'une tonne transportés à un kilomètre), c'est pour les compagnies une nécessité de réagir, et en cherchant les moyens de substituer le plus possible le travail des machines à la main-d'œuvre humaine, ce qui n'empêche pas bien entendu le nombre de leurs agents de s'accroître sans cesse, et en offrant à leurs employés, en dehors de leur salaire personnel, des moyens indirects d'améliorer leur sort, soit en donnant du travail à leurs femmes, à leurs enfants, soit en faisant baisser pour eux le prix du logement, de la nourriture, de l'habillement.

Examinons, si vous le voulez bien, ces différents chapitres.

La place normale de la femme est assurément dans la famille, à la tête de son ménage ; mais dans les familles nombreuses il est du devoir de chacun de contribuer, dès qu'il le peut, à accroître les ressources communes. C'est dans cet ordre d'idées que toutes les compagnies se sont préoccupées de faire une place au *travail des femmes* dans la limite où le permettent soit leurs forces, soit leur instruction aujourd'hui très répandue (et suivant certains dangereusement vulgarisée). En admettant dans nos ateliers, dans nos bureaux, celles des parentes de nos agents qui ne sont pas nécessaires à leur foyer, nous augmentons les ressources de la famille et moyennant certaines précautions, sur lesquelles il n'est pas besoin d'insister, nous nous assurons un excellent service.

Des autres moyens d'améliorer le sort matériel des petits employés, vous vous êtes, Messieurs, bien souvent occupés : et la triple question des habitations ouvrières, des économats et des sociétés coopératives de consommation n'a plus pour vous de secrets : envisagées au point de vue spécial des chemins de fer, elles peuvent peut-être donner lieu à quelques observations.

Il n'est personne qui ne suive avec un vif intérêt les efforts de quelques gens de bien (c'est le meilleur nom que je puisse donner à l'un de leurs chefs, M. Picot, qui me précédait naguère à cette place) pour arracher les ouvriers au séjour pernicieux, à l'air empesté des faubourgs des grandes villes, et pour mettre à leur disposition en dehors d'elles, ou même en pleine campagne des *habitations ouvrières* modestes, saines, où le corps se refait, où l'esprit se rassérène au lieu de se gangrener dans les honteuses promiscuités des comptoirs de marchands de vin.

Les chemins de fer encouragent ce mouvement en offrant des abonnements aux ouvriers assez avisés pour habiter à l'extérieur des grandes villes, à des prix qui les rendent accessibles aux bourses les plus modestes (1 fr. 50 par semaine pour le trajet entre Villeneuve-Saint-Georges et Paris, par exemple).

Les compagnies ont parfois construit elles-mêmes de pareilles habitations, quand les besoins de leur exploitation les obligeaient à accumuler un certain nombre d'agents, soit dans un village dépourvu de ressources suffisantes, soit *a fortiori*, en dehors de tout centre d'habitation. Il est à peine besoin de dire qu'elles ne poursuivent pas là une spéculation ; elles s'estiment heureuses quand elles tirent de 2 à 3 0/0 de leur argent et surtout quand elles voient, à côté d'elles, l'industrie privée élever des maisons nouvelles que l'esprit naturel d'indépendance de nos agents leur fait souvent préférer. La modicité des loyers dans les maisons de la compagnie est et reste un frein contre les exigences possibles des propriétaires. Quand nous avons ainsi assuré à nos agents un logement à bon marché, dans nos maisons ou ailleurs, peu nous importe, notre but est atteint et nos sacrifices justifiés.

Dans ces conditions, nos maisons répondant surtout à des besoins de service, nous ne saurions poursuivre la combinaison (d'ordre moral) qui inspire les promoteurs ordinaires des habitations ouvrières et qui consiste à faciliter aux locataires le moyen d'acquérir la propriété de leur immeuble. Nos agents, d'abord, changent souvent de résidence pour raison de service, ce qui ne se ferait pas sans ennui s'ils étaient propriétaires de leur maison. Ensuite ces maisons, destinées à n'être occupées que par des employés en activité de service, ne sauraient sans inconvénient être vendues, ni à un étranger, cela va sans dire, ni même à un employé qui, le jour où il prend sa retraite, devient pour nous un étranger, du moins au point de vue du service, et occuperait une place nécessaire à un agent en activité. — Si ces considérations sont vraies alors que les maisons se trouvent en dehors de nos établissements, en pleine campagne, elles le sont davantage encore si les constructions s'élèvent dans les dépendances mêmes de nos gares.

Dans certains cas cependant, quand une compagnie de chemins de fer, en dehors des besoins de son service, possède des terrains disponibles, elle peut avoir intérêt à les couvrir, soit directement, soit par l'intermédiaire d'une société, d'habitations modestes qu'elle loue à des ouvriers ou employés en les réservant de préférence sinon exclusivement aux siens propres. C'est un placement comme un autre, que son but philanthropique suffit à justifier, alors même qu'il serait fructueux ; mais la compagnie qui l'entreprend agit moins comme compagnie de chemins de fer que comme propriétaire ordinaire et pour ce motif je me borne à mentionner cette combinaison que réalise en ce moment, à Paris, l'une de nos grandes compagnies.

Des *économats* achetant à meilleur marché parce qu'ils achètent en gros, et fournissant au prix de revient aux agents tous ou presque tous les objets nécessaires à l'alimentation et au vêtement, je confesse que je ne suis pas un partisan bien résolu. Ils sont excellents, plus que cela, nécessaires dans certains cas et pour l'exploitation de certaines lignes traversant de vastes étendues peu peuplées ou désertes ; j'en ai créé avec empressement en Espagne et en Algérie. Mais en France je n'ai pas cru devoir, en le faisant, suivre l'exemple de plusieurs des grandes compagnies de chemins de fer. Ce n'est pas à coup sûr que nous ayons reculé devant un inconvénient inévitable de ce genre d'institutions : il est dans la nature des choses que le personnel ne croie pas au désintéressement des compagnies et dise ou croie qu'il est exploité par elles ; quand on est sûr de ses sentiments, quand on fait le bien pour le bien, peu importent les dires des ignorants ou les calomnies des méchants. Mais il nous a semblé que dans notre région, où partout l'alimentation peut être aisément assurée, il ne rentrait pas dans les attributions nécessaires des compagnies de chemins de fer de se substituer aux efforts de l'initiative individuelle.

Nous avons été amenés parfois à créer des *réfectoires* dans nos grandes agglomérations ouvrières quand nos ateliers étaient trop éloignés des lieux d'habitation. Quelque modeste que soit le prix des repas que nous y offrons à nos ouvriers et des aliments que nous autorisons leurs familles à venir y chercher, nous ne réussissons pas toujours à les accréditer dans notre personnel. Peu nous importe au fond ; l'existence seule de ces réfectoires a fait baisser dans de larges proportions les prix que demandaient, avant eux, les traiteurs et cantiniers du voisinage, et par là notre but se trouve atteint.

Au lieu de créer des économats, de multiplier les réfectoires, il nous a paru préférable d'encourager de tout notre pouvoir la constitution, parmi nos agents, *d'associations coopératives*, qui leur permettent de se procurer eux-mêmes, dans les conditions spéciales de bon marché que facilitent leur nombre et leur groupement, tous les objets nécessaires à la vie. Cela peut se faire de deux façons : par la formation de sociétés coopératives proprement dites ou par de simples unions libres.

Les sociétés coopératives achetant à bon marché, vendant un peu plus cher à leurs participants, tous agents de la compagnie, mais encore bien au-dessous du prix du détail dans leur localité, réalisent nécessairement un certain bénéfice qu'elles répartissent chaque année entre leurs participants proportionnellement à l'importance des achats de chacun.

De telles entreprises, en dehors de leur résultat matériel immédiat, stimulent l'initiative individuelle, habituent les agents à compter sur eux-mêmes plus que sur l'aide d'en haut ; c'est une application du précepte si sage : aide-toi, le ciel t'aidera. Et le ciel, dans l'espèce les compagnies, ont toute raison, en effet, d'aider ces tentatives, soit par des conseils, soit par des subventions équivalentes à une partie des frais de transport acquittés sur leur réseau.

Mais ces sociétés exigent un peu d'administration, une petite comptabilité, du temps en un mot et il manque parfois. Des erreurs, des accidents même sont possibles. Pour les prévenir, les agents d'une ou de plusieurs localités peuvent, sans s'assujettir à la forme et aux tracas d'une société, se grouper en *unions libres* dont les administrateurs n'ont d'autre mission que de rechercher et de faire connaître à leurs camarades les prix les plus bas auxquels certains fournisseurs désignés consentent à livrer en gare les objets nécessaires à la vie, objets dont le paiement se fait directement au comptant par le consommateur. Une union de ce genre s'est fondée récemment à Lyon et compte actuellement 12,000 adhérents en relations avec 250 fournisseurs. C'est une forme plus simple que la première dans son organisation, plus compliquée dans ses règlements de comptes, avec des avantages matériels moindres, par conséquent. Au point de vue moral, elle développe comme la première l'initiative individuelle ; mais elle n'est pas susceptible, puisqu'elle ne laisse pas de bénéfices, d'être transformée en institution de prévoyance comme pourraient l'être les sociétés coopératives si, au lieu de distribuer en fin d'année les bénéfices réalisés, elles les plaçaient en épargne au nom de chacun des participants. A ce titre, elle est moins digne, moins susceptible, d'ailleurs, en fait, d'être encouragée par les compagnies.

Cet encouragement est un premier exemple de l'assistance morale que le patron donne à ses employés. Nous en trouverons un second dans l'organisation des *caisses de secours* destinées à subvenir aux besoins des agents dans les cas de maladie ou d'accidents.

Dans certains cas (c'est le nôtre), ces caisses n'existent pas ; c'est alors que la compagnie prend à sa charge exclusive les soins et les médicaments à fournir à ses agents les plus modestes et les salaires de maladie (demi-solde, en général) servis pendant une période plus ou moins longue, de même qu'elle supporte, et c'est naturel, les salaires entiers qu'elle conserve aux agents blessés à son service.

Dans d'autres cas, il existe une véritable caisse de secours alimentée en partie par la compagnie, en partie par une retenue mensuelle sur les traitements des agents. L'expérience semble confirmer qu'un prélèvement total de 3 0/0 à 4 0/0 des traitements permet de subvenir aux nécessités moyennes. Cette combinaison paraît, aux compagnies qui l'emploient, supérieure à la première, non pas assurément parce qu'elle leur impose un sacrifice un peu moindre, mais parce qu'elle contribue à faire entrer dans l'esprit du personnel des idées de prévoyance et d'épargne. Une épargne, cependant, qui n'appartient pas à celui qui l'a faite, qui peut, s'il n'est pas malade, ne jamais lui profiter, c'est de la solidarité, à la bonne heure, et l'on ne peut qu'y applaudir ; ce n'est pas, à proprement parler, de la prévoyance.

Tout autre est le caractère d'institutions encore fort rares, mais dignes des plus grands encouragements : je veux parler des *caisses de secours mutuels*, alimentées exclusivement par des contributions volontaires des adhérents et par suite administrées exclusivement par eux. Il en existe une à Lyon (la 230°), fondée en 1875, qui compte aujourd'hui 33,000 adhérents, sert pour 90,000 francs de pensions et dont les réserves atteignent 3 millions de francs. De telles institutions présentent cependant un danger qui peut devenir fort sérieux, celui de viser trop haut par l'effet d'une inexpérience bien naturelle et de se trouver à un moment donné, malgré l'importance apparente de leurs réserves, dans l'impossibilité d'assurer les engagements qu'elles auront trop généreusement assumés. Si elles se bornaient à donner des secours en cas de maladie, rien ne serait plus simple et l'expérience déjà longue d'un grand nombre de compagnies de chemins de fer fournit à cet égard des enseignements suffisants ; mais elles se laissent entraîner à promettre des retraites, parfois indéterminées et calculées d'après l'état de la caisse, parfois même d'un chiffre déterminé, et, dans ce cas, la question change terriblement d'aspect. Les caisses de retraites instituées par les compagnies ont déjà donné bien des mécomptes ; pour les réparer, il a fallu augmenter à plusieurs reprises les prélèvements qui les alimentent ; les compagnies d'ailleurs ont pris l'engagement de faire face aux insuffisances possibles avec les produits de l'exploitation. Avec des prélèvements moindres et des ressources éventuelles nulles, il est à craindre que des institutions plus généreusement conçues que solidement dotées ne soient exposées à de sérieuses déconvenues et le plus grand service que l'on puisse rendre à leurs initiateurs est d'essayer de prévenir chez eux les visées trop hautes, de leur conseiller de se limiter aux secours en cas de maladie, de peur de compromettre par un accident imprévu, bien que trop facile à prévoir, la vitalité d'une institution basée sur le sentiment le plus noble qui soit, celui de la solidarité, et sur les principes, recommandables entre tous, de l'initiative individuelle et de la mutualité.

Vous n'attendez pas, Messieurs, que je vous parle longuement d'un autre des devoirs d'ordre moral qui s'impose aux patrons, celui de procurer aux enfants l'instruction ordinaire ou l'instruction professionnelle.

En ce qui touche *l'instruction ordinaire*, les écoles ont été si libéralement répandues par l'Etat sur toute la surface de la France, que ce n'est que dans des cas bien rares que les compagnies de chemins de fer sont conduites soit à subventionner des écoles privées, soit à en créer de toutes pièces à l'usage exclusif de leurs employés. Nous avons dû le faire à Laroche, à Arvant et à Villeneuve-Saint-Georges.

En ce qui touche *l'instruction professionnelle*, c'est autre chose. En dehors des très grandes villes où existent des écoles de commerce, de comptabilité, en dehors des trois centres d'Aix, Angers et Châlons dont les écoles d'arts et métiers constituent pour les chemins de fer de précieuses pépinières d'agents techniques, il existe peu de ressources. Si pour les services des gares et des trains, l'on peut admettre que la meilleure école est le service lui-même, par l'enseignement mutuel, il faut, pour les services techniques, suppléer à l'insuffisance de l'enseignement public. Toutes les compagnies ont considéré comme utile d'instituer à côté de leurs grands ateliers, s'ils sont éloignés des grandes villes, des *écoles d'apprentissage* réservées exclusivement aux enfants de leurs ouvriers et dans lesquelles, en dehors de cours qui leur donnent les notions scientifiques indispensables, les enfants apprennent, sous les yeux de leurs parents, le métier qui doit être leur gagne-pain. C'est une bonne politique pour les compagnies qui assurent ainsi leur recrutement, c'est surtout une bonne œuvre morale qui permet aux familles de rester groupées, aux pères de surveiller leurs enfants, de les instruire dans leur profession, et qui, en assurant l'héritage, pour ainsi dire, des emplois ou des fonctions, tend à donner à nos exploitations un caractère familial, malgré leur importance et leur dissémination.

Je ne mentionnerai qu'en passant d'autres institutions d'un caractère patronal ou charitable : les *ouvroirs*, où l'on recueille pendant le jour les enfants de ceux de nos agents dont la mère travaille pour augmenter les ressources de la famille ; les *orphelinats*, où les compagnies placent à leurs frais les enfants des agents auxquels la mort a enlevé leur mère et ceux, plus dignes encore de pitié, qui restent complètement orphelins sans avoir droit aux secours que, dans certaines conditions, leur assure la caisse de retraite.

Les ouvroirs viennent en aide à la famille présente, les orphelinats la remplacent (s'il se peut). Les enfants y reçoivent les éléments de l'instruction et apprennent un métier qui leur permettra plus tard de se suffire.

Il est une autre question et des plus agitées, celle de la *participation aux bénéfices* qui relève, suivant la solution qu'on lui donne, soit de l'ordre matériel, si le montant de cette participation est distribué, soit de l'ordre moral s'il est placé au nom des intéressés pour leur être remis à un âge déterminé. Je ne demande pas, Messieurs, parce que la réponse, ici surtout, me paraît évidente, s'il y a lieu de faire participer aux bénéfices, sinon tous les employés d'une compagnie, du moins tous ceux qui peuvent être considérés comme ayant une action réelle sur leur quotité. — La difficulté n'est pas là ; elle est de savoir ce qu'il convient d'entendre par bénéfices, elle est surtout de mesurer la part d'influence que peut avoir sur leur quotité l'action d'un employé ou même d'une collectivité déterminée d'employés.

Faut-il considérer comme bénéfices le produit net total de l'exploitation après prélèvement des charges du capital ? C'est l'idée la plus naturelle *a priori*, c'est la définition même du mot bénéfice. Je ne crois pas, cependant, qu'en matière de chemins de fer au moins, ce soit ainsi qu'il faille procéder. Le capital de construction est ce qu'il est ; sur ses charges, le personnel de l'exploitation ne peut rien ; ses efforts ne contribuent qu'à augmenter les recettes et à diminuer les dépenses. C'est donc sur le produit net de l'exploitation seule, sans tenir compte des charges du capital, qu'il y a lieu de tabler pour calculer sinon la part des bénéfices, le mot ne serait plus exact, au moins la rémunération spéciale qu'il est légitime d'allouer au personnel exploitant pour récompenser ses efforts et maintenir sa vigilance.

Quelle partie de ce produit net convient-il de lui allouer? Quelle catégorie d'agents convient-il de comprendre dans cette allocation ? Ce sont deux questions auxquelles il est malaisé de faire une réponse précise et dont la solution doit être laissée à l'appréciation équitable des conseils d'administration pour la première, des chefs de chacun des services de l'exploitation pour la seconde. (1)

La somme totale fixée, ainsi que sa répartition, convient-il d'en faire la distribution immédiate aux ayants droit? C'est le cas actuellement le plus général. Il semblerait cependant préférable, surtout pour les petits, plus conforme à l'intérêt bien entendu d'une classe d'agents moins soucieux d'assurer l'avenir que de pourvoir aux nécessités souvent pressantes du présent, que ces sommes fussent versées en leur nom à la caisse nationale de la vieillesse, par exemple, pour leur être remises à un âge déterminé ou au moment de leur retraite, ou, en cas de mort, à leurs héritiers. Le devoir d'un patron est, ce me semble, d'avoir de la prévoyance pour ceux à qui la prévoyance est difficile, et de réserver pour le moment où leurs ressources maté-

---

(1) Voir le Discours de Moulins. — 9 juillet 1904, p. 333.

rielles auront faibli en même temps que leurs forces, des sommes qu'ils ne sont que trop facilement entraînés à dépenser en supplément de bien-être à une époque où leur existence, pour modeste qu'elle soit, est du moins assurée.

J'arrive enfin au dernier terme de notre route, à la dernière forme, de toutes la plus importante, sous laquelle se manifestent la bienveillance justifiée des patrons, de ceux du moins dont l'industrie est assurée de longs lendemains, et leur prévoyance, inspirant et guidant celle de leurs employés. Je veux parler des *Caisses de retraite.*

Vous n'attendez pas de moi, Messieurs, de longues dissertations sur un sujet déjà presque épuisé. Des caisses de ce genre existent dans toutes les compagnies françaises de chemins de fer; leur fonctionnement et leurs résultats vous sont bien connus. Je me bornerai à vous rappeler très sommairement les bases de celle d'entre elles que je connais le mieux.

A notre caisse sont inscrits tous les agents commissionnés et embrigadés, c'est-à-dire employés d'une manière permanente et continue. Ils concourent à l'alimenter par un prélèvement de 4 0/0 sur leurs appointements ; la compagnie y ajoute une allocation de 6 0/0; les dons et les produits du placement des fonds disponibles en forment la troisième ressource. Les agents ont le droit de demander leur retraite à 55 ans quand ils comptent à cet âge vingt-cinq ans de services. La compagnie, de son côté, peut mettre à la retraite par anticipation tout agent âgé de 55 ans, quelle que soit la durée de ses services; et, après quinze ans de services, quel que soit son âge, tout agent que des blessures ou des infirmités condamnent prématurément au repos. La pension de retraite, normale ou anticipée, est uniformément calculée à raison de 2 0/0 du traitement moyen des six dernières années, pour chaque année de service. Elle est reversible pour moitié sur la veuve de l'agent retraité et, en cas de mort de celle-ci, se continue sur les enfants dont chacun touche sa part jusqu'à l'âge de 18 ans. Dans le cas de décès d'un agent non retraité comptant au moins quinze ans de services, sa veuve reçoit la moitié de la pension de retraite qui aurait pu être allouée au mari, avec continuation sur les enfants dans les limites que je viens de dire. Ajoutons enfin que les retenues faites sur le traitement des agents leur sont remboursées en capital s'ils quittent la compagnie avant d'avoir droit à la retraite, ou, en cas de décès, à leurs ayants droit. Le nombre actuel de nos inscrits est de 40,000, celui de nos agents pensionnés de 8.000 ; le montant de leurs pensions s'élève à 6,700,000 francs.

Ces dispositions sont, je crois, les plus complètes et les plus larges qui aient été jusqu'ici pratiquées en fait de retraites. Il n'est pas indispensable, pour des compagnies naissantes, d'aller du premier coup aussi loin et nous-mêmes n'y sommes arrivés que progressivement, mais ce qui importe par-dessus tout pour des compagnies privées, surtout d'existence limitée, c'est de donner aux caisses de retraite le caractère de caisses de prévoyance, c'est-à-dire de leur assurer toujours le capital nécessaire pour satisfaire aux engagements qu'elles ont contractés, jusqu'à la mort de tous les intéressés.

Il y a quelque douze ans, on discutait au Parlement allemand l'institution des caisses de secours obligatoires et des caisses de pension. En réponse aux objections qu'inspirait à ses adversaires sa tendance à ce socialisme d'Etat, M. de Bismarck, qui depuis..... ne se gênait pas pour répondre : « Je reconnais le droit absolu au travail et j'en défendrai les principes tant que je resterai chancelier de l'Empire. Si c'est, comme vous me le dites, du communisme et non du socialisme, cela m'est égal : j'appelle cela du christianisme pratique avec application obligatoire. » L'illustre homme d'Etat qui peut se vanter d'avoir ajouté quelques chapitres à l'histoire des *variations*, est-il encore de cet avis ? Peu importe. A notre sens, les Etats, qui ont à leur disposition la ressource élastique de l'impôt, peuvent à la rigueur, les compagnies ne doivent jamais, s'écarter des principes qu'au récent Congrès des chemins de fer à Paris, un des économistes les plus éminents de la Russie, M. de Bloch, formulait en ces termes : « Chaque fois que dans une mesure qui ne devrait être basée que sur des calculs mathématiques, on fait intervenir des questions de sentiment, on peut dire d'avance que la mesure n'aura pas grande valeur. » En d'autres termes, les engagements d'une caisse de retraite doivent être, sûrement et toujours, couverts par ses ressources assurées.

Quelle doit être, pour y arriver, l'importance des allocations qui l'alimentent? C'est une question à laquelle je n'essaierai pas de répondre ici. Cela dépend de bien des choses, essentiellement, c'est clair, de l'importance des engagements contractés.

Je crois qu'on est dans le vrai en affirmant qu'avec la nature des engagements que j'ai énumérés plus haut pour la caisse de retraite du P.-L.-M., l'allocation annuelle ne devrait pas être inférieure à 15 0/0 du montant des appointements du personnel actuellement en service. De quelque façon que se répartisse cette allocation entre les subventions de la compagnie et les retenues exercées sur le traitement des agents, dès le jour où l'allocation viendrait à être reconnue insuffisante, il serait indispensable d'assurer à la caisse un complément de ressources.

Bien que j'aie, Messieurs, singulièrement abusé de votre patience dans la trop longue revue que je viens de faire des devoirs des patrons vis-à-vis de leurs employés et des moyens par lesquels les compagnies de chemins de fer se sont efforcées de les remplir, permettez-moi, en terminant, de vous dire ce qui n'est pas encore et ce qui, à mon sens, devrait être.

Nos agents retraités, s'ils ont de la famille, ou s'ils ont conservé des parents ou des amis au pays natal, peuvent, en y retournant, y vivre modestement avec leur retraite. Ceux d'entre eux qui n'ont pas de foyer, soit qu'ils aient négligé de se le créer, soit qu'ils aient eu le malheur de le voir désert avant l'heure, sont plus embarrassés, et, malgré des charges moindres, trouvent plus difficilement à vivre sous un toit étranger. Pour ceux-là tout d'abord, et plus tard, si les ressources le permettaient, pour les vieux ménages, j'estime que ce serait un grand bienfait que de créer une *maison de retraite*, une sorte d'hôtel des invalides des chemins de fer, où, moyennant l'abandon, total ou partiel, de leur pension, nos vieux agents trouveraient assurés bon souper et bon gîte. Leur vie y serait modeste, leurs distractions limitées ; une des plus réelles serait d'y conter leurs campagnes en médisant un peu de leurs anciens chefs ; c'est trop humain pour qu'on en puisse douter et trop innocent pour qu'on ne leur en laisse pas la satisfaction. Ce nouveau témoignage d'intérêt donné aux vieux serviteurs établirait, assurément, un lien de plus entre les compagnies et les agents actuellement encore à leur service.

Je ne me dissimule pas la difficulté d'assurer à l'institution nouvelle le complément nécessaire des ressources, évidemment insuffisantes, fournies par l'abandon partiel des pensions de retraite. Peu importe, dirai-je volontiers. Où serait, d'ailleurs, la mérite de faire le bien, si l'on pouvait le réaliser aisément sans peines et sans sacrifices ?

Je sais sur les bords de notre Méditerranée, dans cette région bénie où la vie est facile et douce, où chaque hiver nos trains amènent en si grand nombre et les heureux de ce monde qui vont y chercher les plaisirs de l'hiver au milieu d'un perpétuel printemps, et les malades forcés de fuir les frimas et les brumes des régions du Nord, je sais certaine pointe incessamment battue par les flots de la mer d'azur, où la terre produit presque sans effort, où les fleurs poussent sans culture à l'ombre des oliviers et des palmiers, où il serait doux de se reposer des fatigues de sa carrière en repassant en soi la façon dont on l'a remplie. C'est là que je voudrais pouvoir installer ceux des nôtres qui restent seuls au déclin de la vie et commentent, sans le connaître, le « væ soli » de l'ancienne sagesse. Est-ce un rêve ? Je ne sais. S'il était donné de le réaliser à l'un de ceux que votre science, Messieurs, appelle du nom de patron (presque *pater*), quel plus beau couronnement d'une carrière laborieuse inspirée, comme c'est le devoir, par l'amour et la recherche du bien !

LES

CHEMINS DE FER

DÉPARTEMENTAUX

Décembre 1889

Nécessité des chemins de fer départementaux. — Pour la plupart des départements de France, c'est un désir, pour quelques-uns, un désir fiévreux, de compléter par un réseau de lignes d'intérêt local à voie étroite, le réseau des grandes voies d'intérêt général, qui étend aujourd'hui ses mailles sur toute la surface de notre territoire. Il n'y a pas lieu d'en être surpris ; il est naturel que, témoins des bienfaits qu'apportent les chemins de fer aux régions qu'ils traversent, de la transformation et du développement dont ils ont été l'actif instrument, les populations trop nombreuses qui en sont encore privées recherchent avec ardeur les moyens d'en jouir à leur tour. C'est moins à enrayer ce mouvement réfléchi (1) qu'à le diriger que doivent tendre les efforts de tous ceux qui ont à cœur d'accroître la richesse publique, de mettre en valeur des ressources inconnues ou provisoirement délaissées, et de donner à notre industrie, à notre agriculture, par la généralisation des transports à bon marché, le moyen de lutter contre des concurrences extérieures, que la diffusion des chemins de fer dans tous les pays, et les progrès, si considérables depuis vingt

---

(1) Réfléchi comme tendances, irréfléchi souvent dans ses manifestations, surtout sous l'empire de la première loi de 1865 sur les chemins de fer d'intérêt local. La loi du 11 juin 1880 donne-t-elle la bonne solution du problème ? Il n'est pas défendu d'en douter ni d'en souhaiter la prompte réforme dans l'intérêt des finances des départements et de l'Etat.

ans, de la navigation maritime, ont rendues singulièrement redoutables.

Pour arriver à ce résultat, pour que les chemins de fer sillonnent progressivement toutes les parties du territoire, desservent dans un avenir plus ou moins éloigné tous nos chefs-lieux de canton, et les relient aux grandes artères qui ne peuvent pénétrer jusqu'à eux, il faut nécessairement adopter des types nouveaux en relation avec les ressources locales, avec l'importance, modeste en général, du trafic à desservir, recourir à des systèmes économiques de construction et d'exploitation.

Économiques, disons-nous. Ici il faut s'entendre :

Il n'y a pas, à proprement parler, de systèmes économiques, ni de construction ni d'exploitation.

Il y a des lois et des cahiers des charges permettant de construire et d'exploiter économiquement, en réduisant et modérant des exigences, naturelles pour les grandes artères, mais déjà fort exagérées même pour un très grand nombre des lignes comprises dans le réseau d'intérêt général exploité par les grandes compagnies. Sous ce rapport, un pas a été fait et un progrès réalisé par les cahiers des charges de 1881 qui peuvent être encore simplifiés.

Convenance de la voie étroite. — Il y a surtout à proportionner l'importance de l'outil avec celle du trafic qu'il est appelé à desservir et, sous ce rapport, on a terriblement dépassé le but. Que de lignes ont été concédées, en France et en Algérie, avec l'obligation de les construire à la voie de $1^m,45$, qu'il aurait suffi de construire avec une voie de 1 mètre et même de $0^m,60$. Ce sont des errements dans lesquels il est impossible de persévérer.

Nécessité des petites compagnies. — L'opinion, depuis quelques années, se prononce énergiquement dans ce sens. La dernière Chambre s'en est fait l'écho, en demandant, pour faciliter et hâter la réalisation du trop vaste programme de 1879, la transformation à voie de 1 mètre d'un grand nombre des lignes concédées aux grandes compagnies par les conventions de 1883. Cette solution ne nous paraît pas pratiquement réalisable.

Sans doute, il n'y a théoriquement aucune difficulté à ce qu'une grande compagnie exploite deux réseaux, l'un à voie large, l'autre à voie étroite. Sans doute, bien que cela rompe d'une manière fâcheuse l'uniformité de ses procédés d'exploitation, elle pourrait avoir deux types distincts de matériel, deux types de règlements d'exploitation, localiser sur un réseau à voie étroite un personnel spécial, autrement recruté, obéissant à des règles plus simples. Tout cela ne serait pas sans inconvénients, mais serait possible. Mais elle aura toujours à se défendre contre son titre de grande compagnie, contre l'inévitable tendance de l'État, du public, d'exiger d'elle comme minimum ce qu'on n'oserait jamais demander comme maximum à une compagnie locale, protégée par sa faiblesse même ; l'exploitation économique lui serait forcément rendue impossible.

Les petits chemins de fer aux petites compagnies. Telle est la loi raisonnable et nécessaire ; aux compagnies locales que chacun, refrénant ses ambitions, aide de son mieux à vivre, parce qu'il en connaît les modestes ressources, qui prennent leurs attaches, leurs racines, leurs intérêts, leurs affections dans le cœur même du pays auquel elles apportent la vie, sans risquer pour cela d'y compromettre la leur propre.

Antagonisme prétendu des grandes Compagnies. — Si ces compagnies locales ont de la peine à se former et à prospérer, si le réseau n'a pas pris tous les développements désirés, c'est, dit-on souvent, la faute des grandes compagnies. On reconnaît bien *in petto* leurs services, mais il est si commode de suspecter leurs intentions, de leur prêter des idées d'ambitieux accaparement ou de mesquine jalousie, de les accuser de ne vouloir laisser aucune petite puissance grandir à côté d'elles, qu'il faut un certain effort, même à de bons esprits, pour échapper à ces lieux communs.

Raisonnons un instant. On ne leur conteste du moins ni l'intelligence ni le souci de leurs vrais intérêts. Or, ces intérêts, il s'en faut bien souvent qu'ils soient en opposition avec celui des entreprises dont nous parlons. Si leur prospérité (plus ou moins réelle) a souvent excité des jalousies, si elle a fait parfois trop facilement éclore l'idée de créer des concurrences surtout aux quelques artères maîtresses qui soutiennent seules le poids de trop nombreuses lignes peu productives, de faire à côté d'elle des lignes qui ne peuvent vivre que de ce qu'elles essaieront de leur enlever — et, dans ce cas, on ne saurait s'étonner qu'elles se défendent contre ses tentatives — par contre, dans la grande majorité des cas, leur intérêt est non seulement conciliable, mais plus ou moins intimement lié avec celui de petits réseaux complémentaires du leur, qui le prolongent, à la façon de racines et radicelles amenant la vie au tronc, et qui, par la flexibilité de leurs tracés, de leurs moyens, de leurs méthodes, pénètrent dans les régions où les grandes lignes ne peuvent raisonnablement pénétrer.

Dans ce cas, pourquoi la grande compagnie leur marchanderait-elle son concours ?

Constitution actuelle des chemins de fer départementaux. — Plaçons-nous donc dans l'hypothèse (qui ne s'est pas toujours réalisée jusqu'ici) d'un département abdiquant toute idée d'hostilité contre un grand réseau dont il apprécie les services, mais qui le dessert insuffisamment à son gré, et animé seulement du légitime désir de développer la prospérité des diverses parties de son territoire et de les relier, par les moyens les plus économiques, les plus rapides et les plus sûrs, à la grande artère qui le traverse.

Ce problème qui s'impose, l'a-t-on résolu de la meilleure façon par le système de concessions actuellement en honneur dans un grand nombre de départements ? Nous ne le pensons pas. Et dès lors, il n'est peut-être pas inutile d'exposer les moyens qui nous sembleraient susceptibles de mieux conduire au but, en faisant un meilleur emploi, dans l'intérêt de tous, des sacrifices que s'imposent les départements et l'Etat.

Le système actuellement adopté est, avec quelques variantes, le suivant :

Le département ne prend jamais une part directe à la construction ni à l'exploitation des lignes d'intérêt local. S'inspirant de l'exemple de l'Etat quand il a constitué les grands réseaux d'intérêt général, il fait choix — parfois malheureusement au rabais — d'un concessionnaire qui se charge de la construction d'abord, puis de l'exploitation pendant une période nécessairement longue, variant de 99 à 75 ans.

Le concours qu'il lui donne est parfois une subvention

ferme, représentée par une annuité déterminée à servir pendant un certain nombre d'années ; cette annuité, le concessionnaire la transforme en argent comptant, dont il a besoin, en la transférant soit à un établissement de crédit, soit, quand il le peut, et c'est la plus avantageuse des solutions, à la grande compagnie à laquelle il se relie et dont il utilise ainsi le crédit. Une fois la ligne construite, si l'affaire est mauvaise, on peut être assuré que tôt ou tard, malgré toutes les réserves des actes de concession, c'est au département qu'incombera la charge de la remettre à flot ; si elle est bonne, ce qui se peut voir, c'est dans les services rendus au pays que le département trouve la seule rémunération du sacrifice qu'il s'est imposé ; quelque bons que puissent être les résultats et en supposant (ce qui n'est pas toujours le cas) que les actes de concession intéressent beaucoup l'exploitant à les améliorer, les finances départementales n'en prennent pas leur part.

Aussi est-ce sous une autre forme que se donnent le plus souvent les subventions.

Suivant les principes posés par la loi du 11 juin 1880, le département garantit l'intérêt, ordinairement 5 0/0, du capital de construction, tantôt du capital effectivement dépensé, dans la limite d'un maximum déterminé, tantôt (ce qui s'explique moins) d'un capital fixé d'avance à forfait quelle que doive être la dépense effective, qu'elle dépasse ou qu'elle n'atteigne pas cette somme forfaitaire.

La première ressource affectée à la rémunération des charges du capital est naturellement le bénéfice net de l'exploitation, c'est-à-dire la différence entre les produits bruts (impôts déduits) et les dépenses de l'exploitation. Pour ces dernières, l'on prend en compte, tantôt les dépenses effectives, dans la limite d'un maximum déterminé par une formule du genre de 1,800 francs + $\dfrac{R}{3}$ (1,800 francs par kilomètre de longueur, plus le tiers de la recette), tantôt (ce qui s'explique moins) un chiffre fixé d'avance à forfait d'après une formule analogue, tantôt même (ce qui se comprend moins encore) avec un minimum déterminé, 3,000 francs, par exemple, par kilomètre.

Si le produit net ainsi déterminé est insuffisant (c'est ordinairement le cas, il n'est pas besoin de le dire) pour payer les charges du capital d'établissement, le département avance la différence en assignant toutefois à sa garantie un maximum de tant par kilomètre.

L'acte de concession prévoit, d'ailleurs, il faut tout prévoir, que ces avances lui seront remboursées sur les excédents disponibles quand le produit net sera devenu supérieur aux charges du capital.

Ajoutons qu'aux termes de la loi de 1880, l'Etat contribue à la garantie (sauf à participer aux remboursements éventuels), pour une somme au plus égale à la garantie du département.

Ses inconvénients. — Telle est l'économie générale du système. Il n'est pas malaisé de voir par où il pèche.

Le choix du concessionnaire, les conditions de constitution du capital, les conditions de la construction, celles de l'exploitation future sont quatre difficultés que nous considérons successivement.

Choix du concessionnaire. — La meilleure garantie de l'exécution d'un contrat, si l'affaire est viable, bien entendu, est la qualité même du concessionnaire. Le choisir de gré à gré, si l'on avait le moyen de choisir, serait sans doute la solution la plus sûre ; en subordonner le choix aux chances d'une enchère, au rabais (il ne manque jamais de chercheurs d'affaires pour en offrir), est de toutes la plus dangereuse. Supposons ce premier point convenablement résolu.

Constitution du capital. — La grosse difficulté pour le concessionnaire est la constitution de son capital. On trouve toujours de l'argent, dit-on ; oui, d'autant plus facilement qu'on en a moins besoin, d'autant plus cher qu'on a moins de crédit, quelle que soit, d'ailleurs, la valeur intrinsèque de l'affaire, sur laquelle il est toujours si difficile au public d'être édifié. De ce chef, en dehors même des commissions données, des frais préparatoires, avant tout commencement d'exécution, une première charge grève à jamais l'affaire d'un poids qu'il serait si essentiel d'alléger.

Le capital se constitue, partie en actions, partie en obligations ; la première, la plus faible possible, c'est de l'argent risqué ; la seconde, la plus forte possible, au contraire, c'est, dit-on, un placement ; ce mot d'obligation, popularisé par les grandes compagnies, la perspective d'un revenu fixe, assuré, garanti par le département et par l'Etat, cela est de nature à séduire. Est-ce de nature à réduire le risque, si le capital maximum de construction a été dépassé, si les frais effectifs de l'exploitation excèdent les maxima fixés par l'acte de concession ?

C'est là un premier danger. Il n'est pas spécial, d'ailleurs, aux affaires de chemins de fer, que cette disproportion entre le capital-actions et le capital-obligations. Il n'y a évidemment rien d'absolu en pareille matière ; mais, grever *a priori* une affaire inconnue, sûrement modeste, d'un gros capital-obligations, d'une charge obligatoire régulièrement exigible tous les six mois, c'est trop souvent la condamner à végéter ou à mourir ; émettre des emprunts, alors que non seulement on n'a pas de produits nets certains pour les gager, mais alors que la ligne n'est pas construite, que le produit net n'existe pas, qu'on ignore s'il existera jamais, c'est une pratique que l'on ne saurait trop sévèrement réprouver.

Et qu'on n'objecte pas la disproportion énorme qui existe dans les grandes compagnies entre le capital-actions et le capital-obligations. D'abord cette disproportion est fâcheuse, même pour elles, puisqu'elle a pour résultat, sinon de compromettre le service des obligations, du moins d'exposer à d'énormes variations le dividende des actions qui, seul, supporte la conséquence des moindres variations du bénéfice net. Ensuite, si les grandes compagnies sont arrivées peu à peu, sans s'en douter, pour ainsi dire, à cette situation, elles ont du moins construit leurs premières lignes avec leur seul capital-actions, et ce n'est que quand elles ont eu des bénéfices nets, assurés, d'exploitation, qu'elles ont émis, pour construire leurs lignes subséquentes, des obligations dont le bénéfice net des premières permettait d'assurer le service.

Je sais bien que si le département donne une garantie, on peut dire, ou croire, que cette garantie suffit à gager un certain capital d'emprunts. Mais ce n'est pas à cela qu'on le limite en général, et, de plus, dans le cas possible d'insuffisance du maximum assigné soit aux dépenses d'établissement, soit aux frais d'exploitation, que deviendrait ce prétendu gage ?

Les premières affaires doivent être faites exclusivement avec un capital-actions ; telle est la règle dont on ne saurait s'écarter impunément. C'est d'elle qu'un département doit s'inspirer pour tâcher de faire le meilleur et le plus sûr emploi de son argent et des sacrifices qu'il impose aux contribuables.

Construction. — Une fois le capital réalisé, bien ou mal, le concessionnaire construit.

Il lui faut, à tout prix, ne pas atteindre le maximum qu'il a accepté et que l'entraînement des enchères l'a conduit parfois à trop réduire. Mettre en jeu l'intérêt personnel est bien, le trop surexciter est dangereux, c'est une trop grande incitation à mal faire. « Cela durera bien autant que moi », disait un de nos mauvais rois ; c'est une maxime que peuvent être tentés de s'approprier des concessionnaires au rabais, convaincus qu'il faut d'abord aller, qu'on s'en tirera toujours, ne serait-ce qu'en sollicitant des affaires nouvelles, et que pourvu qu' ait le moyen de combler un déficit en en créant un autre, tout finira par s'arranger, le département pouvant d'autant moins laisser périr une affaire qu'elle lui aura plus coûté de sacrifices.

Si le capital est fixé à forfait par l'acte de concession, tout ce que le concessionnaire économisera sur ce forfait est un bénéfice acquis, et le plus net ; c'est presque une prime à la malfaçon. Or, les malfaçons ou les erreurs de la construction, si elles ne sont pas irréparables, ne peuvent être que chèrement réparées plus tard ; elles pèseront nécessairement, et d'un poids lourd, sur l'exploitation, et rendront la garantie du département effective et permanente, si tant est qu'elle suffise.

C'est pour cela que nous croyons nécessaire de changer les errements actuellement suivis quant au mode de construction.

Exploitation. — Nous ne le croyons pas moins nécessaire en ce qui concerne l'exploitation. Ici la situation est plus simple, au moins pour le concessionnaire ; le cahier des charges n'est pas trop lourd ; les populations, heureuses d'avoir leur chemin de fer, sont peu exigeantes vis-à-vis d'une compagnie locale et prennent gaiement leur parti de ses imperfections ; les expéditeurs et destinataires mettent la main à la pâte, aident aux manœuvres, etc. ; l'habitude prise, cet âge d'or peut durer longtemps. Si l'entrepreneur est prudent, si sa formule d'exploitation n'a pas été fixée trop bas, surtout si elle est fixée à forfait, il vit, au moins jusqu'à l'époque des grosses réfections, avec la garantie du département et, n'ayant guère l'espoir le plus souvent de s'en débarrasser jamais, il n'a pas d'intérêt à en réduire le montant. C'est pourtant à cela qu'il faut tendre.

Cette question d'exploitation vaut la peine d'être examinée avec quelques détails. Trois systèmes, avons-nous dit, sont en présence ; dans le premier, l'on tient compte à l'exploitant de ses *dépenses effectives* dans la limite d'un maximum déterminé ; dans le second, le département fixe *à forfait* le chiffre des frais d'exploitation qu'il alloue pour une recette déterminée ; dans le troisième enfin, il complète cette allocation par la fixation d'un *minimum*.

1ᵉʳ système. — Le premier système ne tient compte à l'exploitant que des dépenses effectives. Pour leur assigner un maximum raisonnable, on a essayé déjà bien des formules composées de deux termes, l'un constant, l'autre proportionnel à la recette brute, et oscillant dans d'assez larges limites, en faisant varier en sens inverse chacun de ces termes, autour de la formule moyenne.

$$D = 1.800^f + \frac{1}{3} R.$$

Leur nombre même montre la difficulté du problème ainsi posé. Si une formule est convenable pour des recettes moyennes, de 3 à 4,000 francs par kilomètre, par exemple, elle ne convient ni pour des recettes inférieures, ni pour des recettes supérieures. Prenons, pour le mettre en évidence, les deux formules les plus extrêmes que nous connaissions :

$$D = 2.500^f + \frac{R}{4} \quad \text{et} \quad D = 800^f + \frac{3}{4} R.$$

La première est assurément trop élevée pour les faibles recettes kilométriques, 1,000 à 2,000 francs, et la seconde trop basse. Pour les recettes relativement fortes de 6 à 8,000 francs, la seconde devient à son tour beaucoup trop large ; la première donne des résultats plus raisonnables, mais elle a l'inconvénient grave de ne pas intéresser suffisamment l'exploitant à accroître la recette brute, à augmenter la circulation des trains, à engager des dépenses productives susceptibles de donner des recettes supplémentaires dont le quart seulement lui appartiendrait.

Si l'on était sûr que le produit brut d'une ligne dût se maintenir entre 3,000 à 5,000 francs par kilomètre, une formule moyenne telle que $1,800 + \dfrac{R}{3}$ qui participe aux avantages et aux inconvénients des formules extrêmes, conviendrait assez bien à ces recettes moyennes ; le mal est que l'on n'est sûr de rien en fait de recettes probables.

En résumé, une formule linéaire unique du genre de celle-ci est forcément mauvaise et si l'on tenait à rester dans cet ordre d'idées, il faudrait, pour fixer le maximum à assigner aux dépenses effectives, marier un certain nombre d'entre elles, et dire, par exemple :

$$\left. \begin{array}{l} \text{Jusqu'à } 1.000^f \text{ de recette kilométrique, le maximum est}\ldots\ldots\ldots\ldots R \\ \text{de } 1.000^f \text{ à } 3.000^f\ldots\ldots\text{ id. }\ldots\ldots\ldots\text{ id. }\ldots\ 250 + \dfrac{3}{4} R \\ \text{de } 3.000^f \text{ à } 5.000^f\ldots\ldots\text{ id. }\ldots\ldots\ldots\text{ id. }\ldots\ 1.000 + \dfrac{1}{2} R \\ \text{au delà de } 5.000^f\ldots\ldots\text{ id. }\ldots\ldots\ldots\text{ id. }\ldots\ 2.000 + 0,30\ R \end{array} \right\} A$$

nous ne le proposons pas cependant, parce que c'est dans une autre direction qu'il faut, suivant nous, chercher la meilleure solution du problème.

2° système. — Dans le deuxième système, le département alloue à l'exploitant un chiffre de dépenses fixé *à forfait*, d'après une formule linéaire de ce genre. C'est *a priori* une mauvaise solution :

Si le chiffre est fixé trop bas, l'entrepreneur est en perte, ce qui est inadmissible.

S'il est fixé trop haut, et cela a été parfois le cas, par suite d'erreurs inconscientes, il faut l'espérer, cela permet à l'entrepreneur de rémunérer autre chose que des dépenses d'exploitation, cela lui constitue un bénéfice certain, immédiat, dont le département n'a pas sa part.

Si enfin, par aventure, le chiffre du forfait est fixé d'une manière équitable, comme il le serait, par exemple, par le groupe des quatre formules précédentes, tout le bénéfice net, c'est-à-dire toute la différence entre les recettes et la dépense forfaitaire, est attribué au département. L'exploitant n'en a pas sa part. C'est un inconvénient inverse du précédent, mais aussi grave, parce que l'essence même du contrat nous paraît devoir être une complète association d'intérêts entre le département et l'exploitant.

Son application en Belgique. — Ce système du forfait est très en honneur en Belgique. La Société nationale des chemins de fer vicinaux est concessionnaire de 39 lignes (994 kilomètres) de chemins de fer à voie étroite. Elle les construit directement, les munit de leur matériel roulant, et, gardant la haute main sur les règlements et sur les tarifs, elle en a donné à bail l'exploitation à quinze entreprises différentes par voie d'adjudication publique, dans laquelle le rabais a porté sur les coefficients des formules d'exploitation. C'est donc ici une application raisonnée et des plus larges du système que nous nous permettons de critiquer, en dehors même du principe parfois bon, souvent dangereux, de l'adjudication publique.

La Société des chemins de fer vicinaux avait d'abord pris comme point de départ de ses adjudications la formule $D = 1,500 + 0,30\ R$. Elle a dû rapidement y renoncer devant l'inconvénient de ne pas suffisamment intéresser l'entrepreneur à l'accroissement des recettes au delà d'un certain chiffre et même, dans certains cas, de lui faire considérer une augmentation de recettes comme contraire à ses intérêts. — Elle y a maintenant substitué deux formules qui s'appliquent, l'une aux lignes dont la recette doit être et demeurer très faible, l'autre à celles qui, dès le début, peuvent espérer des recettes kilométriques supérieures à 5,000 francs.

Pour les premières, elle admet que toute la recette appartient à l'exploitant jusqu'à concurrence de 2,000 francs par kilomètre, et cela pour l'intéresser à pousser le plus tôt possible la recette brute jusqu'à ce chiffre. Pour une recette supérieure, elle lui alloue 25 à 30 0/0 de la recette supplémentaire. Elle admet donc, comme base d'adjudication pour des recettes de 2 à 5,000 francs environ, la formule $D = 2,000 + 0,30\ (R - 2,000)$.

Pour les secondes, dont la recette probable paraît devoir être immédiatement supérieure à 5,000 francs par kilomètre, elle prend comme base sur laquelle doit porter le rabais des soumissionnaires, le pourcentage d'exploitation, c'est-à-dire le rapport de la dépense à la recette, correspondant à environ 5,000 francs de produit brut (admettons pour fixer les idées 60 0/0), ce rapport diminuant de 1 0/0 pour chaque augmentation de 1,000 francs de recette kilométrique.

et devenant ainsi.................. |60 0/0| 59 | 58 | 57 | 56 | 55 0/0
pour des recettes kilométriques de.. |3.000ᶠ|6.000ᶠ|7.000ᶠ|8.000ᶠ|9.000ᶠ|10.000ᶠ

Ce mode de procéder, nouveau et rationnel en principe, se traduit en somme, pour des recettes de 5,000 francs et au-dessus, et pour les chiffres que j'ai pris comme exemple, par une formule de dépense $D = 500 + 0{,}50\,R$.

Le système belge, si on veut l'exprimer d'une manière continue, revient donc en dernière analyse au groupe de formules suivant :

Jusqu'à 2.000ᶠ de recette kilométrique, l'allocation est.. R
   de 2.000ᶠ à 5.000ᶠ   —   — $1{,}500 + 0{,}30\,R$ } B
   au delà de 5.000ᶠ   —   — $500 + 0{,}50\,R$

La première formule de ce groupe est admissible ; la seconde croît trop lentement avec la recette, la troisième croît trop vite ; ces deux dernières, par suite, accusent une concavité absolument irrationnelle. Si l'on voulait se maintenir dans cet ordre d'idées, il n'est pas douteux qu'il y aurait convenance à substituer au groupe des trois formules belges le groupe des quatre formules énoncées plus haut (A).

Enfin, le système belge prête le flanc aux critiques qui s'adressent d'une manière générale à tout système basé sur un forfait d'exploitation ; le bénéfice de l'exploitant est limité à l'économie qu'il peut réaliser sur son forfait, à la différence $D - D'$ entre le forfait et sa dépense réelle ; il n'est pas directement intéressé à l'augmentation du *produit net* $R - D'$ et l'idée d'association entre l'entrepreneur et le propriétaire de la ligne, proclamée à juste raison par la Société des chemins de fer vicinaux comme la base de tout règlement rationnel, est insuffisamment réalisée par elle.

Variante. — Dans un de nos départements, on a cru trouver une solution du problème en ne mettant en évidence aucune formule pour fixer la dépense d'exploitation en fonction de la recette. On a dit : « Toute la recette appartient à l'entrepreneur jusqu'à 3,000 francs par kilomètre ; au delà, l'excédent de la *recette brute* est partagé par moitié entre l'entrepreneur et le département (qui a construit la ligne à ses frais ou à peu près). »

C'est une forme nouvelle mais qui n'échappe pas aux critiques précédemment formulées. Elle prend son origine dans cette appréciation, que nous croyons, en effet, très justifiée, que, pour une recette de 3,000 francs, c'est faire la part suffisamment belle à l'exploitant que de lui allouer une dépense de 3,000 francs, mais ce point de départ que le département s'est donné en s'inspirant de la formule, non exprimée d'ailleurs au traité,

$$D = 1.500 + \frac{R}{2},$$

il y serait arrivé en s'inspirant de bien d'autres formules, par exemple :

$$D = 1.000 + \frac{2}{3} R \ldots \quad D = 2.000 + \frac{1}{3} R.$$

Or, nous l'avons dit, toute combinaison basée sur une formule linéaire unique d'exploitation est suspecte, et, de plus, si l'on veut réaliser dans les meilleures conditions possibles, l'idée féconde d'association d'intérêts entre le propriétaire de la ligne et l'exploitant, ce n'est pas sur le partage du produit brut qu'il faut la baser, c'est exclusivement sur le partage du *bénéfice net*, partage qui, seul, intéresse l'entrepreneur à accroître ce bénéfice, c'est-à-dire *à la fois* à augmenter la recette brute et à réduire ses frais d'exploitation.

Parmi les formules que nous avons examinées, les unes l'incitent à augmenter le produit brut, les autres à diminuer les dépenses ; aucune ne l'intéresse assez nettement ni assez à faire les deux à la fois, et c'est en cela qu'un changement de front nous paraît justifié et nécessaire.

3ᵉ système. — Quant au troisième système, ce n'est que l'un ou l'autre des deux précédents complété par un minimum alloué à l'entrepreneur pour les dépenses d'exploitation. Après tout ce qui précède, nous ne croyons pas nécessaire de le discuter.

C'est pour tous ces motifs qu'il nous semble convenable de modifier, dans deux de leurs points essentiels, les errements jusqu'ici en usage tant pour le principe même de la construction que pour le mode de traiter l'exploitation.

Système proposé pour la construction. — En ce qui concerne la construction, je voudrais que le département, loin de s'en désintéresser en se liant les mains vis-à-vis d'un concessionnaire, la fît lui-même, directement ou indirectement, à ses frais. Une fois la ligne construite et bien établie, il ne lui resterait plus qu'à trouver une société d'exploitation ; cela lui serait facile, il n'aurait, pour ainsi dire, que l'embarras du choix, du moment que cette société n'aurait plus à se préoccuper de constituer un capital d'établissement.

Cette combinaison lui serait-elle onéreuse ? Je crois le contraire.

La ligne tout d'abord serait mieux construite et, par suite, plus sérieusement en état de se prêter à une exploitation économique. Les ingénieurs, les voyers du département peuvent construire aussi bien et mieux que des concessionnaires parfois désignés par le hasard d'une concurrence excessive ; s'ils ne construisent pas en régie, il leur sera facile de trouver des entrepreneurs, des tâcherons qui se chargeront des travaux sur série de prix ou à forfait et qu'ils n'auront qu'à surveiller. En raison des habitudes administratives, des formalités un peu solennelles auxquelles ils sont habitués, on ne manquera pas de prétendre qu'ils construiront plus chèrement qu'un concessionnaire stimulé (trop peut-être) par son intérêt personnel. — Cela n'est pas certain — admettons-le néanmoins ; en matière de travaux publics, plus encore qu'en d'autres matières, parce qu'il s'agit de travaux qui doivent être durables, on en a toujours pour son argent ; l'économie est parfois le pire des calculs et l'on ne saurait trop insister sur ce fait que les réductions exagérées faites sur la construction se répercutent lourdement et pèsent à jamais sur les dépenses de l'exploitation ultérieure, en vue de laquelle la ligne est construite. On l'oublie trop souvent, ou l'on veut l'oublier, mais l'opinion de tous ceux qui ont fait de l'exploitation est bien faite à cet égard.

Au point de vue de la constitution du capital d'établissement, dût-il être un peu plus élevé, est-il possible de comparer le taux auquel le département trouvera à l'emprunter avec celui qu'un concessionnaire quelconque devra subir. Le crédit du département est au moins égal au crédit des grandes compagnies auquel la plupart des demandeurs en concession rêvent de recourir. Plus de commissions, d'ailleurs, plus de ce que l'on est convenu d'appeler, par euphémisme, les faux frais de constitution de l'affaire. Tout ce que le département dépensera, il en saura l'emploi exact, il aura la certitude que cela a été employé en travaux. Il n'est pas besoin de demander s'il peut l'avoir aujourd'hui.

Il paraît donc bien certain, en tout état de cause, que la charge du capital (complètement assimilable dans ce cas à un capital exclusivement d'actions) sera moindre si le chemin est construit par le département, que dans toute autre combinaison ; or, tout est là ou presque tout, et c'est dans l'exagération des charges du capital (surtout si les obligations y jouent un rôle important) qu'est l'origine de la stérilité de tant d'affaires destinées à péricliter toujours pour tomber finalement à la charge des départements et de l'Etat.

Concours des grandes Compagnies. — Dans cet ordre d'idées, et toujours, bien entendu, dans l'hypothèse qu'il s'agit non d'ambitieux réseaux se proposant de faire concurrence aux grandes artères existantes et de vivre de ce qu'ils essaieront de leur enlever, mais de lignes véritablement d'intérêt local, faites pour donner la vie à des régions intéressantes et délaissées, en les reliant aux grandes artères déjà existantes, constituant de vrais affluents de ces artères, il n'est pas possible que le département ne trouve pas dans les grandes Compagnies qui les exploitent et recevront ainsi de nouveaux éléments de trafic, une aide et un concours.

Le grand réseau accepterait, sans doute, de prendre à sa charge une partie plus ou moins grande des dépenses d'établissement des gares de jonctions et c'est là une dépense ordinairement importante.

Si le département ne veut se charger que d'une partie du travail de construction, de l'acquisition des terrains qu'il peut faire à de meilleures conditions que qui que ce soit, de l'infrastructure de la voie, de la construction des bâtiments, la grande Compagnie se mettra, sans doute, à sa disposition pour exécuter, au prix coûtant, les travaux de ballastage et de pose de voie qu'elle peut faire dans de meilleures conditions que les ingénieurs locaux moins familiarisés avec ces sortes de travaux.

Elle pourra fournir au prix de revient les objets ou matières de sa consommation dont le département aura besoin. Voilà pour le premier établissement.

Système proposé pour l'Exploitation. — En ce qui concerne maintenant l'exploitation, propriétaire dès à présent de sa ligne, n'ayant plus à se préoccuper que de traiter avec une société d'exploitation, le département trouvera dans cette situation une liberté d'allures qui a bien son prix. Lié avec son fermier par un traité facilement résiliable au besoin, il pourra, à toute époque, avec les formalités prévues au cahier des charges, c'est vrai, mais plus ou moins faciles d'application, reprendre possession de sa ligne, la confier à un autre exploitant si le premier lui donne des sujets fondés de plainte, au lieu de se trouver rivé à lui pour 99 ans comme dans l'état actuel des choses. Ce n'est pas un des moindres avantages de la combinaison que nous préconisons.

Concours des grandes Compagnies. — Cette exploitation, il n'y a pas lieu de songer, pour les raisons que nous avons exposées au début de cette étude, à la confier à la grande Compagnie ; mais celle-ci peut ne pas y rester indifférente, et de même qu'elle aura donné son concours au département pour l'établissement de la ligne, de même elle peut, sous différentes formes, le donner à la société d'exploitation ; elle peut, en allégeant ses charges, l'aider à augmenter le produit net de l'exploitation, ce qui est, nous le répétons, le desideratum le plus important qu'il puisse poursuivre.

La grande Compagnie pourra prendre à sa charge une partie

des frais supplémentaires d'exploitation de la gare commune aux deux réseaux, et c'est souvent un item important dans les dépenses d'exploitation.

Elle pourra fournir au prix de revient à l'exploitant toutes celles des matières ou objets de consommation qu'elle emploie à son propre usage et le faire ainsi profiter et de leur qualité et de l'économie correspondant à des achats faits sur une grande échelle.

Elle pourrait même, dans certains cas, faire pour la société d'exploitation ce qu'elle fait parfois pour certains de ses correspondants, et lui allouer une petite subvention pour chacun des éléments de trafic nouveau qui lui seraient amenés par la nouvelle ligne.

Cette série d'avantages, dont l'ensemble peut finir par prendre une grande importance, ne saurait être consentie, il est à peine besoin de le dire, que si les lignes départementales avaient nettement et conservaient le caractère d'affluents de la grande artère. Des garanties seraient évidemment à prendre et à donner à cet égard. De même que la grande Compagnie s'engagerait à ne pas prendre de mesures de nature à nuire au trafic local auquel la ligne départementale peut légitimement et normalement prétendre, de même celle-ci devrait s'interdire, aussi longtemps du moins qu'elle entendrait conserver son rôle essentiel d'affluent, toutes combinaisons de tarifs ou autres qui pourraient avoir pour résultat de détourner de la grande ligne le trafic qui lui est ou qui doit normalement lui demeurer acquis.

L'application de ces mesures réciproques serait, sans doute, assez facile dans la pratique. En cas de difficultés, rien ne serait plus naturel que de s'en rapporter à l'arbitrage du Ministre des travaux publics.

Si le département, s'inspirant d'autres idées, voulait à un moment quelconque reprendre sa liberté, étendre ou compléter son réseau, la faculté lui en resterait, bien entendu, pleine et entière, la grande compagnie se bornant en ce cas à retirer le concours qu'elle avait donné dans des circonstances ou dans un esprit autres que l'esprit qui viendrait alors à animer le département.

Partage du produit net. — Dans cette combinaison qui oblige le département (avec l'aide de l'État, bien entendu) à une mise de fond immédiate, en échange de la propriété immédiate aussi de ses chemins de fer, il n'est plus question évidemment de garantie d'intérêt ; il s'agit d'exploiter la ligne dans les meilleures conditions, dans l'intérêt de tous et de lui faire rendre le maximum possible de produit net à partager, dans une proportion à déterminer, entre le département et son fermier.

Renonçant alors à rechercher une de ces formules d'exploitation qu'il est si malaisé d'établir sans léser les intérêts d'une des parties en cause, le département autoriserait son fermier à prélever sur la recette brute l'intégralité de ses frais effectifs d'exploitation, en se réservant, bien entendu, d'en contrôler l'exactitude et la nécessité. Il pourrait même, s'il croyait indispensable ce supplément de garantie, les limiter par un maximum dont la formule, beaucoup moins importante alors que dans l'état actuel des choses, devrait être, en tout cas, suffisante pour que l'exploitant put raisonnablement s'y mouvoir et pourrait, sans doute, sans inconvénient, être représenté par l'expression $2,000 + 0,30$ R.

Le bénéfice net de l'exploitation, différence entre la recette et la dépense effective, serait à répartir entre le département et l'entrepreneur de la manière suivante, par exemple :

De 0 à 400ᶠ de bénéfice net kilométrique, le fermier en aurait..... 50 p. 100
Sur les 1.600ᶠ suivants, il toucherait........................... 25 —
Sur tout ce qui dépasserait 2.000ᶠ................................ 10 —

L'exploitant serait ainsi immédiatement et constamment incité à augmenter le produit net, il n'aurait plus la crainte d'engager une dépense utile, à la seule condition qu'elle amène un produit au moins égal, puisqu'en la faisant, il augmenterait le produit net dont une part lui est attribuée.

Le département, de son côté, recevrait dans le bénéfice net une part limitée tout d'abord à 50 0/0, de manière à inciter l'exploitant à créer le plus tôt possible, un bénéfice net d'exploitation, puis rapidement croissante de manière à rémunérer de mieux en mieux, par une loi raisonnable de progression, le capital qu'il aura consacré à l'établissement de la ligne.

Matériel roulant. — Quant au matériel roulant, il me paraît convenable de le laisser fournir par l'entrepreneur ; s'il était fourni par le département, l'entrepreneur serait trop disposé à le trouver insuffisant comme qualité et comme quantité et moins intéressé à le bien entretenir et à le mieux utiliser. Par suite, il y aura lieu de l'autoriser à ajouter aux frais d'exploitation proprement dits l'intérêt, à 5 0/0 par exemple, de la valeur de ce matériel.

Fonds de renouvellement. — Il est important enfin de se préoccuper à l'avance du moment des grosses réfections et, pour cela, de stipuler que toute la part du produit net appartenant à l'exploitant sera déposée par lui dans une caisse publique jusqu'à ce qu'il atteigne une somme déterminée, 2,000 francs, par exemple, par kilomètre. Il ne pourrait être touché à ce fonds de réserve, propriété de l'exploitant, que d'accord avec le département et exclusivement pour les opérations de renouvellement.

Cautionnement. — En cas de résiliation du contrat, c'est sur le reliquat disponible de ce fonds de réserve et sur le cautionnement du fermier, que le département retiendrait, s'il y avait lieu, à dire d'experts, les sommes nécessaires pour remettre en état normal d'entretien les parties de voie qui auraient pu n'être pas suffisamment entretenues.

Mais ce n'est pas notre objet que de préciser tous les détails de ce genre.

Lignes à voie de $0^m,60$. — Nous ne terminerons pas cette étude sans insister sur l'importance des services que l'on peut attendre, dans un grand nombre de cas, des chemins de fer à voie très étroite de $0^m,60$ de largeur. Proscrites en France, très à tort à notre avis, pour des motifs d'un ordre éminemment respectable, mais trop spécial, par la circulaire ministérielle du 30 juillet 1888, ces lignes dont l'établissement est exceptionnellement facile et économique, dont l'exploitation peut être assurée à meilleur marché encore que celles des chemins à voie de 1 mètre, nous paraissent pouvoir, dans un très grand nombre de cas, rendre les plus utiles services et pendant une longue série d'années.

Nous nous garderons de formuler une loi générale, de dire, par exemple, qu'il faut affecter

la voie de 1ᵐ,45 aux chemins de fer d'intérêt général,
celle de 1ᵐ,00 aux chemins de fer départementaux,
celle de 0ᵐ,60 aux chemins de fer vicinaux.

La pratique ne s'accommode pas de formules aussi rigides ; c'est l'étude minutieuse de la nature du trafic à desservir qui doit seule déterminer le choix pour les lignes secondaires. Certaines d'entre elles, en raison de leur situation géographique même, et malgré la faiblesse de leur trafic propre, doivent être nécessairement établies à voie de 1ᵐ,45 ; pour toutes celles qui ne sont manifestement pas susceptibles de servir au transit, aux transports stratégiques par exemple, il n'y a aucun doute qu'il faille les établir à voie étroite et choisir entre 1 mètre et 0ᵐ,60, suivant le trafic à desservir. Si l'on est en présence de transports industriels, de très grosses pièces de fer ou de bois, si dans une région agricole le gros trafic probable est celui du bétail, la voie de 1 mètre ou de 0ᵐ,75 doit être préférée ; dans tous les autres cas, la voie de 0ᵐ,60 paraît devoir ordinairement suffire ; dans les régions purement agricoles, en particulier, elle présenterait et présenterait seule l'avantage inappréciable que des embranchements de même largeur faciles à poser et à enlever, permettraient aux véhicules de la ligne définitive de pénétrer momentanément à pied d'œuvre jusqu'au centre des exploitations et d'amener les produits depuis leur lieu même d'origine jusqu'à la grande ligne de 1ᵐ,45 qui les doit transporter aux grands centres de consommation.

Sans parler des chemins de fer militaires de la Tunisie, ni du petit chemin de fer miniature établi par M. Decauville au Champ-de-Mars, et qui, en six mois, a transporté plus de 6 millions de voyageurs, il est intéressant de rappeler aux uns, de faire connaître aux autres, deux exemples qui sont bien de nature à montrer les services parfois considérables que l'on peut attendre d'un instrument en apparence si modeste.

Le premier est un chemin de fer de 0ᵐ,60 exploité depuis cinquante-sept ans en Angleterre pour desservir les ardoisières du pays de Galles, le chemin de fer du Festiniog.

Sa longueur est de 23 kilomètres ; il est prolongé par douze embranchements de même largeur desservant des carrières, et d'une longueur totale de 22 kilomètres. — Construit en 1832 comme tramway à traction de chevaux, il a été successivement transformé pour devenir, en 1864, à traction de locomotives. Son capital primitif de construction, de 40,000 francs par kilomètre, atteint aujourd'hui, par suite de cette série de transformations, 105,000 francs par kilomètre.

Ce capital a été constitué exclusivement en actions.

Le poids des rails s'est élevé progressivement de 8 kilogrammes, en 1832, à 15 kilogrammes, en 1847, et à 21 kilogrammes en 1871. — La pente maxima est de $12^{mm},5$ par mètre ; les rayons des courbes, ordinairement de 120 mètres, s'abaissent jusqu'à 35 mètres sans interposition d'alignement droit entre deux courbes de sens contraire. Le matériel roulant se compose de 9 locomotives, 56 voitures à voyageurs et 1,200 wagons.

Les tarifs sont, par tonne et kilomètre, de 0 fr. 17 pour les marchandises ordinaires, 0 fr. 15 pour les ardoises ; pour les voyageurs des trois classes, respectivement 0 fr. 11, 0 fr. 08 et 0 fr. 07.

En 1888, il a transporté 142,000 voyageurs et 113,000 tonnes de marchandises. Sa recette kilométrique s'est élevée à 29,000 francs, se décomposant en 8,000 francs pour les voyageurs et 21,000 francs pour les marchandises.

Il est difficile de citer un exemple plus topique, et qu'il soit plus nécessaire de faire connaître, du parti que l'on peut tirer d'un instrument aussi simple et aussi économique.

Le second est un chemin de fer de plus récente création, d'Illigori à Darjeeling, dans l'Inde anglaise, qui met en relation Calcutta avec le premier plateau de 2,000 mètres d'altitude de l'Himalaya.

Ce chemin, de $0^m,61$ de largeur de voie, établi en partie sur route, avec des rampes qui vont jusqu'à 35 millimètres et des rayons de courbure descendant jusqu'à 21 mètres, a 82 kilomètres de longueur. Le poids des rails est de 20 kilogrammes par mètre. Son matériel roulant se compose de 12 machines, 41 voitures et 110 wagons. Le coût d'établissement s'est élevé à 78,000 francs par kilomètre. Les tarifs sont fort élevés en raison du profil exceptionnel de la ligne, 56, 28 et 11 centimes par kilomètre pour les trois classes de voyageurs ; 0 fr. 60 à 1 franc par kilomètre pour les marchandises ordinaires, 0 fr. 50 pour les céréales, 0 fr. 30 pour la houille.

Il a été transporté, en 1888, 42,800 voyageurs et 24,700 tonnes de marchandises représentant un produit brut kilométrique de 17,910 francs, moyennant une dépense de 9,070 francs, soit 51 0/0.

Conclusion. — Il est temps de conclure et de rappeler les quatre principes qui nous paraissent résumer cette étude :

1° Les chemins de fer départementaux doivent être construits par les départements et à leurs frais ; c'est pour eux, à la fois, la meilleure garantie d'une bonne construction, qui est l'élément le plus indispensable d'une exploitation économique, le moyen de conserver leur indépendance, et somme toute, le meilleur emploi de leurs sacrifices financiers.

2° L'exploitation doit être confiée par eux à un fermier propriétaire de son matériel roulant et choisi autant que possible, de gré à gré plutôt que déterminé par les hasards d'une adjudication qui, en tous cas, ne saurait sans inconvénients être publique. Le traité doit avoir pour but essentiel d'intéresser directement et toujours le fermier, *à la fois*, à accroître le produit brut (1) et à réduire ses frais d'exploitation ; il ne peut être

---

(1) Pour augmenter les produits, le plus simple serait tout d'abord de ne pas les réduire, en abaissant beaucoup plus que de raison les bases maxima des tarifs fixés par le cahier des charges. Le cahier type de 1881 a eu beau déclarer que les chiffres qu'il donnait à son article 41 n'étaient que de simples indications, la plupart des départements se sont bornés à les reproduire et à les imposer à leurs concessionnaires.

Fixer pour de petites lignes, dont l'existence n'est rien moins qu'assurée, des taxes kilométriques de 10 centimes, 7°,5 et 5°,5 pour les trois classes de voyageurs, fixer pour les messageries une base de 36 centimes, pour les marchandises des bases de 16, 14, 10 et 8 centimes (les bases même en vigueur sur les grands réseaux), y ajouter même une base de 6 centimes pour les marchandises de toute nature par wagon complet, tout cela nous paraît un inutile sacrifice, au moins pour commencer.

Je n'hésite pas à penser que toutes ces bases devraient être augmentées d'un tiers, sinon de moitié. Le public, qui les comparera au prix des carrioles ou du roulage, y trouvera encore une très notable économie ; les recettes brutes du chemin de fer s'augmenteront sans doute à peu près dans la même proportion et la garantie du département diminuera en conséquence. Si plus tard le public devient exigeant ou si on le croit utile au développement du trafic, il sera toujours temps de baisser les tarifs.

basé pour cela que sur le partage du *bénéfice net* de l'exploitation entre le département et l'entrepreneur.

3° L'importance de l'instrument, c'est-à-dire la largeur de sa voie, doit être en raison de l'importance et surtout de la nature du trafic en vue duquel il est construit. Les chemins de fer à voie de 0^m,75 et de 0^m,60 peuvent être un instrument des plus utiles ; l'expérience des autres pays montre tous les jours qu'ils peuvent rendre d'importants services et suffire à un trafic même considérable ; c'est en principe la voie vicinale agricole par excellence.

4° Ces idées n'ont pas la prétention d'être une panacée propre à conjurer tous les inconvénients ou tous les dangers dont l'expérience nous montre déjà la réalité. Elles sont, du moins, ce nous semble, pour les départements qui voudront bien les adopter, un frein contre le danger de courir les aventures, contre certains entraînements auxquels ils n'ont pas toujours résisté.

Au lieu de prendre comme objectif, comme on l'a fait trop souvent, sous prétexte de raccourcis à créer, la concurrence aux artères plus ou moins productives des grands réseaux, il faut, c'est à notre avis le principal remède au mal, résolument s'inspirer d'autres idées, faire tendre tous les efforts vers la réalisation d'un même but, ne pas paralyser la bonne volonté des grandes compagnies, s'en servir, au contraire, et obtenir leur concours effectif en leur apportant, même au prix de certains allongements de parcours, une série d'affluents, nombreux, courts, se reliant le plus directement possible aux grandes lignes existantes, à petite ou à très petite voie, suivant les cas ; en un mot, il faut vouloir à tout prix faire utile et modeste, au lieu de chercher des occasions de faire grand.

Pour fixer les idées, j'ai résumé toutes les considérations qui précèdent dans les trois documents suivants :

1° Projet de convention entre le département et la compagnie P.-L.-M. ;

2° Projet de traité entre le département et la société d'exploitation ;

3° Projet de loi sanctionnant les conventions et traité.

Il est inutile de dire, en terminant, que cette étude n'exprime que mes idées propres et n'engage que ma responsabilité. Les premières sont d'un homme désintéressé auquel le travail a donné quelque expérience ; de la seconde il a grand souci, sans la redouter plus qu'on ne doit le faire quand une fois on croit être dans la vérité.

CONVENTION

ENTRE LE DÉPARTEMENT D.......................

ET LA COMPAGNIE DES CHEMINS DE FER PARIS-LYON-MÉDITERRANÉE

Entre le département d......, représenté......, et la Compagnie des chemins de fer P.-L.-M., représentée par......, il a été convenu ce qui suit :

1. — Dans le but de faciliter au département la construction et l'exploitation d'un réseau de chemins départementaux formé des lignes de......, et destiné à la fois à donner satisfaction aux intérêts locaux et à servir d'affluents aux lignes du réseau P.-L.-M. avec lesquelles il se relie, la compagnie des chemins de fer P.-L.-M. consent à prendre à sa charge une partie des dépenses à faire en travaux pour permettre à ses gares de... de recevoir les lignes du réseau départemental.

Ces dépenses, aux termes des plans et devis ci-annexés, et la part que la compagnie P.-L.-M. consent à prendre à sa charge sont évaluées comme suit :

Gares de.........; dépense......... dont......... à la charge de la compagnie P.-L.-M........

2. — La compagnie P.-L.-M. s'engage à faire, dans chacune de ces gares, le service des voyageurs et des marchandises en provenance ou à destination des lignes départementales moyennant une allocation annuelle réduite à......... 0/0 du supplément de dépense occasionnée par l'augmentation du service.

Ce supplément de dépense et la part que la compagnie P.-L.-M. consent à prendre à sa charge sont évalués comme suit :

Gare de......... supplément......... dont......... à la charge de la compagnie P.-L.-M........

Il est entendu, toutefois, que la société chargée de l'exploitation des lignes départementales fournira à la compagnie P.-L.-M. tous les imprimés relatifs à son service, etc.........

3. — La compagnie P.-L.-M. s'engage à délivrer dans ses gares de........., des billets directs de voyageurs pour celles de........., et à mettre en relations de trafic direct pour les marchandises ses gares de......... avec celles de........., des lignes départementales.

4. — La compagnie P.-L.-M. s'engage, en outre, vis-à-vis du département, à fournir à la société chargée de l'exploitation, si celle-ci le lui demande, toutes les matières ou objets dont elle se sert pour sa propre exploitation et aux prix auxquels elle se les facture à elle-même.

5. — Si le département le lui demande, la compagnie P.-L.-M. fera le ballastage et la pose de la voie, moyennant le remboursement pur et simple de ses dépenses effectives, augmentées de......... 0/0 de frais généraux et de l'intérêt de ses avances calculé au taux effectif de ses emprunts, pour la moitié de la durée d'exécution des travaux.

6. — La compagnie P.-L.-M. sera seule chargée de la police de la gare commune ; elle y fournira, s'il y a lieu, un local au représentant de la société d'exploitation ; aura le droit de punir les agents de cette société en service dans la gare et, réciproquement, appliquera à ses propres agents les punitions qui lui seront demandées par la société d'exploitation, etc.........

7. — La compagnie P.-L.-M. s'engage à ne pas faire de tarifs ayant pour but de détourner des lignes départementales le trafic auxquelles elles peuvent normalement prétendre.

Réciproquement, le département s'engage à ne pas créer de tarifs ayant pour effet de détourner le trafic de la ligne d'intérêt général. A cet effet, la compagnie P.-L.-M. sera appelée à donner son avis sur les propositions de tarif de la compagnie départementale et, en cas d'objections de sa part, le Préfet ne donnera son homologation qu'après avoir consulté le Ministre des travaux publics.

8. — Les avantages concédés par les articles 1, 2, 3 et 4 ne sont consentis qu'en raison de ce que les lignes départementales, destinées essentiellement à desservir des intérêts locaux, ont et doivent conserver le caractère d'affluents de la ligne P.-L.-M. à laquelle elles aboutissent.

Si elles venaient à perdre ce caractère, ce que la compagnie P.-L.-M. se réserve le droit d'apprécier, celle-ci aurait à toute époque le droit de retirer ces concessions et notamment d'exiger le paiement du complément du capital d'établissement des gares communes défini à l'article 1ᵉʳ et du complément des frais supplémentaires d'exploitation desdites gares défini à l'article 2.

9. — La présente convention devra, avant sa mise en application, être approuvée par le Ministre des travaux publics.

TRAITÉ D'EXPLOITATION

ENTRE LE DÉPARTEMENT D..................

ET LA SOCIÉTÉ..................

Entre le département d........., représenté par son Préfet, Mʳ........., et la société ...., il a été convenu ce qui suit :

1. *Objet*. — Le département d......... confie à la société d'exploitation d........., suivant les clauses applicables de la loi du 11 juin 1880 et des décrets des 6 août 1881 et 20 mars 1882 et aux conditions du cahier des charges annexé à la présente convention et en faisant partie intégrante, l'exploitation d'un réseau de chemins de fer (ou de tramways sur routes) à traction de locomotives à voie de 1 mètre (ou de 0ᵐ,75 ou 0ᵐ,60) de largeur entre les bords intérieurs des rails, pour le transport des voyageurs et des marchandises, comprenant les lignes suivantes :

. . . .

2. *Construction*. — Le département construira à ses frais les lignes faisant l'objet de la présente concession, les mettra en état complet d'exploitation et en fera remise à la société dont la prise de possession sera constatée par un procès-verbal contradictoire de livraison. Cette construction comprendra : les acquisitions de terrain, l'établissement (infra et superstructure) de la ligne et de ses dépendances, y compris les raccordements aux gares de voyageurs et de marchandises de la compagnie P.-L.-M. à........., le matériel fixe, l'outillage et le

mobilier des gares, stations, dépôts et ateliers, le télégraphe ou le téléphone.

Il prendra à sa charge dans l'avenir le montant de tous les travaux complémentaires de premier établissement, que rendrait nécessaire le développement du trafic, et qui seront arrêtés d'un commun accord avec la société.

A la fin de chaque exercice, le capital d'établissement sera, la société entendue, arrêté par le préfet et notifié à la société.

3. *Matériel et Exploitation.* — La société d'exploitation fournira le matériel roulant et le tiendra constamment au niveau des besoins du trafic.

Elle prendra à sa charge les dépenses d'exploitation, de quelque nature qu'elles soient. Elle devra notamment maintenir en bon état d'entretien le chemin de fer et ses dépendances. Cet entretien comprendra le remplacement des objets mis hors d'usage par l'usure normale, pendant la durée du bail.

Le département la substitue aux avantages et aux engagements de la convention en date du.......... qu'il a passé avec la compagnie des chemins de fer P.-L.-M. et dont un exemplaire est annexé aux présentes.

4. *Contrôle des recettes et dépenses.* — La vérification et le contrôle des comptes de dépenses et recettes se feront conformément aux règles posées par le décret du 20 mars 1882, en ce qui concerne le compte d'exploitation.

5. *Partage du produit net.* — Sur la recette brute de l'exploitation, la société prélèvera :

1° L'intérêt à 5 0/0 de la valeur arrêtée contradictoirement de son matériel roulant ;

2° Ses frais d'exploitation proprement dits dans la limite maxima de 30 0/0 de la recette, plus 2,000 francs par kilomètre (2,000 + 0,30 R).

Le bénéfice net restant après ces prélèvements sera partagé entre le département et la société. Il sera attribué à cette dernière :

50 0/0 sur les 400 premiers francs de produit net kilométrique ;

25 0/0 sur les 1,600 francs suivants ;

10 0/0 sur tout ce qui excèdera 2,000 francs.

6. *Fonds de renouvellement.* — La part de bénéfice net re-

venant à la société sera consacrée tout d'abord à constituer un fonds spécial de réserve. Aucun dividende ne pourra être distribué par elle tant que ce fonds spécial n'aura pas atteint 2,000 francs par kilomètre exploité, ou n'aura pas été rétabli à ce chiffre.

Ce fonds sera déposé dans les caisses départementales ; il n'y pourra être touché que d'accord avec le préfet et exclusivement pour les grosses réparations et réfections.

En fin de bail, ou en cas de résiliation, le département retiendra, s'il y a lieu, sur ce fonds spécial et sur le cautionnement, la somme qui sera jugée nécessaire à dire d'experts, pour remettre la ligne en état normal d'entretien.

7. *Nombre de trains*. — La société ne peut être tenue à faire, sur une ligne déterminée plus de deux trains par jour dans chaque sens, tant que le produit brut de cette ligne (impôts déduits) n'excédera pas 3,000 francs par kilomètre. Au delà de cette limite, le département aura le droit d'exiger un train par 1,500 francs ou fraction de 1,500 francs de produit brut kilométrique.

Le préfet pourra, la société entendue, exiger une circulation supérieure sur tout ou partie des lignes concédées, mais dans ce cas le maximum de frais d'exploitation prévu à l'article 5 sera augmenté, pour ces lignes ou portions de lignes, de 0 fr. 70 par kilomètre de train ainsi imposé.

En aucun cas, la société ne pourra être tenue d'établir sur une ligne plus de dix trains par jour dans chaque sens, ni de faire un service entre 10 heures du soir et 5 heures du matin. matin.

8. *Longueur des lignes*. — La longueur de chaque ligne sera fixée par un chaînage continu ayant pour extrémité les axes des bâtiments des gares extrêmes.

9. *Matériel et agents français*. — La société s'engage à n'employer dans son exploitation que du matériel construit en France et à n'utiliser que des Français comme agents de son exploitation.

10. *Durée*. — La durée de la présente convention est fixée à vingt ans ; elle continuera ensuite par tacite reconduction, avec faculté pour chacune des parties d'y mettre fin en prévenant l'autre un an à l'avance.

11. *Résiliation*. — Dans le cas d'inexécution des clauses ci-

dessus, ou de mauvais service de la société, le département aura le droit après deux avertissements donnés à trois mois l'un de l'autre, par acte extra-judiciaire, et trois mois après le deuxième, de résilier la présente convention. Il aura la faculté de reprendre le matériel roulant à dire d'experts.

12. *Cautionnement.* — La société déposera dans la caisse départementale, avant de commencer l'exploitation, un cautionnement de.......... par kilomètre.

13. *Contestations.* — Toutes les contestations relatives à l'interprétation ou à l'application de la présente convention, à l'exception de celles dont le règlement est stipulé par le décret du 20 mars 1882, seront jugées administrativement par le Conseil de Préfecture de.......... sauf recours au Conseil d'Etat.

14. *Enregistrement.* — La société s'engage à acquitter les frais de timbre, d'enregistrement et d'expédition, ainsi que tous les autres frais accessoires auxquels pourraient donner lieu la présente convention et le cahier des charges qui en fait partie.

PROJET DE LOI

1. — Est déclaré d'utilité publique l'établissement, dans le département d.......... d'un réseau de chemins de fer d'intérêt local à voie de 1 mètre (de 0^m,75 ou de 0^m,60) de largeur entre les bords intérieurs des rails.

Ce réseau comprend les lignes suivantes :

De .... à ...., longueur approximative............ à voie de ....; nature de la ligne........................

. . . .

2. — La présente déclaration d'utilité publique sera considérée comme non avenue si les expropriations nécessaires ne sont pas accomplies dans un délai de trois ans à partir de la promulgation de la présente loi.

3. — Le département d............ est autorisé à pourvoir à l'exécution des lignes ci-dessus, conformément aux clauses et conditions de la loi du 11 juin 1880 et du cahier des charges type du 6 août 1881 relatives à la construction.

4. — Est approuvée la convention en date du ...., passée entre le département et la compagnie des chemins de fer P.-L.-M.

Cette compagnie est autorisée :

1° A faire figurer dans son compte de travaux complémentaires la partie de la dépense d'établissement des gares communes et de leurs agrandissements ultérieurs, s'il y a lieu, qu'elle prend à sa charge, après approbation préalable des projets d'exécution par le Ministre des travaux publics ;

2° A comprendre en recettes et dépenses, dans son compte unique d'exploitation, les résultats de ladite convention.

5. — Est approuvé le traité d'exploitation en date du........., passé entre le département et la société de ....

Pour l'exécution de l'article 5 de ce traité, l'Etat s'engage à payer au département une annuité représentant l'intérêt à 4 0/0 de la moitié du capital d'établissement ; il recevra, par contre, la moitié de la part du bénéfice net revenant au département.

6. — La convention du .... et le traité d'exploitation du .... annexés à la présente loi seront enregistrés au droit fixe de 3 francs.

LA
TARIFICATION SUR LES CHEMINS DE FER
ET LES
TARIFS DE PÉNÉTRATION

Novembre 1890.

M. Allain-Targé n'est pas seulement un financier de mérite, c'est un homme heureux. Quelque chose restera de lui : un mot, qu'il a créé, en 1883, lors de la discussion des conventions, un mot qui fait image, qui fait aussi illusion à ceux qui parlent des tarifs de chemins de fer sans toujours beaucoup les connaître et autour duquel beaucoup de bruit s'est fait, depuis sept ans, un peu à tort et à travers. Nous voulons parler des *Tarifs de pénétration*.

Ils ne sont pas d'invention nouvelle, ils ont toujours existé; mais tant qu'on les appelait simplement tarifs internationaux, personne ne s'occupait d'eux; il a suffi d'un nom de baptême imagé pour rendre rapidement populaires, ou mieux impopulaires, des tarifs qu'il est de bon ton de charger de tous les péchés d'Israël, des tarifs qui ruinent l'industrie nationale, l'agriculture nationale, qui paralysent ou annihilent l'effet des droits de douane, etc.

Dans ces accusations parfois un peu aveugles, dans ces discussions souvent confuses, il n'est sans doute pas hors de propos d'apporter un peu de lumière. Le sujet est un peu aride, sa connaissance complète ne s'acquiert pas sans travail; pour ceux cependant qui n'aiment à parler que de ce qu'ils savent bien, quelques explications ne seront pas inutiles. Si l'application de détail est nécessairement compliquée, le principe du moins est excessivement simple.

Jetons au préalable un coup d'œil sur l'ensemble de la tarification des marchandises sur les chemins de fer français.

1. — BASES GÉNÉRALES DE LA TARIFICATION DES MARCHANDISES

Aux termes du cahier des charges, les marchandises sont divisées en quatre classes. Les trois premières sont taxées d'après les bases de 16, 14 et 10 centimes par tonne et kilomètre, toujours les mêmes, quelle que soit la longueur du parcours ; la base kilométrique de la taxation de la 4ᵉ classe n'est pas constante, elle est d'autant plus basse que le parcours est plus grand ; initialement fixée à 8 centimes, elle est de 5 centimes pour un parcours de 100 kilomètres et de 4 centimes au delà de 300.

Cette 4ᵉ classe offre ainsi l'exemple de l'application légale, obligatoire, d'un principe éminemment rationnel, le *principe différentiel*, d'après lequel la taxe d'un transport, croissant toujours avec la distance, croît cependant moins rapidement qu'elle.

Principe éminemment rationnel, disons-nous, et pour deux raisons : d'abord, les frais de traction ne sont pas exactement proportionnels à la distance ; ils contiennent un certain nombre d'éléments qui restent les mêmes, quelle que soit la longueur du parcours ; ensuite et surtout, il est utile, même au prix d'une certaine anomalie, d'étendre pour les consommateurs le rayon possible de leur approvisionnement, pour les producteurs, le rayon dans lequel ils peuvent raisonnablement écouler leurs produits.

Ce *Tarif légal du cahier des charges* ne s'applique jamais dans la pratique : il est trop absolu, trop invariable pour être autre chose que l'indication d'un maximum. Aux quatre classes entre lesquelles le cahier des charges répartit les marchandises, en en dénommant, d'ailleurs, une faible quantité, toutes les compagnies ont substitué d'un commun accord, en 1889, une répartition uniforme de toutes les marchandises transportables en six séries, dont les bases kilométriques initiales varient de 16 à 8 centimes par tonne. C'est ce qu'on appelle le *Tarif général*.

On a embrouillé à plaisir la question des tarifs en en multipliant outre mesure les subdivisions. Il n'est pas besoin de tant de noms de baptême. Il n'y a, en réalité, que deux sortes de tarifs : le *Tarif général* et les *Tarifs spéciaux*. L'un et les autres sont établis, sur tous les réseaux, d'après le principe différentiel.

Le tarif général s'applique aux envois ordinairement de détail, pour lesquels l'expéditeur exige des compagnies l'accomplissement rigoureux de toutes leurs obligations légales de délais, de responsabilité ; il s'applique à environ 10 0/0 du tonnage total de petite vitesse.

Les Tarifs spéciaux, aux conditions desquels s'effectue le transport du reste du tonnage (90 0/0), régissent les envois pour lesquels l'expéditeur, en échange d'une réduction de taxe, accorde aux compagnies certaines facilités. Ils s'appliquent tantôt aux expéditions de détail sans condition de tonnage, le plus souvent aux grosses expéditions remises par lots de 5 ou 10 tonnes.

Du *Tarif général* nous ne parlerons pas longuement. Toutes les marchandises qui y sont dénommées au nombre de 1,400 y sont réparties, suivant leur nature, leur densité ou leur valeur, en six séries, les mêmes pour toutes les grandes compagnies : les bases kilométriques de la première varient de 16 centimes à 12,4, suivant que le parcours effectué varie de 1 à 1,100 kilomètres, maximum du parcours possible sur un seul réseau (Paris-Lyon-Méditerranée) ; les bases de la deuxième varient de 14 à 10,4 ; celles de la troisième, de 12 à 8,5 ; celles de la quatrième, de 10 à 6,7 ; celles de la cinquième, de 8 à 4,7 ; celles de la sixième, de 8 centimes à 2,9.

Les six barèmes établis en 1883 par la compagnie Paris-Lyon-Méditerranée pour ces six séries ont été successivement adoptés, identiquement ou avec de très faibles modifications, par toutes les grandes compagnies ; mais ils ne s'appliquent jusqu'à présent, avec leur principe différentiel, que dans l'étendue d'un même réseau.

Les *tarifs spéciaux* sont intérieurs ou communs : les tarifs spéciaux intérieurs sont limités au réseau d'une seule compagnie ; les tarifs communs sont combinés, pour un certain nombre de marchandises déterminées, entre deux ou plusieurs compagnies, soit françaises, soit étrangères.

Intérieurs ou communs, les tarifs spéciaux sont constitués : tantôt par des *barêmes* du genre de ceux qui viennent d'être définis à propos du tarif général ; c'est le cas de presque tous les tarifs spéciaux intérieurs ; tantôt par des *prix fermes* entre un certain nombre de localités déterminées qui donnent lieu à des échanges d'une importance spéciale ; c'est actuellement le cas de presque tous les tarifs spéciaux communs à deux ou à plusieurs compagnies. Les barêmes n'y sont jusqu'ici qu'une exception.

Les prix fermes qui figurent dans les tarifs spéciaux intérieurs ou communs sont parfois réciproques, c'est-à-dire jouent dans les deux sens ; parfois ils ne jouent que dans un seul sens, par exemple quand leur but est de favoriser l'exportation des produits français. — Cette question de réciprocité est importante, et nous aurons l'occasion d'y revenir. Pénétrons maintenant plus avant dans les détails.

Les *tarifs spéciaux intérieurs*, c'est-à-dire limités à l'étendue d'un seul réseau, sont actuellement, dans les six grandes compagnies, au nombre de 30 (en laissant de côté ceux qui, ayant pour objet des réglementations diverses, ne se rapportent pas au transport proprement dit).

Chacun d'eux s'applique à une nature déterminée de marchandises. C'est une disposition adoptée en 1877 par la compagnie Paris-Lyon-Méditerranée et que les autres compagnies ont bien voulu admettre successivement dans une vue de simplification et d'uniformité avantageuse évidemment à tous les intérêts. Les bases de la taxation, dans chacun de ces tarifs, ne sont pas les mêmes pour toutes les compagnies. Chacune a ses intérêts et s'en inspire de son mieux. — Mais c'est déjà beaucoup, au point de vue de la simplification, que cette uniformité dans le classement des marchandises et dans la numérotation des tarifs. — Un négociant en céréales sait que, dans chaque réseau, les renseignements qui l'intéressent sont réunis dans le tarif 2 ; le négociant en vins, dans le tarif 6 ; le tarif 7 contient tout ce qui touche les producteurs ou consommateurs de houilles, etc. ; dans le tarif 14 sont tous les renseignements intéressant les industries métallurgiques, et ainsi de suite.

Les *tarifs spéciaux communs* sont combinés, avons-nous dit, entre deux ou plusieurs compagnies soit françaises, soit étrangères.

Les premiers ont été classés en 1887 par la compagnie Paris-Lyon-Méditerranée dans la série 100 avec les mêmes désinences ou numéros d'unité que ses tarifs spéciaux intérieurs : 102 comprend pour les céréales, etc., toutes les combinaisons de prix existant entre la compagnie Paris-Lyon-Méditerranée et les autres compagnies françaises ; le tarif 106, toutes les combinaisons intéressant le transport des boissons sur territoire français, etc.

Les seconds ont été classés de même en 1888 par notre compagnie dans la série 200. Tous les transports qui font l'objet de prix direct entre un point du réseau Paris-Lyon-Méditerranée et un point étranger quelconque, avec ou sans réciprocité, figurent dans cette catégorie : 206 pour les vins, etc., 214 pour les produits métallurgiques, etc. — Ce sont, à proprement parler, les tarifs internationaux ; c'est dans cette catégorie que se trouvent tous les tarifs qu'on a baptisés du nom expressif de tarif de pénétration et dont nous allons nous occuper spécialement.

Enfin, une dernière catégorie, la série 300, toujours avec les mêmes désinences, comprend tous les tarifs communs d'exportation, sans réciprocité naturellement, destinés à faciliter le transport hors de la France, des produits de notre industrie.

Cette classification et cette uniformité de désinences, auxquelles toutes les grandes compagnies ont bien voulu successivement adhérer, ne font pas assurément que le maniement des tarifs soit commode pour tout le monde, que la lecture du recueil Chaix, qui contient tous les tarifs de toutes les compagnies françaises grandes ou petites et de leurs correspondants à l'étranger, soit facile sans quelque préparation ; c'est au moins un guide matériel précieux qui limite et circonscrit les recherches : le négociant en vins, par exemple, sait que toutes les combinaisons de tarifs intéressant son commerce se trouvent dans les tarifs 6, 106, 206 et 306, et ne se trouvent que là ; le métallurgiste n'a besoin de connaître que les tarifs spéciaux n°s 14 et 114 pour des transports ne sortant pas de France, 214 pour des échanges internationaux, 314 s'il s'agit d'exporter à l'étranger les produits de son industrie.

A défaut de barèmes ou de prix fermes dans ces quatre tarifs, il faut recourir : si le transport ne sort pas d'un réseau, à l'application, fort simple d'ailleurs, du tarif général ; s'il en sort, à la soudure des tarifs des divers réseaux intéressés au transport ; dans ce dernier cas, quoi qu'on fasse, la recherche de la taxe exacte à appliquer est délicate, même pour des initiés.

II. — TARIFS DE PÉNÉTRATION.

Ces explications préliminaires données, et elles m'ont paru indispensables pour permettre aux personnes qui veulent parler tarifs de chemins de fer, de connaître très exactement les bases de notre tarification, revenons plus spécialement aux tarifs spéciaux de la série 200, internationaux, c'est-à-dire combinés entre compagnies françaises et compagnies étrangères. C'est parmi eux, nous l'avons dit, que se trouvent

Ces pelés, ces galeux d'où nous vient tout le mal.

Nous voulons dire les tarifs de pénétration.

Parmi ces tarifs internationaux, les uns sont absolument réciproques et les transports qui s'effectuent aux conditions de ces tarifs sont taxés de même dans les deux sens. C'est le cas, pour la compagnie Paris-Lyon-Méditerranée, de ses tarifs italiens, dont l'action (sauf pour les vins, dont nous parlerons tout à l'heure) a survécu à la dénonciation que l'Italie a cru devoir faire de ses traités de commerce avec nous. De même que deux régions différentes de la France, l'une au nord, l'autre au midi, échangent leurs produits, de même aussi, et *a fortiori*, deux pays limitrophes, de climats aussi différents que la France et l'Italie, l'un plus industriel, l'autre plus agricole, ont intérêt à s'acheter et à s'expédier l'un à l'autre les objets qu'ils ne fabriquent ou ne produisent pas et qu'ils consomment. De ces tarifs internationaux réellement réciproques, il n'y a évidemment rien à dire.

D'autres tarifs internationaux, tout en étant réciproques, ne jouent, en fait, que dans un sens ; c'est le cas du tarif 206 Paris-Lyon-Méditerranée, par exemple, relatif aux vins, la France n'envoyant pas de vins communs dans un pays qui, comme l'Italie, ne sait où placer sa surabondante production.

D'autres enfin ne sont pas réciproques ; ils sont purement de pénétration en France et s'appliquent : soit à des marchandises que notre pays ne produit pas *(oranges, coton)* ; ceux-là, on ne songe pas encore à les incriminer, — soit à des matières que notre pays produit, mais en quantité insuffisante pour sa consommation *(houille, vins)*, — soit enfin à des marchandises que notre pays produit, mais, en raison du climat, plus tard que certains pays étrangers *(fruits frais, légumes frais)*. Ce sont ces deux dernières catégories que nous discuterons plus spécialement. Mais entendons-nous bien tout d'abord.

Dans le vocable *tarif de pénétration*, il y a deux choses à distinguer : la pénétration et le tarif. En ce qui concerne la pénétration, demandons-nous en premier lieu si, pour certains produits, elle est fâcheuse, ou inutile, ou évitable.

Les *oranges*, par exemple, ne sont pas un fruit indispensable à l'alimentation ; mais si l'on en veut consommer, il faut bien les tirer de l'étranger pour les faire pénétrer en France, puisque notre pays n'en produit pas.

Pour les *fruits et légumes frais* que nous produisons, Dieu merci, en grande abondance, on pourrait assurément n'en consommer qu'au moment où nos jardiniers français les produisent, et le reste de l'année se contenter de légumes secs ou conservés : c'est ce que, par vertu ou par nécessité, faisaient nos pères ; mais cette sagesse ou cette résignation, nous ne l'avons plus, du fait des chemins de fer, évidemment, mais nous ne l'avons plus ; et alors qu'autrefois les heureux du monde goûtaient seuls le plaisir (parfois un peu frelaté) de manger hors de saison les légumes de primeurs, les fruits que les malle-postes amenaient en petite quantité à Paris, c'est tout le monde aujourd'hui qui veut goûter à ce que naguère on pouvait appeler le fruit défendu, manger les choux-fleurs, les artichauts de la Provence avant que les maraîchers de Paris n'en produisent, les fraises de Carpentras et d'Hyères alors que les jardins de Bourg-la-Reine attendent encore la floraison, les raisins de Montpellier alors que les treilles de Fontainebleau en sont encore au verjus, les pêches du Roussillon s'étalant aux Halles ou dans les charrettes des marchands des quatre saisons, alors que Montreuil couvre encore de paillons ses riches espaliers.

Est-ce un bien ? est-ce un mal ? Vaut-il mieux se créer des besoins et les satisfaire que n'en point avoir d'artificiels ? Grosse question que ce n'est pas ici le lieu d'aborder. — C'est un fait, nous nous bornons à le constater.

Les chemins de fer français achevés, les Alpes, les Pyrénées se sont percées, les services à vapeur de la Méditerranée, de l'Océan se sont perfectionnés et à des dates encore plus prématurées, les primeurs d'Italie, d'Espagne, d'Algérie, des Antilles même ont demandé et pris leur place sur nos tables et dans nos marchés. — A tort ou à raison, les consommateurs de Paris s'en réjouissent ; nos maraîchers de la banlieue ont-ils raison de jalouser leurs confrères de nos départements du midi, et ces derniers de crier haro contre la concurrence que leur font, grâce aux chemins de fer, les producteurs des régions encore plus ensoleillées de l'Italie, de l'Espagne ou de l'Algérie ?

Tout est une question de mesure, et nous aurons à examiner si les chemins de fer l'ont dépassée.

En ce qui concerne les *céréales*, il arrive de temps à autre, malgré l'étendue et la fertilité de nos champs, que leur récolte demeure inférieure à la consommation ; il faut bien, dans ces années malheureuses, introduire, faire pénétrer en France ce qui nous manque.

Pour les *vins*, que notre pays produisait il y a dix ans en quantité bien supérieure à ses besoins, il est bien connu qu'en suite des ravages du phylloxera, dans les départements les plus producteurs, la récolte, depuis de longues années, ne donne plus que des quantités très inférieures à notre consommation, laquelle n'a pas diminué. Les replantations de vignes américaines se développent, le vignoble dans les départements du Gard et de l'Hérault qui tenaient le premier rang dans la production du vin s'améliore chaque année, et il est permis de penser heureusement que dans peu de temps pour ces deux départements, dans quelques années pour les autres, nous retrouverons la prospérité ou du moins la production d'autrefois et que nous pourrons nous suffire à nous-mêmes. Mais en attendant, il faut bien, inévitablement, à moins de ne plus boire de vin, et l'on n'a pas voulu s'y résoudre, introduire chez nous, en l'y faisant pénétrer de l'étranger, ce que notre sol ne suffisait plus à produire.

Dans le domaine industriel enfin, pour la *houille*, la production de nos mines est de 25,000,000 de tonnes, la consommation française annuelle est de 33,000,000. Il y a donc une insuffisance fatale, irrémédiable. — Nos mines ne produisent pas la quantité de houille nécessaire ou du moins, pour celles qui pourraient accroître leur production, et il y en a, ne la produisent pas où elle est nécessaire. Il faut donc bien, dans les régions de France où les charbons français n'existent pas ou ne peuvent arriver, dans la Normandie, la Bretagne, dans tout l'ouest de la France, faire pénétrer des houilles de provenance étrangère. — C'est une nécessité regrettable, à coup sûr, mais il faut la subir.

Donc, la *pénétration* est, dans nombre de cas, nécessaire, inévitable.

Pour cette pénétration, dont les quelques exemples que nous venons de citer montrent l'impérieuse nécessité, la voie par excellence est la voie navigable intérieure, naturelle ou artificielle. Les fleuves à grand tirant d'eau, tels que la Gironde, le Rhône, la Seine surtout, constituent des voies largement ouvertes à l'importation des produits étrangers et par lesquelles les céréales d'Amérique, les maïs de Turquie, les vins d'Espagne, les houilles anglaises, etc., pénètrent par pleins chargements de navires jusqu'à Paris. — Ces voies naturelles sont continuées dans l'intérieur du pays par les canaux que l'Etat construit, entretient, surveille, améliore incessamment à ses frais, c'est-à-dire aux frais de la généralité des contribuables.

Il n'entre pas dans notre intention de rééditer ici un parallèle entre les voies de fer, obligées de construire leur outil de transport, de l'entretenir et de le surveiller, ayant reçu, à la vérité une subvention de l'Etat (1), mais une subvention compensée par une telle quantité de charges imposées qu'elle re-

---

(1) 3,019 millions de subventions aux six grandes compagnies de chemins de fer à fin 1887, non compris 543 millions pour le rachat des lignes qui ont constitué les chemins de fer de l'Etat.

présente pour l'Etat un placement à gros intérêt, et les voies d'eau artificielles qui ont reçu de l'Etat une subvention égale à la totalité des frais d'établissement (1), mais qui, en revanche, ne lui rapportent rien. — Cette comparaison a été faite et nous ne la referons pas ici.

Nous nous bornerons à demander s'il faut que ce mouvement nécessaire, fatal, de pénétration soit le monopole exclusif des voies navigables et s'il y a lieu de contester aux chemins de fer le droit d'essayer d'en prendre leur part. — Quand on voit, par exemple, pour les vins d'Espagne, qui sont l'un des lieux-communs des récriminations, la compagnie de Lyon en amener à Paris par ses rails 87,000 tonnes, dans une année, au prix total de 52 francs au départ de Tarragone, et la navigation maritime et fluviale par Gibraltar et Rouen, y déverser 250,000 tonnes au prix de 30 à 35 francs la tonne, on peut se demander si ce sont bien les chemins de fer qu'il y a lieu d'accuser de créer une situation que les circonstances imposent, et si c'est eux, ou la navigation, qu'il faut prendre pour bouc émissaire ?

Cette concurrence, dont on ne saurait leur dénier le droit, comment les chemins de fer l'exercent-ils ? Par quels procédés ? C'est ici que nous arrivons à la discussion des principes mêmes qui président à leur tarification.

Ce n'est pas d'aujourd'hui qu'est posée la question que nous examinons. Même alors que les idées protectionnistes s'étalaient moins ouvertement, il était de mode de s'élever contre les tarifs d'importation (le mot de pénétration n'était pas encore inventé), et l'on assurait un facile succès de presse ou de tribune quand on s'avisait de flétrir le patriotisme à rebours des compagnies de chemins de fer ruinant à plaisir (comme si vraiment elles y avaient intérêt) l'industrie française et l'agriculture nationale, et déjouant au profit de l'industrie ou de l'agriculture étrangères l'effet des protections douanières !

Dans la mémorable discussion des conventions de 1883 (qui occupa 14 séances de la Chambre et 5 du Sénat), ces idées eurent tout le loisir de se produire au grand jour. La compagnie de Lyon, la première sur la brèche à cette époque, avait (elle

---

(1) 1,425 millions à fin 1887.

a encore) quelque peine à prendre au sérieux des accusations qui s'attaquaient moins encore à son prétendu manque de patriotisme, qu'à son intelligence des affaires et au souci éclairé de ses intérêts. Elle n'hésita pas un instant à donner au gouvernement les assurances qu'on lui demandait, et dans sa lettre du 26 mai 1883, que les autres compagnies ont successivement reproduite, elle prenait l'engagement « de modifier, en ce qui concerne les tarifs qui ont pour objet l'importation en France des marchandises de provenance étrangère, toute combinaison de prix dont l'effet pourrait être d'altérer les conditions économiques résultant de notre régime douanier, sous la seule réserve que les marchandises qu'ils visent ne soient pas importées en France à plus bas prix par d'autres voies de transport. »

Une enquête fut, en 1884, ordonnée par le ministre des travaux publics. Mis au pied du mur, en demeure de sortir des banalités et de signaler les tarifs dont on avait à se plaindre, les déposants étaient rares ; et, malgré des rappels réitérés, les dépositions motivées n'arrivaient pas. On ne peut guère signaler qu'un rapport de 1885 de la chambre de commerce de Paris, dont un des membres les plus autorisés formulait, avec autant de compétence que de précision, quelques griefs bien déterminés. Nous les examinerons dans un instant, ceux du moins qui regardent la compagnie de Lyon. Pour les autres, nous manquerions de compétence : *ne forçons point notre talent*...

Plus tard, la grande enquête ordonnée en 1890 par le ministère du Commerce, à propos du régime douanier à adopter en 1892, le questionnaire adressé à toutes les chambres de commerce, à toutes les chambres syndicales, a donné à quelques-unes d'entre elles, dans leurs réponses à la question n° 7, l'occasion de formuler quelques revendications précises, appuyées sur des chiffres parfois erronés, mais du moins explicitement formulés.

« Il est bien vrai, a-t-on dit, que les voies d'eau concurrentes aux chemins de fer font pénétrer en France, et à meilleur marché qu'eux, un certain nombre de produits étrangers qui viennent concurrencer les nôtres, mais ce n'est pas une raison pour que les compagnies de chemins de fer agissent dans le même sens, les chemins de fer qui sont un service public,... ces puissantes compagnies,... le monopole,... l'oligarchie financière, etc. » Laissons de côté cette phraséologie un peu bien surannée pour entrer dans le vif de la question.

« Les compagnies de chemins de fer font leurs transports à des prix plus élevés que les voies navigables concurrentes. On le reconnaît, mais cela ne suffit pas : *elles transportent*, dit-on, *les produits étrangers à meilleur marché que les produits similaires français*, et non seulement, en le faisant, elles détruisent les barrières artificielles constituées par les droits de douane ; mais, en supprimant les distances, elles abaissent les barrières naturelles géographiques. »

Voilà une formule nette d'accusation : formule fausse, heureusement, et faussée à dessein quand elle est donnée dans ces termes. Ceux de nos contradicteurs qui sont éclairés et de bonne foi (il y en a beaucoup, heureusement) la rectifient dans les termes suivants : « Nous savons bien que la marchandise étrangère, les vins espagnols, par exemple, supportent, depuis leur point de production jusqu'à Paris, leur point de consommation le plus important, une *taxe totale* supérieure à celle que supportent les vins français de leur point de production à Paris. Mais nous constatons que *la part de cette taxe totale*, qui correspond à un parcours français déterminé, Cette à Paris, par exemple, est très inférieure à la taxe que les vins français, produits ou créés à Cette, ont à supporter pour atteindre Paris. » Et de deux choses l'une, ajoute-t-on : « Ou bien la taxe appliquée aux produits étrangers n'est pas rémunératrice, c'est alors une mauvaise action dont l'État, qui homologue les tarifs et qui, par le jeu de la garantie d'intérêts, est en quelque sorte l'associé des compagnies, a le tort de se faire le complice ; ou bien cette taxe est rémunératrice, et alors pourquoi la compagnie, qui s'en contente pour le produit étranger, n'en fait-elle pas jouir le produit similaire français ? »

Faisons justice tout d'abord de ce dernier argument. Un commerçant, un industriel quelconque n'a qu'un but, en définitive : prospérer le plus possible par des moyens légaux et honnêtes. De ce que les compagnies de chemins de fer assurent, comme on le dit, un service public, plus exactement un service qui intéresse le public tout entier, est-ce une raison pour que, commerçantes et industrielles, elles aussi, elles s'inspirent d'autres sentiments et ne cherchent pas à assurer honnêtement aux immenses capitaux que l'épargne publique leur a confiés la rémunération la plus élevée possible ?

Il y a deux manières de faire des affaires : vendre peu, à prix fixe et bénéfice uniforme ; vendre le plus possible, en se contentant du bénéfice qu'il est possible en chaque cas de réaliser.

Le raffineur de Paris vend son sucre, pris à l'usine, à un certain prix à Paris et dans la Seine ; à un prix moindre à Dijon, à Clermont, à Lyon ; à un prix d'autant moindre, s'il veut aller plus loin, qu'il s'éloigne davantage de Paris et se rapproche davantage du rayon naturel d'action des raffineries concurrentes de Nantes et de Marseille. S'il vend à l'étranger, il baisse encore son prix de vente à l'usine, parfois même jusqu'à vendre sans bénéfice (cela réduit toujours ses frais généraux) pour lutter en Italie, au Maroc, en Perse, par exemple, contre la concurrence des industries similaires de tous les pays du monde.

Le savonnier, le fabricant de bougies de Marseille, font de même. Leur prix de vente à l'usine est d'autant plus bas qu'ils veulent expédier leur produit plus loin, élargir davantage le rayon de leurs opérations, pénétrer davantage dans la zone des savonneries ou des stéarineries de Lyon ou de Paris.

Les mines de houille ne font pas autre chose, et non seulement leurs prix de vente varient (c'est le cas de tous les industriels, sauf les chemins de fer) suivant qu'elles ont affaire à un gros ou à un petit client, mais elles réduisent d'autant plus leurs bénéfices qu'elles veulent aller plus loin, se contentant d'un minimum presque égal à zéro quand elles veulent, pour les mines du Gard, par exemple, soit pousser leurs houilles anthraciteuses à Paris, en concurrence avec les produits similaires du Nord ou de l'Angleterre, soit exporter l'excédent de leur production en Italie, en concurrence avec les houilles anglaises et allemandes.

Telle est la loi générale du commerce ; il n'est pas un industriel qui, réalisant un bénéfice de 10 francs par tonne, par exemple, en vendant sur place, ne se contente, quand il y a placé tout ce qu'on peut y consommer, d'un bénéfice moindre : 8 francs, 5 francs, 1 franc et même moins, pour placer dans des régions plus éloignées l'excédent de sa production. Il n'est personne qui s'en étonne et qui dise au commerçant : « Puisque vous pouvez vous contenter ici d'un bénéfice de 1 franc par tonne, pourquoi, là, ne vous en contentez-vous pas ? » L'industriel aurait beau jeu à répondre : « On gagne ce qu'on peut et le commerce ne vit ni de philosophie, ni de formules mathématiques. »

Ce qu'on ne songe pas à dire à un industriel ordinaire, pourquoi donc n'hésite-t-on pas à le dire aux chemins de fer ? Y a-t-il donc deux vérités commerciales ? J'entends bien la réponse : « Les compagnies de chemins de fer ne sont pas des industriels ordinaires ; c'est une sorte de service public, fonctionnant sous la surveillance de l'Etat, qui a, pour sa création, reçu de lui d'importantes subventions. » A la bonne heure ! et je le veux bien ; que l'Etat les surveille et les contrôle, qu'il se réserve l'approbation de leurs règlements d'exploitation, l'homologation de leurs tarifs, rien de plus naturel, je le concède de grand cœur : ce n'est pas une raison pour paralyser leur liberté commerciale, pour ne pas leur laisser, sauf à en surveiller et à en réprimer les abus, l'usage des pratiques et des droits inhérents à toute industrie.

Pourquoi demander contre eux cette excessive limitation ? Pourquoi leur contester à eux seuls l'application du *principe différentiel* ? Car, qu'on ne s'y trompe pas, c'est ce principe différentiel, loi nécessaire, nous l'avons montré, de toutes les transactions commerciales, qui est seul en cause, qu'on le veuille ou non. Nous allons l'établir en prenant quelques exemples, les plus frappants, relatifs à la compagnie Paris-Lyon-Méditerranée, parmi ceux qu'a fournis la récente enquête commerciale ; nous voulons parler des fruits frais, des légumes frais et des vins, pour lesquels la chambre de commerce de Paris, la chambre de commerce de Montpellier, la chambre syndicale de navigation de Cette, la société d'agriculture d'Avignon, ont formulé des critiques précises et formelles. Examinons-les.

Si l'on en croyait la chambre de commerce de Montpellier, le commerce des *raisins de table* de l'Hérault avec Paris serait compromis et entravé par le traitement plus favorable que nous appliquerions aux raisins en provenance d'Espagne. Compromis, pas encore, à coup sûr ; car si, de 1884 à 1889, le tonnage total des raisins expédiés de tous les points du réseau

Paris-Lyon-Méditerranée sur Paris est passé de 7,000 à 8,000 tonnes, celui des raisins de l'Hérault seul s'est accru de 500 à 2,500 tonnes, accroissement rassurant pour la vitalité de ce trafic.

Quant aux raisins d'Espagne, ils sont taxés sur Paris, en grande vitesse, 480 francs au départ de Murcie, contre 205 fr. au départ de Montpellier. Ce n'est pas, évidemment, du prix total qu'il y a lieu de se préoccuper, mais de la *part* de ce prix total de Murcie qui est afférente au parcours de Montpellier à Paris. Cette part est de 197 fr. 50, plus faible de 7 fr. 50 que la taxe imposée pour le même parcours aux raisins de l'Hérault. — *Inde iræ !* Quoi de plus naturel, cependant ?

Pour étendre le rayon d'approvisionnement de Paris, pour rendre possibles les transports à grande distance, la compagnie de Lyon a cru devoir établir son tarif spécial intérieur n° 10 sur des bases différentielles, c'est-à-dire sur des bases kilométriques décroissant d'autant plus que le parcours total augmente davantage. Après avoir appliqué ce principe jusqu'à l'extrémité de son réseau (Cette), elle l'a étendu, d'accord avec la compagnie du Midi (tarif commun 110), jusqu'aux Pyrénées, et, d'accord avec les compagnies espagnoles (tarif commun 210), aussi loin qu'il a paru intéressant et possible de pousser le rayon d'approvisionnement de la capitale.

Dans ces tarifs, les *taxes totales* vont toujours, cela va sans dire, en croissant avec la longueur du parcours ; elles passent, par exemple, de 20 francs de Fontainebleau à Paris (pour 59 kilomètres), à 96 francs pour Dijon, 143 francs pour Lyon, 200 fr. pour Avignon, 206 francs pour Perpignan, 290 francs pour Barcelone, pour atteindre enfin 480 francs à Murcie (1,859 kilomètres de parcours total).

Mais, en même temps, la base kilométrique des transports, qui est de 34 centimes par tonne pour les raisins de Fontainebleau, descend à 30 centimes pour ceux de Dijon, à 29 pour Lyon ; elle tombe à 28 pour Avignon, à 27 pour Montpellier ; les raisins de Perpignan supportent une taxe kilométrique encore moindre : 26 centimes. Au delà, cette base se maintient uniforme et s'applique jusqu'à Murcie, point extrême de provenance.

Nous ne croyons pas que personne puisse songer à attaquer cette décroissance progressive des bases kilométriques de la taxation. — Et cependant, si on les applique à un *parcours déterminé*, celui de Dijon à Paris, par exemple, nous voyons que, *pour ce même parcours* de 315 kilomètres, les raisins de Dijon paient une taxe de 96 francs par tonne, ceux de Lyon une taxe de 92 francs ; elle s'abaisse à 87 francs pour ceux d'Avignon, à 85 francs pour ceux de Montpellier et tombe à 80 francs pour les raisins en provenance de Perpignan, Barcelone, Alicante et Murcie.

On comprendrait, à la rigueur, que Dijon, s'il s'en tenait aux apparences, pût s'étonner et se plaindre de payer 96 francs pour un parcours pour lequel les raisins du Roussillon et d'Espagne ne paient que 80 francs. Il ne le fait pas, et, contre cette conséquence inévitable du principe différentiel dans l'établissement des tarifs de chemins de fer, c'est de la Chambre de commerce de Montpellier et de la Société d'agriculture d'Avignon que viennent les plaintes ; de Montpellier et d'Avignon, qui, en raison de leur éloignement de Paris, ne pourraient que très difficilement y écouler leurs produits, si le tarif était uniformément établi sur la base kilométrique initiale de 34 centimes ; de Montpellier et d'Avignon, qui doivent précisément aux tarifs différentiels de pouvoir présenter leurs raisins sur le marché de Paris en concurrence avec ceux des régions moins éloignées de la capitale. Cette coïncidence n'est-elle pas faite pour surprendre ?

Pour les *légumes frais*, les critiques n'ont pas été moins vives ; elles sont pourtant encore moins fondées. Ils sont taxés sur le réseau Paris-Lyon-Méditerranée (tarif G. V. n° 10) aux conditions du barème *(différentiel)* n° 3 qui édicte pour les transports sur Paris des taxes de 69 francs au départ de Dijon ; 106 francs, de Lyon ; 151 francs, d'Avignon ; 159 francs, de Cette ; 186 francs, d'Hyères.

Dans le langage courant des revendications soumises à l'opinion publique on dit : « La compagnie fait payer plus cher aux légumes de Dijon qu'à ceux d'Hyères ! » Il faut dire pour être exact : « La compagnie, pour le même parcours de 315 kilomètres de Dijon à Paris, prend 69 francs aux maraîchers de Dijon, elle ne prend que 68 francs à ceux de Lyon, 66 à ceux d'Avignon, 64 à ceux de Cette, 63 à ceux d'Hyères. » En effet, et c'est la conséquence de l'application du principe différentiel que personne de raisonnable ne songe à contester dans l'intérieur d'un réseau déterminé.

Si l'on sort des limites du réseau Paris-Lyon-Méditerranée, l'on trouve dans son tarif de grande vitesse 110, commun avec la compagnie du Midi, une taxe totale de 221 francs de Perpignan à Paris, qui, pour le parcours de Dijon à Paris, correspond à 64 francs ; et dans le même tarif commun avec les chemins de fer espagnols, des taxes totales de 290 francs et 350 francs de Tarragone et de Valence sur Paris correspondant à 74 francs pour le parcours pris comme type de Dijon à Paris. Ce n'est pas ici, à coup sûr, que l'on peut parler de faveur faite aux produits étrangers.

Une critique plus fondée, au moins en apparence, nous a été adressée en ce qui touche les légumes d'Italie. — Notre tarif commun de grande vitesse n° 110, § 6, les taxait par tonne de Milan à Paris (924 kilomètres) : à 212 francs sans condition de tonnage, à 165 pour les expéditions par wagon complet de 5,000 kilogrammes, à 140 francs pour celles de 10,000 kilogrammes, alors que notre tarif intérieur n° 10 faisait supporter aux légumes français expédiés sans condition de tonnage : 151 fr. 55 d'Avignon (724 kilomètres) ; 186 fr. 25 d'Hyères.

On en concluait à la ruine (systématique et voulue, bien entendu, par la compagnie Paris-Lyon-Méditerranée) de l'agriculture française par l'agriculture italienne. On ne manquait pas d'ajouter que pour mieux accentuer ses tendances antifrançaises, la compagnie avait mis ce tarif en vigueur le 1ᵉʳ juillet 1888 au moment même de la rupture du traité de commerce italien et pour contrebalancer l'effet du relèvement des droits d'entrée en France. La réalité était tout autre :

Tant de fiel n'entrait pas dans l'âme des bureaux !

En premier lieu, les prix incriminés du tarif 110 avaient été soumis, dès le 25 janvier 1888, à l'*homologation ministérielle* ; ils n'avaient été faits par la compagnie Paris-Lyon-Méditerranée que pour retenir sur ses rails, de Modane à Paris, les légumes qui, de Milan, pouvaient y parvenir par la voie du Gothard et Delle, grâce à des prix *identiques* résultant d'un tarif commun aux compagnies italiennes, suisses et de l'Est français ; en second lieu, l'avantage de prix ainsi fait aux légumes italiens n'avait guère de réalité que sur le papier, puisqu'il n'existait que pour les expéditions par wagon complet de 5 et de 10 tonnes qui, elles, n'existaient guère ou n'existaient pas.

Quoi qu'il en soit, il y avait là une anomalie réelle, trop facile à exploiter, et dès qu'elle nous a été signalée, nous l'avons fait disparaître en proposant à l'administration supérieure de supprimer complètement ce paragraphe du tarif 110, en même temps d'ailleurs que, par mesure complémentaire, l'Est supprimait le tarif commun *via* Gothard dont l'existence avait été la seule raison d'être du nôtre.

Prenons enfin un dernier exemple, celui des *vins étrangers*, dont l'introduction paralyserait soi-disant le relèvement de la viticulture française. Celle-ci, grâce à Dieu et aux cépages américains, se relève vaillamment dans les départements qui, comme l'Hérault, ne se sont pas abandonnés. Jusqu'à nouvel ordre, toutefois, la France ne produit plus la quantité de vins nécessaire à sa consommation ; il faut donc bien qu'elle tire la différence de l'étranger. Dans cette invasion nécessaire, la voie d'eau joue certainement le rôle prépondérant, la voie de fer un rôle relativement effacé. Pour les provenances de l'Espagne, en particulier, la mer et la Seine ont amené à Paris, en 1880, nous le rappelons, 250,000 tonnes, au prix de 30 à 35 fr. ; le chemin de fer de Paris-Lyon-Méditerranée 87,000 tonnes, au prix de 52 francs. C'est lui, cependant, dont on critique les agissements et les tarifs.

Ses agissements d'abord. Mais, s'il s'abstenait, les 87,000 tonnes qu'il réussit à attirer à ses rails cesseraient-elles de venir à Paris par la mer et la Seine ? Et de quel profit serait pour la viticulture française l'abandon qu'il ferait, à raison de 30 francs environ par tonne, d'une recette annuelle de 2,600,000 francs, abandon qui dérangerait singulièrement l'équilibre de son budget et de ses relations financières avec l'Etat ?

Quant à ses tarifs, fait-il un usage excessif ou anormal de son droit incontestable à prendre sa part d'un trafic qu'il serait absurde et inique de prétendre réserver exclusivement à la navigation ? Favorise-t-il les vins d'Espagne au détriment des vins de France? Les transporte-t-il, comme on ne se fait pas faute de l'affirmer, moins cher qu'il ne transporte les vins de l'Hérault ? Examinons.

Les transports de vins font l'objet des trois tarifs spéciaux : numéros 6, pour l'intérieur du réseau Paris-Lyon-Méditerranée ; 100, commun avec diverses compagnies françaises ; 200, commun avec les chemins de fer étrangers (ou avec des compagnies de navigation, pour les provenances trop voisines du sud de l'Espagne pour qu'il soit matériellement possible de songer à les amener à Paris par toute voie de fer). Dans ces trois tarifs, les taxes totales croissent, cela va sans dire, avec la distance, mais pas *proportionnellement* (sans quoi l'exagération des prix aurait bien rapidement conduit à l'impossibilité des transports), et la base kilométrique de ces taxes est d'autant plus faible que la distance totale à parcourir est plus forte.

C'est ainsi qu'une tonne de vin expédiée à Paris supporte :

De Dijon	314 kilomètres,	une taxe de 21 fr. 30,	soit par kilomètre	6c,8
De Mâcon	422	—	26 fr. 10,	—	6 ,2
De Lyon	488	—	28 fr. 50,	—	5 ,8
De Valence	599	—	32 fr. 50,	—	5 ,4
De Cette	776	—	39 fr. 70,	—	5 ,1
De Barcelone	1.126	—	52 fr. «»,	—	4 ,6
De Tarragone	1.229	—	52 fr. «»,	—	4 ,2
De Valence	1.504	—	52 fr. «»,	—	3 ,7

Plus le point de provenance espagnole s'éloigne des Pyrénées, plus le fret maritime peut diminuer, avec la durée même du transport par mer, plus au contraire augmente la distance par rails. Les chemins de fer ne peuvent songer, comme il le faudrait cependant pour lutter avec la navigation, à appliquer à un parcours plus long une taxe plus faible que celle qu'ils appliquent à un parcours moindre : la clause des stations intermédiaires édictée, et avec raison, par la législation de tous les pays s'y opposerait ; mais du moins quand elle arrive à 52 francs, prix auquel les transports peuvent être, à la rigueur, disputés à la voie maritime, qui se contente de 30 à 35 francs, la taxe cesse de croître.

C'est contre la situation que nous venons de résumer en chiffres que proteste le commerce de Cette. Quand il dit que nous transportons les vins d'Espagne à meilleur marché que les vins de l'Hérault, ce n'est manifestement qu'une formule de langage, formule à effet par sa concision même, mais qui, dans son inexactitude démontrée par les chiffres ci-dessus, fait illusion aux masses et peut même finir par faire illusion à ceux qui l'emploient et la répètent trop souvent.

Ce que l'on veut dire, et sous cette forme cela est vrai, c'est que, *pour un parcours déterminé*, celui de Cette à Paris, par exemple, alors que les vins produits à Cette supportent une taxe de 39 fr. 70, les vins provenant de Tarragone ne supportent que 29 fr. 05 ; ceux provenant de Valence (Espagne) que 26 fr. 90. — C'est vrai, mais ils n'en ont pas moins à acquitter une *taxe totale* de transport de 12 francs au moins supérieure à celle des vins de l'Hérault.

Mais faisons même, pour un instant, abstraction de l'existence et de la concurrence de la voie maritime et fluviale, de la voie de pénétration par excellence, nous ne saurions trop le redire ; supposons qu'il n'y ait qu'un seul intérêt en jeu, et il est important, celui d'agrandir le rayon d'approvisionnement possible de Paris, la situation, telle que l'établissent les chiffres précédents, n'est-elle pas la plus naturelle du monde et la plus justifiée ? Et l'Hérault qui, en raison de son éloignement de Paris, a dû à l'application du principe différentiel dans les tarifs de chemins de fer le colossal développement de sa production viticole, et avec lui sa fortune passée et, grâce à Dieu, sa fortune renaissante, l'Hérault est-il vraiment bien fondé à critiquer l'extension que nous avons faite de ce principe à l'Aude, aux Pyrénées-Orientales, à l'Espagne ?

« Oui », nous répond l'homme politique qui ne s'offensera pas d'être appelé le plus farouche adversaire des grandes compagnies et des conventions de 1883, que le souvenir de ses classiques condamne sans doute aux... *imprécations* et auquel sa haute intelligence et sa rare opiniâtreté au travail ont rendu familières toutes les questions de chemins de fer, « oui, le principe différentiel est nécessaire ou utile, ou tolérable, mais pas dans son application à l'étranger ».

Et pourquoi donc ? Les vins étrangers n'entrent-ils pas en France ? N'est-il pas actuellement nécessaire de les y faire pénétrer ? S'ils n'y entrent pas par toute voie de fer, n'y entreront-ils pas par la voie fluviale que vous ouvrez au grand large, en laissant à la charge de l'Etat l'intégralité des dépenses de son amélioration, de son entretien, de sa surveillance ? Voulez-vous donc proscrire les vins étrangers ? Et, au nom de je ne sais quel principe, du principe des nationalités peut-être, que, dans un pays voisin (grand producteur de vin et terriblement embarrassé de sa production), son premier homme d'État traitait récemment avec tant de désinvolture, voulez-vous fermer vos frontières par des droits de douane ou des mesures équivalentes ? Faites-le, si vous le croyez nécessaire et possible ; — mais, en attendant, pourquoi donc un principe sera-t-il admis en deçà de la frontière et proscrit au delà ?

Admettons-le cependant, mais alors allons jusqu'au bout, car la logique est une et vous y condamne. « Il est inadmissible, dites-vous, que, les vins de l'Hérault payant 39 fr. 70 pour parcourir les 770 kilomètres de Cette à Paris, les vins d'Espagne ne soient grevés pour ce même parcours que de 29 fr. 65 ou de 26 fr. 90. » — A merveille, mais les vins de l'Aude, des Pyrénées-Orientales sont, eux, des vins français. Et trouvez-vous plus admissible pour cela que, pour le même parcours de 770 kilomètres, ils ne soient grevés que de 35 fr. 75 s'ils sont en provenance de Perpignan ? Donc, vous voilà logiquement conduit à proscrire le principe différentiel dans les tarifs communs à plusieurs compagnies françaises et à ne plus l'admettre que dans l'intérieur d'un réseau.

Mais, là même, la logique va vous forcer à le proscrire. Tous les vins de l'Hérault, du Gard, de Vaucluse, de la Drôme, du Beaujolais, de la Bourgogne, empruntent, pour se rendre à Paris, la section de Dijon à Paris. Pour ce *même parcours* de 314 kilomètres : les vins de Dijon sont grevés de 21 fr. 30 par tonne ; ceux de Mâcon, 19 fr. 45 ; de Valence, 16 fr. 95 ; de Cette, 16 francs ; de Draguignan, 15 fr. 45. Est-ce plus admissible que ce que vous avez naguère critiqué ? En aucune façon, et vous voici condamnés à proscrire le principe même des tarifs différentiels, c'est-à-dire le principe commercial et fécond par excellence, pour le remplacer, comme le proposent d'ailleurs certains esprits systématiques et absolus, par l'application d'une taxe fixe par kilomètre, quelle que soit la distance, et croissant mathématiquement, brutalement avec elle suivant une proportionnalité aussi régulière qu'anticommerciale.

Nous ne multiplierons pas davantage les exemples ; aussi bien croyons-nous avoir tout dit, en examinant les espèces les plus frappantes et le plus fréquemment répétées. Le vent est à la protection dans notre pays, et tout ce qui y contredit on semble y contredire est frappé d'ostracisme. Faut-il dès lors s'étonner de l'émotion qu'inspire l'idée de pénétration des produits étrangers (comme si nous pouvions toujours nous en passer), du succès d'un mot fort expressif de cette émotion, et de l'ardeur aveugle de la campagne à laquelle nous assistons étonnés contre ce qu'on a baptisé les *Tarifs de pénétration*.

Qui dit commerce, cependant, dit échange. Vendre aux autres ce qu'on produit plus ou mieux qu'eux, leur acheter ce qu'ils produisent plus ou mieux que vous, c'est là toute la vie commerciale et elle n'est que là. Dans le commerce international, cela s'appelle l'importation et l'exportation.

Je ne suis pas de ceux qui s'enrôlent sous le drapeau du libre-échange. La protection me paraît le système qui convient à notre pays, mais encore faut-il qu'elle soit intelligente et mesurée. Indispensable quand il s'agit d'y rendre possible la production d'objets qu'il faut absolument fabriquer chez nous, nécessaire quand il s'agit de permettre à notre pays de défendre son industrie et son agriculture contre celles des pays voisins plus favorisés sous le rapport des matières premières, de la main-d'œuvre ou du climat, la protection est inutile dans les autres cas ; nuisible même, si elle est poussée au point d'exagérer les prix de vente aux consommateurs (que nous sommes tous) et d'enlever à nos producteurs l'aiguillon salutaire de la concurrence, sans lequel l'activité s'émousse et le progrès s'arrête.

Veut-on donc proscrire le commerce international ? Mais si chaque pays a la prétention de se suffire, de tout produire chez lui, en admettant que ce soit possible (sauf à relever les prix de tous les objets consommés), de s'isoler des autres, c'est revenir à l'état des civilisations primitives. Notre vie sociale actuelle avec ses raffinements, ses exigences, ses besoins, souvent artificiels sans doute, qu'il serait plus sain peut-être de ne pas éprouver, mais contre lesquels on n'a guère le courage de réagir, notre vie sociale n'est possible que par les échanges, par l'exportation et l'importation. — Et ce n'est pas parce que le dernier terme de ce binôme sera débaptisé et appelé pénétration que l'éternelle logique des événements cessera d'être vraie et qu'une agitation irréfléchie prévaudra contre elle. Les hommes sérieux ne se paient pas de mots et se ressaisissent à la réflexion.

« La répétition est, dit-on, la plus puissante des figures de rhétorique. » C'est sans doute pour cela qu'abusant d'un mot heureux et qui fait image, et le mettant à toute sauce, sans toujours en comprendre la portée, tant de personnes ressassent les mêmes attaques contre les tarifs de pénétration, ramassant des banalités qui depuis trop longtemps traînent sur le marbre de toutes les tribunes. Il est temps de se reprendre.

C'est pour cela que dans ce fatras confus de plaintes vagues, de déclamations plus ou moins désintéressées, nous avons été heureux de rencontrer au moins quelques griefs nettement formulés, quelques argumentations précises appuyées de chiffres, émanées de personnalités ou de corporations sachant ce dont elles parlent et respectueuses d'elles-mêmes comme de leurs contradicteurs. Prenant celles qui regardent le réseau que nous connaissons le mieux, nous les avons discutées honnêtement, sans passion, sans illusions, croyons-nous, nous efforçant de dissiper ce que nous considérons comme des erreurs ou des exagérations, et de faire connaître aussi brièvement que possible, mais complètement, et les principes de la tarification sur nos chemins de fer et l'application raisonnée et, croyons-nous, raisonnable qu'ils en ont faite.

Ce petit travail sera peut-être utile aux personnalités éclairées dont je viens de parler ; il s'adresse à ceux, adversaires ou amis, qui, sans se laisser rebuter par un travail parfois quelque peu ardu, étudient avec sincérité, apprécient avec droiture et pensent que la *Tarte à la crème* des marquis de Molière n'est ni un raisonnement, ni le fonds de la raison.

LES
CONDITIONS DU TRAVAIL
DANS LES CHEMINS DE FER

Janvier 1902

Dans toute opération qui exige beaucoup de main-d'œuvre, on en peut comprendre de deux façons le mode d'emploi :

Ou bien réduire au minimum le nombre des ouvriers chargés de l'accomplir, exiger d'eux le maximum de travail compatible avec leurs forces et leur vie de famille, et cela en vue d'augmenter le plus possible leurs salaires ;

Ou bien appeler un plus grand nombre d'ouvriers à y participer, sauf à limiter la durée du travail de chacun d'eux et par suite son salaire.

Le premier est la pratique générale de l'industrie, qui veut, par l'emploi combiné des machines et de la main-d'œuvre, accélérer le travail, augmenter la production et réduire le prix de revient de l'objet fabriqué.

Le second est la théorie qui se préoccupe surtout de donner au plus grand nombre possible de travailleurs le moyen de vivre de leurs bras et, pour arriver au nivellement des salaires, fait bon marché des inégalités naturelles de l'individu et de son habileté acquise.

Il est malaisé de concilier ces deux systèmes et l'on ne peut guère considérer que comme un desideratum cette affirmation que produisait naguère M. Rouanet à la tribune de la Chambre : *Toute l'histoire du progrès économique du XIX° siècle réside dans la diminution de la journée de travail correspondant à de plus hauts salaires, à des économies dans l'exploitation et à l'abaissement du prix des produits.*

Pour les chemins de fer, la question se complique : il ne s'agit pas seulement de fabriquer des produits ; sous ce rapport, leurs ateliers ne diffèrent en rien de ceux de l'industrie ; il s'agit surtout de faire marcher des trains, et là le problème se double d'une question prépondérante, la sécurité, qui repose en grande partie, cela n'est pas douteux, entre les mains d'un personnel qui doit, à tout prix, rester dispos et alerte.

Devant la sécurité, tout doit s'effacer ; sur ce point, il ne saurait y avoir ni désaccord ni discussion.

Peut-on supposer sérieusement que ceux qui ont l'honneur et la responsabilité, parfois un peu pesante, de diriger nos grandes compagnies de chemins de fer, auxquels on veut bien accorder quelque intelligence, n'aient pas en même temps le cœur assez haut placé pour le comprendre ; qu'ils soient à ce point absorbés et aveuglés par le souci d'augmenter ou de maintenir les dividendes de leurs actionnaires, qu'ils oublient et négligent les considérations du devoir le plus haut, de l'humanité, vis-à-vis de leurs collaborateurs de tous les jours, vis-à-vis du public ? Sans doute, malgré toutes les précautions prises, des accidents toujours trop nombreux sont survenus, dans lesquels on ne fait pas assez la part de l'irrémédiable fragilité de notre nature et qu'on ne manque pas d'attribuer à l'excès de fatigue des agents d'exécution, à leur surmenage. Mais, si les dépenses d'exploitation des Compagnies vont depuis quelques années en croissant rapidement, n'est-ce pas la meilleure preuve de leurs constants efforts pour diminuer la fatigue de leur personnel, régulariser et faciliter son travail ?

Le surmenage, je le répète, il le faut éviter à tout prix ; mais, d'accord sur le principe et le but, il s'en faut que nous le soyons sur l'utilité, la mesure ou la portée des moyens proposés à la Chambre des députés dans sa séance du 14 novembre dernier.

Ce n'est pas la première fois que les représentants des pouvoirs publics se sont préoccupés de ce grave problème et ont voulu protéger l'intérêt général dont ils ont la tutelle, contre des exagérations, toujours possibles malgré tout, de l'intérêt privé.

MM. Yves Guyot, Viette, Jonnart, dans leur passage au ministère des Travaux publics, l'ont fait par des réglementations successives, la dernière, du 4 mai 1894. La Chambre a pensé qu'il convenait de leur donner la consécration et l'autorité de la loi, et le 17 décembre 1897, sur la proposition de MM. Rabier, Berteaux et Jaurès, elle a voté (dirons-nous discuté ?) une loi sur le travail des mécaniciens, que 430 voix sanctionnaient contre 12 opposants seulement. Cette quasi-unanimité, en matière aussi délicate, est faite pour surprendre, et peut-être la Chambre comptait-elle sur le Sénat pour repousser un projet, que, d'ailleurs, le gouvernement n'avait pas voulu s'engager à y soutenir.

Une nouvelle réglementation du travail, plus étroite que celle qu'avait édictée M. Jonnart, fut la première pensée de M. Baudin. Bien que cette aggravation ne leur parût pas justifiée par des considérations de sécurité, le concours des Compagnies ne lui fit pas défaut, et c'est d'accord avec elles que parurent successivement les trois arrêtés réglementant le travail de tous les agents dont le service intéressait, à des degrés divers, la sécurité : le 4 novembre 1899, pour les mécaniciens et pour les conducteurs de train ; le 23 novembre, pour les agents des gares ; le 10 octobre 1901, pour les agents de la voie.

Le Sénat examinait d'ailleurs la loi que la Chambre lui avait envoyée, avec la maturité qui lui est ordinaire, d'autant plus justifiée dans l'espèce, que le nécessaire avait été fait par le pouvoir exécutif. Il entendait les intéressés, l'avant-garde ardente des agents de chemins de fer aussi bien que les délégués des Compagnies, qui formaient naturellement la réserve, et fut enfin d'avis qu'il y avait convenance et possibilité de faire un pas en avant, et de le faire en lui donnant, sous la forme d'une loi, votée le 4 juin 1901, un caractère de stabilité utile, peut-être, mais fâcheux à la fois en raison de sa rigidité.

Ce serait exagérer que de dire qu'un tel acte fut bien accueilli à la Chambre des députés, au moins par les promoteurs de la loi votée par elle en décembre 1897. La commission du travail se mit à l'œuvre, mais le contre-projet de M. Rose, son rapporteur, fut enveloppé dans le même dédain.

Dans cette question aussi importante, qu'une discussion un peu passionnée, il est permis de le dire, n'a pas contribué à éclaircir, nous essaierons d'apporter froidement un peu de lumière.

Nous examinerons d'abord le principe même de la loi, puis les conséquences financières de celles de ses dispositions qui empruntent à la sécurité leur raison d'être plus ou moins sérieuse. Nous examinerons ensuite la question des vacances, et surtout celle des retraites, qui n'ont avec la sécurité qu'un rapport un peu plus lointain.

Le *principe de la loi* est simple, trop simple : dix heures de travail maximum dans chaque journée de vingt-quatre heures.

Occupons-nous d'abord des mécaniciens. Ce sont les premiers que l'on considère, et non sans raison, parmi les travailleurs des chemins de fer. Sympathiques entre tous, ils forment une troupe d'élite, d'avant-garde, se recrutant souvent dans nos écoles des arts et métiers, dont l'instruction professionnelle se doit doubler de sang-froid, de décision et d'initiative, troupe d'ailleurs un peu renfermée, consciente de ses responsabilités et fière de la place qu'elle occupe, la première au travail, au danger. Ce ne sont pas, cependant, des anges, et il le faudrait être pour résister aux excitations dont ils sont l'objet et qui, surtout lorsque soufflent certains vents de renouvellement, trouvent à la Chambre un écho particulier.

Examinons d'abord, ce ne sera pas du temps perdu pour les discussions ultérieures, comment sont réglées pour eux les questions de salaires et ce qu'il faut penser des légendes qui ont cours sur leur fatigues, sur les conditions de leur santé.

La compagnie P.-L.-M. compte actuellement 2511 mécaniciens divisés en quatre classes, dont les appointements fixes varient de 2,100 francs à 3,000 francs. A ces appointements s'ajoutent des primes d'économie de combustible et de matières de graissage, qui les intéressent à la conduite économique de leur machine, des primes de temps gagné en marche, incitant à la régularité, des primes de parcours, qui intéressent les mécaniciens à effectuer le plus de parcours possible. Ces primes, à la compagnie P.-L.-M., sont considérées, au point de vue des versements pour la retraite et, par suite, de la quotité de cette retraite, comme faisant partie des appointements.

En 1900, le salaire fixe des mécaniciens représente une moyenne effective de 2,388 francs, les primes diverses 849 fr. Ils reçoivent enfin, lorsqu'ils restent absents de leur domicile au delà d'un certain nombre d'heures, des frais de déplacement dont la moyenne annuelle est de 358 francs.

Tout cela leur constitue un salaire moyen total de 3,595 fr.

Les chauffeurs, au nombre de 2,123, sont divisés en trois classes dont le salaire fixe varie de 1,500 à 1,800 francs, auxquels s'ajoutent des primes qui varient du tiers à la moitié de celles de leurs mécaniciens. Leur salaire annuel moyen est actuellement de 2,414 francs.

Les conditions matérielles du service des mécaniciens sont plus pénibles que celles de beaucoup d'autres agents de chemins de fer, dont le salaire, d'ailleurs, est naturellement, et pour ce motif, très notablement inférieur au leur. Ils sont, plus que d'autres, exposés aux intempéries et, bien que robustes en général, ou le devenant par suite de leur travail au grand air, ils sont, plus que d'autres, sujets aux maladies des voies respiratoires, aux refroidissements, aux rhumatismes.

Voici ce que nous indique à cet égard notre statistique de 1900 :

Pour l'ensemble de notre personnel, 77,468 agents, le nombre des journées de congé pour maladie a été, en 1900, de 751,025, soit 10 jours en moyenne par agent. Ce chiffre moyen a varié dans d'assez larges limites, suivant les professions : il a été de 5,5 pour les employés sédentaires, de 6,4 pour les agents de la voie travaillant toujours en plein air et vivant à la campagne ; de 9,8 pour les agents des gares et les ouvriers des ateliers et dépôts, de 14,3 pour les conducteurs de train, et de 21,7 pour les mécaniciens.

Quant à l'influence définitive de ces épreuves passagères sur leur organisme, que faut-il penser des allégations produites par M. Zévaes à la tribune de la Chambre le 14 novembre dernier (J. O., p. 2166) et qu'il abrite derrière l'autorité du Dr Duchesne et de M. Sauvage, ancien directeur de la compagnie de l'Est ?

« *Sauf quelques exceptions*, disait le premier, *lorque les mécaniciens peuvent continuer à faire le service actif des locomotives, ils sont fatigués après dix ans, souffrants après quinze ans, et peu capables, après vingt ans, de faire leur service.* »

Que le livre du docteur Duchesne ait fait autorité, au point de vue scientifique, nous ne le contestons pas, non plus que l'exactitude de ses observations d'alors... Mais il date de quarante-quatre ans ; les conditions du travail se sont, depuis, singulièrement modifiées et améliorées, et cette allégation, si elle tombait sous leurs yeux, ferait aujourd'hui sourire nos mécaniciens.

« *La limite de 55 ans d'âge et de vingt-cinq ans de services*, disait M. Sauvage, le 25 novembre 1861, *nous a paru trop rigoureuse et presque impossible pour la majeure partie de notre personnel.* » En 1861, c'est possible, mais cette exhumation, faite le 14 novembre 1901, d'un document vénérable, est un peu faite pour surprendre. On a marché et amélioré depuis lors.

A l'appui de ces appréciations générales, le même orateur a fourni d'ailleurs des chiffres :

« *Sur 2,187 mécaniciens, a-t-il dit, que la compagnie P.-L.-M. a eus à son service de 1865 à 1877, 238 sont passés à d'autres emplois ; 110 ont donné leur démission ; 116 sont morts ; 97 ont été congédiés pour cause de maladie ; 121 retraités par anticipation... Sur ces 2,187 mécaniciens, 4 seulement ont pu être retraités dans les conditions réglementaires, c'est-à-dire à 55 ans d'âge et vingt-cinq ans de services.* » Il ne s'est trouvé personne parmi les auditeurs pour faire un total rapide et demander, en dehors des 686 agents dont on donnait ainsi le sort, ce qu'il était advenu des 1,701 autres ! Je ne sais ce qu'est le chiffre total de 2,187 mécaniciens, leur nombre était de 830 en 1865 et de 1,263 en 1877. Mais il importe peu ; et ce qu'il faut retenir de cette énumération, c'est que, sur 125 retraites, de 1865 à 1877, il y en a eu 121 anticipées et 4 réglementaires ; voilà le fait, d'ailleurs exact, qui résulte de cette statistique, elle aussi un peu antédiluvienne. Cette période de 1865 à 1877 est celle qui a suivi immédiatement l'institution de la caisse des retraites de la compagnie, le 1ᵉʳ juillet 1864 ; elle est trop voisine de la constitution même du réseau P.-L.-M. pour qu'on puisse s'étonner que, dans ces douze années, 4 mécaniciens seulement, recrutés comme on pouvait les recruter alors, aient pu atteindre leurs vingt-cinq ans de services. Et cela est si vrai, que l'âge moyen des 121 mécaniciens retraités par anticipation était de près de 54 ans. Ce n'est pas ainsi, ni sur des périodes de début, que se font les statistiques sérieuses. Donnons des chiffres plus contemporains.

Il est bien vrai que, soumis à des fatigues plus grandes, les mécaniciens arrivent moins facilement que d'autres à remplir la double condition de 55 ans d'âge et vingt-cinq ans de services leur donnant droit à la retraite réglementaire ; pour eux, plus souvent que pour les autres agents, la compagnie est amenée à user de la faculté qu'elle s'est réservée, et précisément pour eux, de mettre à la retraite par anticipation les agents fatigués comptant quinze ans de services.

Voici des chiffres à cet égard.

Dans les cinq dernières années, de 1896 à 1901, 4,059 agents de toute catégorie, dont 428 mécaniciens, ont été admis à une pension de retraite. La proportion des retraites réglementaires a été de 69 0/0 pour l'ensemble du personnel, de 76 0/0 pour les conducteurs de trains et de 34 0/5 pour les mécaniciens (1). L'âge moyen de ces mécaniciens retraités par anticipation était de 53 ans, la durée moyenne de leurs services, 26 ans.

Conviendrait-il d'aller plus loin, de donner aux mécaniciens la possibilité de quitter avant 50 ans un métier qui leur serait devenu trop pénible, soit en ajournant le service de leur retraite à une date ultérieure, soit même en escomptant, dans des conditions à déterminer, la pension de retraite à laquelle ils auraient droit plus tard, de manière à les faire jouir immédiatement d'une pension réduite ? C'est une question que nous avons mise à l'étude, et elle ne me paraît pas de celles dont la solution soit trop difficile.

Ajoutons, pour compléter cette statistique, que, sur les 1,075 mécaniciens admis à la retraite du 1ᵉʳ janvier 1881 au 1ᵉʳ janvier 1901, en vingt ans, — à une retraite dont le chiffre moyen, pour le dire en passant, s'élève à 1,535 fr. 61, — il en survit, au 1ᵉʳ juillet 1901, 780, se décomposant en : 218 de 50 à 55 ans ; 258 de 55 à 60 ans ; 160 de 60 à 65 ans ; 108 de 65 à 70 ans ; 33 de 70 à 75 ans ; 3 de 77 ans.

Il n'était pas inutile, je crois, d'exposer ces données générales. Nous sommes maintenant plus à même d'entrer dans l'examen des principales dispositions de la loi.

Nous avons entendu parfois exprimer la surprise que les compagnies ne puissent se contenter de la faculté qu'on leur accorde de faire travailler leurs agents dix heures par jour. Il est essentiel de faire à cet égard une distinction.

---

(1) Cette proportion tend d'ailleurs à augmenter plutôt qu'à décroître. De 4/125, ou 3... p. 100 pour la période de 1862 à 1877, elle s'est élevée à 29 p. 100 pour les vingt dernières années, 31 p. 100 pour les dix dernières années, 34 p. 100 pour les cinq dernières. Cette proportion, d'ailleurs, varie d'une compagnie à l'autre ; elle est plus forte à l'Est, à Orléans et à l'Ouest.

Admettre, pour chaque journée de vingt-quatre heures, une durée maxima ou normale de travail de 10 heures, rien n'est plus facile pour un travail de bureau ou d'atelier. Qu'il s'agisse de nos bureaux centraux ou de nos ateliers de construction ou de réparation du matériel, partout où il s'agit d'un travail défini, normal, régulier par essence, rien de plus aisé. On entre le matin à telle heure, on a tant de temps pour déjeuner, on sort à telle heure, on laisse, le soir, où il en est, le travail commencé, pour le reprendre le lendemain matin : c'est à merveille ; et les chemins de fer, sous ce rapport, n'ont rien qui les différencie de ce qui se passe dans les bureaux du commerce ou dans les ateliers de l'industrie. Ici et là, les périodes de vingt-quatre heures se succèdent pareilles ou identiques ; les pouvoirs publics n'ont pas plus de raison ici que là d'en réglementer la répartition en travail et repos.

Il en va tout autrement pour le service des mécaniciens.

Sans doute, sur de petites lignes sans importance, la marche des trains n'est que trop régulière et pour ainsi dire invariable, et il n'est pas impossible qu'on y puisse localiser un personnel faisant ainsi chaque jour identiquement ce qu'il aurait fait la veille, ce qu'il fera le lendemain. Même sur ces petites lignes, cependant, il y a des à-coups de trafic qui en troublent la monotonie. Sur la plupart des lignes d'un réseau, ces à-coups sont la règle, avec des variations plus ou moins périodiques dans le mouvement des voyageurs, quotidiennes dans celui des marchandises. En dehors de ces variations, les machines locomotives, qui ne peuvent s'arrêter en un point quelconque, ont des points de relais déterminés, les *Dépôts*, où, pendant que le mécanicien se repose, la machine reçoit d'ouvriers spéciaux les soins ou les petites réparations nécessaires pour être maintenue en état d'entretien courant.

Ces dépôts sont situés en des points plus ou moins éloignés les uns des autres ; leurs emplacements, déterminés par des considérations d'ordre divers, ne peuvent être choisis, alors même qu'on le voudrait, de manière à s'accommoder à la durée plus ou moins normale du travail des mécaniciens, durée variable, et d'après les idées qui peuvent inspirer le législateur, et surtout d'après la nature et la vitesse des trains auxquels est affectée successivement une même machine.

Le service d'un mécanicien est donc forcément composé d'une

suite de périodes de travail et de périodes de repos, les unes et les autres de durée variable, sans aucune relation avec les coupures normales de la journée d'un employé de bureau ou d'un ouvrier d'atelier. Pour lui, il n'est pas possible de songer à un travail quotidien quelque peu régulier. Il fait tantôt un train, tantôt un autre : conduit-il toujours des trains de même nature et de même vitesse, il est impossible qu'arrivé au bout de sa course, il y trouve un train prêt à repartir, car la marche des trains de voyageurs n'est pas réglée par ses convenances, mais par les besoins du public. Il doit donc, alors même qu'il est encore frais et dispos, s'arrêter, ne pouvant atteindre sans fatigue pour lui, ni pour sa machine qui s'encrasse, le relais suivant et attendre pendant quelques heures (qu'il est question de compter comme travail) un train qui le ramène chez lui, à son point de départ ; et cela encore, à la condition que la durée du trajet de retour ajoutée à la durée de l'aller et aussi à la durée du repos (compté comme travail) ne dépasse pas le maximum réglementaire.

On comprend dès lors que, pour un service inévitablement variable d'un jour à l'autre et qui ne peut être qu'un *roulement* de plus ou moins longue durée, il soit de toute impossibilité de fixer trop étroitement la durée maxima du travail *sur une période strictement limitée à vingt-quatre heures* et de toute nécessité d'envisager une période plus longue, de dix jours par exemple, c'est celle qui est actuellement en usage, en fixant la durée maxima du travail non pas à dix heures sur vingt-quatre, mais à cent heures sur deux cent quarante, de considérer en un mot une période assez longue pour que le travail insuffisant d'un jour soit compensé par un travail plus long le lendemain.

C'est encore, dit-on, c'est toujours le système des moyennes! Mon Dieu, je sais tout ce qu'on peut dire des moyennes ; mais il faut, ici, considérer le travail *moyen* pour une période déterminée d'un certain nombre de jours ; et il est facile de le faire sans pour cela tomber dans l'inconvénient si couramment reproché aux moyennes ordinaires, puisque l'on fixe à la fois et un *maximum absolu* pour chaque période de travail, continu ou coupé, comprise dans la décade, et un *minimum absolu* pour le grand repos ininterrompu qui doit être assuré entre deux périodes de travail.

Et même dans ces conditions, il faut, avec l'arrêté ministériel en vigueur, admettre le principe, repoussé par la loi projetée, de quelques dérogations, la possibilité, un jour déterminé, d'un léger excédent de travail, non certes pour relever, dans l'intérêt des compagnies, la durée moyenne de travail de la période, mais dans l'intérêt des mécaniciens eux-mêmes, pour leur permettre, au moyen d'un *coup de collier* exceptionnel, de rentrer dans leur famille où le repos est autrement utile et doux que celui qu'ils prennent loin d'elle dans nos dépôts, quelque confortable relatif que nous nous efforcions d'y ajouter chaque jour. Cela est incompatible avec la rigidité absolue d'une loi inviolable et devenue oppressive pour ceux-là mêmes qu'elle a pour but de protéger.

Après ces observations générales sur le principe même de la réglementation du service de marche, signalons une seconde erreur du projet de loi, celle (Art. 1ᵉʳ, § 4) d'après laquelle *le temps d'arrêt entre deux trains (ou battement) sera considéré comme temps de travail lorsqu'il sera inférieur à quatre heures*. Il suffit, pour le comprendre, de voir à quelles conséquences bizarres ce principe conduit dans la pratique. Un agent partant de Dijon, sa résidence, à 5 heures du matin arrive à Lyon à 9 heures, le premier train qui peut le ramener chez lui part à midi et arrive à Dijon à 4 heures du soir. Si l'agent prend ce second train, il aura fait huit heures de travail effectif dans sa journée et, en supposant qu'il recommence le lendemain, il aurait treize heures de repos dans sa famille. La loi votée par la Chambre interdit cette combinaison, car les trois heures de battement *comptées comme travail* conduisent à un travail total de onze heures sur vingt-quatre. On se trouve donc, du fait de la loi, oppressive, je le répète, pour l'agent qu'elle prétend protéger, dans l'impossibilité de le ramener tous les jours dans sa famille, bien que la marche des trains s'y prête parfaitement.

C'est ce que M. Rose, rapporteur de la commission du travail, faisait remarquer à la Chambre avec autant de raison que peu de succès : « *Quand un mécanicien*, disait-il, *aura conduit un train à destination et que le travail effectif lui aura pris par exemple quatre heures, s'il a trois heures de battement, la compagnie ne pourra plus le ramener chez lui, parce qu'elle n'aura plus que trois heures à lui imposer. Elle le laissera où il est. C'est un grave inconvénient dont l'agent sera le premier à se plaindre; il sera obligé de rester quatorze heures au moins loin de sa femme et de ses enfants. Quand il se sera reposé quelques heures, il ira au cabaret, dépensera son argent et sera soumis à des entraînements de toute nature. » (Journal officiel,* p. 2171.) Et quand, l'interrompant, M. Berteaux s'écrie : « *Les ouvriers sont unanimes à réclamer ce système, je suppose qu'ils connaissent leurs intérêts mieux que nous* », on aurait pu lui répondre : Non certainement ! et, quand ils toucheront du doigt ou comprendront cette conséquence inévitable du système, ils le repousseront avec énergie.

Le temps de réserve est compté comme temps de travail, dit le projet de loi à son article 1er, § 5. C'est là une troisième exagération injustifiable. Sur divers points d'une ligne sont placées des machines destinées à porter secours à celles qui viennent à s'avarier. Ce sont parfois des machines spéciales confiées à des mécaniciens plus ou moins fatigués et n'assurant que cette circulation éventuelle ; mais le plus souvent la réserve est comprise dans le roulement et assurée par les machines et le personnel du service ordinaire, qui en sont momentanément distraits et y sont reversés une fois leur période de réserve terminée. Dans l'un et l'autre cas, ce service de secours éventuel est essentiellement doux et des journées entières se passent sans que le secours soit demandé, le travail se bornant alors à quelques manœuvres de gare. En vertu de l'arrêté ministériel actuel, la durée des manœuvres exécutées pendant le temps de réserve est seule intégralement comptée comme travail ; le reste du temps de réserve est compté comme travail pour un quart de sa durée. C'est beaucoup déjà ; cependant, chaque degré de juridiction amène sa surenchère : le Sénat propose de le compter pour le tiers de sa durée ; la commission du travail de la Chambre, allant plus loin, proposait de compter comme travail les deux premières heures de réserve et la moitié du surplus ; le projet voté par la Chambre, enfin, compte comme travail la totalité du temps de réserve.

Il est vraiment impossible de le comprendre : le mécanicien de réserve est à disposition et peut être appelé d'un moment à l'autre, c'est vrai, mais, en somme, il se repose; et ce serait vraiment pousser à l'absurde exagération que d'assimiler à un travail ce repos, toujours partiel, souvent complet, et d'ouvrir au mécanicien le droit à une période de repos, absolu cette fois, au sortir de cette période de far-niente relatif, tout comme s'il l'avait en réalité consacrée entièrement au travail. Et cela au nom de la sécurité publique!

J'arrive maintenant aux *conducteurs de train* qui jouent, eux aussi, leur rôle dans la sécurité et dont il est naturel, à ce titre, de régler, dans des conditions convenables, le travail maximum et le minimum de repos.

On ne le peut faire, et pour les raisons mêmes que je viens de développer, par périodes strictes de vingt-quatre heures. Pour eux, comme pour les mécaniciens, il faut, en raison des variations inévitables dans la nature du travail de chaque jour, considérer une période assez longue, quinze jours aujourd'hui, leur permettant d'assurer, le mieux possible, le service des trains, de nature et de vitesse variables, qu'ils accompagnent.

Je dis qu'ils *accompagnent*; pour les mécaniciens, je disais qu'ils *conduisent*, et ces mots seuls indiquent, dans l'importance du travail, de la responsabilité et de la fatigue des uns et des autres, une différence capitale dont l'arrêté ministériel en vigueur tient compte avec raison. Le projet de loi la méconnaît de propos délibéré, et c'est la quatrième critique essentielle qu'on doit lui adresser, en fixant des règles et des limites identiques pour le travail et le repos des uns et des autres.

Le mécanicien est constamment occupé à surveiller la machine, la voie et les signaux ; son chauffeur, constamment occupé par le chargement du foyer et l'alimentation de la chaudière. Les conducteurs sont, au contraire, inoccupés pendant une grande partie du trajet : dans les trains rapides, quand le conducteur-chef a classé ses feuilles de bagages, mis en ordre ses écritures, il n'a plus qu'à s'asseoir dans sa vigie et à surveiller la marche du train ; prendre quelques bagages aux gares d'arrêt, toutes les deux ou trois heures, inscrire sur son journal les heures de départ et d'arrivée, donner le signal du départ : voilà à quoi se réduit son service ; le conducteur de queue n'a qu'à rester dans sa vigie, et à se tenir prêt à aller couvrir le train, en cas d'arrêt intempestif sur la voie. — Dans les trains omnibus, où les arrêts sont fréquents, le conducteur-chef est plus occupé par le service des bagages à livrer et à recevoir, le conducteur de queue par celui des portières. — Dans les trains de marchandises, enfin, tous les conducteurs coopèrent au service des freins à main; mais, dans aucun cas, pour une même durée de travail, la fatigue de ces agents n'approche, même de très loin, de celle des mécaniciens et chauffeurs.

Il est donc absolument déraisonnable de leur appliquer les mêmes règles.

Il le serait tout autant de compter comme travail le temps de *réserve* des conducteurs de train. — Qu'est-ce au juste, en effet, pour ces agents, que le temps de réserve qui n'a pas du tout la même signification pour eux que pour les mécaniciens ? C'est une période pendant laquelle le conducteur, sortant d'un *grand repos*, vient à la gare et s'y tient à disposition pour accompagner, quand il y a lieu, un train facultatif non prévu. Pendant tout ce temps, il reste au corps de garde, peut s'y déshabiller, se coucher dans un lit, se reposer, en un mot, dans les mêmes conditions que ses camarades appelés à prendre leur grand repos hors de leur résidence. De sorte que la loi votée par la Chambre conduirait à ce résultat singulier que, pour deux agents couchés dans le même dortoir, l'un pendant un grand repos succédant à une période de travail, l'autre pendant une période de réserve consécutive à un grand repos, le temps serait compté pour le premier comme repos, pour le second comme travail. — Que, pour ce dernier, qui peut s'attendre à être réveillé pour partir d'un moment à l'autre, ce temps de réserve soit compté en partie comme travail, soit, mais il est déraisonnable de le compter en entier comme tel.

Pour compléter ce qu'il importe de savoir en ce qui touche les agents des trains, il nous reste à faire connaître leurs appointements, inférieurs naturellement à ceux des mécaniciens, comme sont inférieures leur fatigue et leur responsabilité. En 1899, nos conducteurs-chefs touchaient en moyenne comme appointements et frais de déplacement 2,446 francs, les conducteurs 1,872 francs, les wagonniers 1,649 francs ; moyenne générale, 2,016 francs.

Résumons cette première partie de nos observations :

Pour les bureaux, pour les ateliers, rien n'est plus facile, nous l'avons dit, que de fixer à dix heures sur vingt-quatre la durée maxima ou normale du travail journalier.

Pour les trains, il ne suffit pas qu'on ait le droit de faire travailler un agent, il faut avoir, en outre, du travail à lui donner, c'est-à-dire un train à lui faire conduire ou accompagner. Si bien qu'en fait, et pour les raisons que je viens d'exposer, la durée du travail journalier est très notablement inférieure au maximum autorisé et s'en écarte d'autant plus que les trains sont moins fréquents et que les conditions imposées à l'emploi des agents limitent davantage le nombre des combinaisons de trains qu'ils peuvent emprunter.

Avec l'arrêté ministériel du 4 décembre 1899, qui autorise pourtant, dans certains cas exceptionnels, jusqu'à un maximum de 12 heures 1/2, nous n'avons réalisé, en fait, au service d'été de 1901, que 8 h. 2 pour les mécaniciens (en comptant le service de réserve pour un quart de sa durée) ; 8 h. 46 pour les conducteurs du service régulier, 7 h. 25 pour les conducteurs du service de réserve. Avec la loi votée le 14 novembre 1901 par la Chambre, qui n'admet plus la période décadaire et limite à 10 heures le maximum absolu du travail, nous ne dépasserions assurément pas 6 heures 1/2 de travail utile.

L'article 4 de la loi, relatif aux *congés*, conduit à de telles conséquences qu'on ne peut que croire à un lapsus. Il ne vise plus uniquement les mécaniciens et agents des trains, comme le faisait le texte de 1897, mais s'étend désormais aux *ouvriers et employés de tous les services*. Tout le personnel de nos ateliers aura droit, tous les dix jours, à un congé payé de vingt-quatre heures consécutives. Qu'en penseront les ouvriers de l'industrie payés à la journée ou aux pièces ? Ceux des manufactures de l'Etat ? Leur opposera-t-on la question de sécurité ?

Mais il y a plus : les compagnies de chemins de fer donnent, en général, à ceux de leurs agents commissionnés qui n'ont pas la libre disposition de leurs dimanches, un congé de vacances de douze jours. Ces vacances sont désormais imposées par la loi, portées à quinze jours, étendues aux agents de tout ordre. Au nom de quel principe ? En vertu de quel droit ? Ce n'est plus ici une question de sécurité.

Après avoir signalé et démontré, je l'espère, les erreurs du projet de loi dans cinq de ses points essentiels, j'arrive maintenant à la *question d'argent*, sur laquelle l'auteur de la loi en a accumulé bien d'autres.

L'évaluation de l'excédent de dépenses qui devait résulter du projet de loi voté le 17 décembre 1897 par la Chambre ne pouvait se faire que d'une seule manière. Les six grandes Compagnies, de même que l'administration des chemins de fer de l'Etat, ont établi, chacune de leur côté, en tenant compte de ces dispositions nouvelles et en les appliquant aux parcours de trains de 1898, les *roulements* de leurs mécaniciens et des agents des trains. Les chiffres auxquels elles ont été conduites, vérifiés d'abord au ministère des Travaux publics par les fonctionnaires du contrôle, ensuite par les inspecteurs des finances, figurent à la page 91 du rapport de M. le sénateur Godin, en date du 25 février 1901. En dehors de 24,163,000 francs du chef des retraites, sur lesquelles je reviendrai dans un instant, la dépense totale s'élevait à 49,842,000 francs et représentait ainsi, en sus des 6,127,000 francs de dépenses déjà faites comme conséquence des prescriptions de l'arrêté ministériel du 4 novembre 1899, un nouvel excédent de dépenses annuelles de 43,715,000 francs.

C'est impossible ! se sont écriés à l'envi les auteurs de la loi de 1897 ! En vain ; interpellé par eux sur la question de savoir si ces chiffres avaient été vérifiés, le ministre des Finances leur en a donné l'assurance ; ils se sont cantonnés dans leur incrédulité, dans leurs dénégations et l'impossibilité de pareils résultats ; M. Berteaux a cru pouvoir la démontrer immédiatement à la Chambre : *Le nombre des mécaniciens*, a-t-il dit, *s'élève d'après le rapport Godin à 19,818, le nombre des agents des trains à 16,695. Le traitement moyen des mécaniciens s'élève à 2,370 francs, celui des chauffeurs à 1,620 francs, ce qui donne une moyenne de 1,995 francs ; si vous multipliez ce chiffre par le nombre arrondi des mécaniciens et chauffeurs, vous obtenez un total de 39,900,000 francs. Les agents des trains reçoivent un traitement moyen de 1,503 francs ; le chiffre que donne M. Bourrat est un peu plus élevé, il est de 1,700 francs ; multiplions le chiffre de 1,503 par le nombre des agents, soit 17,000, nous arrivons à une somme de 25,551,000, soit à un total de 65,451,000 francs pour l'ensemble des traitements et salaires des agents des trains, des chauffeurs et des* mécaniciens dans toutes les grandes Compagnies. C'est sur ce chiffre de 65 millions et demi, qui représente la totalité des salaires actuels, que les Compagnies de chemins de fer osent vous menacer d'un relèvement de 49 millions et demi. Énoncer de pareils chiffres, c'est indiquer assez clairement que les Compagnies de chemins de fer se trompent ou qu'elles veulent tromper la Chambre (très bien ! très bien à gauche)... *Nous ne pensons pas qu'on puisse évaluer à beaucoup plus du dixième ou du neuvième de la dépense actuelle le sacrifice que nous imposerons aux Compagnies. Prenons un neuvième, c'est 7,200,000 ; voilà le maximum de la dépense que les dispositions de la loi votée en 1897 pourront entraîner* (très bien ! très bien à gauche). (J. O. du 14 novembre, page 2169.)

Un calcul plus simple encore aurait dû préserver l'orateur d'une aussi grosse erreur. L'administration des chemins de fer de l'État ne peut être soupçonnée par lui, je suppose, d'avoir voulu, elle aussi, tromper la Chambre : elle accusait un excédent de dépenses de 2,700,000 francs. Or, le parcours des trains de l'État est de 16 millions de kilomètres, celui des 6 grands réseaux de 304 millions de kilomètres, soit au total 320 millions ou 20 fois celui de l'État seul. L'augmentation de dépenses pour l'ensemble pouvait donc atteindre 20 fois 2,700,000 ou 54 millions. Voilà ce qu'une simple règle de trois pouvait faire soupçonner. On n'a pas songé à la faire.

Nous ne reproduirons pas ici la justification détaillée des évaluations des Compagnies si légèrement incriminées ; elle figure tout au long aux pages 91 à 103 du rapport de M. le sénateur Godin et l'on pouvait en discuter tous les éléments ; les nier simplement, non, c'est trop commode et il ne saurait suffire, pour les ébranler, de calculs sommaires faits à la tribune, quelle que soit l'habileté du calculateur. Nous nous contenterons de quelques indications pour expliquer l'origine de ses erreurs.

Ainsi que nous l'avons dit plus haut :

Le traitement moyen d'un mécanicien n'est pas 2,370 francs, mais 3,595 francs ; celui d'un chauffeur n'est pas 1,620 francs, mais 2,414 francs ; celui d'un agent des trains n'est pas 1,503 francs, mais 2,016 francs.

Ce n'est pas du dixième ou du neuvième qu'il faudrait augmenter le nombre des agents actuellement en service ; en tenant compte de la réduction de la durée effective du travail, et des 40 jours de congé nouveaux décrétés par la loi votée en 1897, il faudrait l'augmenter de 55.0/0.

Enfin, en ce qui concerne la traction, en dehors de l'augmentation du nombre des mécaniciens, il faut tenir compte d'une augmentation correspondante dans le nombre des machines et des places de dépôts nécessaires à les abriter ; on a oublié cela, et l'omission est d'autant plus grave que ces charges annuelles supplémentaires, 11,346,000 francs, sont plus de la moitié de l'augmentation de la dépense de personnel des mécaniciens et chauffeurs, 20,679,000 francs.

Nous ne pouvons donc que maintenir le chiffre de 49,842,000 francs comme représentant l'excédent annuel de dépenses qui résulterait, par rapport à l'état de choses antérieur, celui de 1896, de l'adoption du *projet de loi primitif de 1897*.

Par rapport à l'état actuel créé par l'arrêté ministériel du 4 novembre 1899, cet excédent serait de 43,715,000 francs.

Il serait aggravé encore et dans une énorme proportion par la loi qu'a votée la Chambre le 14 novembre 1901 et cela, je le répète, en dehors de la question des retraites que je vais aborder.

Et cet énorme excédent de dépenses, pour arriver à quel résultat ?

A diminuer la durée du travail dans une proportion excessive que ne commandent ni le bien-être des agents, ni le souci de la sécurité publique ;

A augmenter les repos, mais avec cette contre-partie funeste, qu'il deviendra beaucoup plus difficile de les donner aux agents à leur résidence, dans leur famille ;

A augmenter beaucoup, en fin de compte, le nombre des agents, sans pouvoir, dès lors, augmenter leurs salaires.

Est-ce là l'intérêt bien entendu du personnel ? Et faut-il donc, aux désirs des novateurs, sacrifier ce qui doit être le but, ce qui est le véritable progrès, l'amélioration de la situation pécuniaire du personnel, qui a toujours été le principal souci des Compagnies de chemins de fer ?

S'il est possible de calculer avec une grande approximation les charges qui résultent des réglementations nouvelles du repos et du travail, il n'en va pas de même en ce qui touche les *Retraites*. Ici, les calculs sont plus fragiles en raison de la fragilité même de leur point de départ, de l'incertitude des lois de mortalité, de la variation du taux de l'intérêt, qui s'est singulièrement abaissé depuis que les Compagnies ont créé leurs caisses, et nos chiffres, sur ce point, ont moins de précision que ceux qui se rapportent à la main-d'œuvre.

C'est à ces derniers seuls cependant qu'on s'est attaqué, sans critiquer ceux qui se rapportent aux retraites. Or, il se trouve que ce sont précisément ces derniers qui sont affectés d'une erreur importante qu'aurait dû faire soupçonner la seule inspection des chiffres des diverses Compagnies, rapprochés les uns des autres à la page 91 du rapport Godin. L'évaluation des charges de chacune d'elles varie de 1 million pour le Nord à 8,935,000 francs pour l'Est : en regard de la Compagnie P.-L.-M. figure la somme de 550,000 francs. C'est 8,500,000 francs qu'il faut lire ; tel est le chiffre contenu et expliqué dans sa note remise le 20 octobre 1898 à la direction des chemins de fer au ministère des Travaux publics. C'est donc 8 millions qu'il faut ajouter aux 24,163,000 francs prévus du chef des retraites et qui se transforment ainsi en 32 millions.

Mais, en dehors de toute question d'argent, le principe même de cette réglementation n'est-il pas fait pour exciter la surprise? Imposer à un chef d'industrie non seulement le principe d'une retraite, mais les conditions mêmes de cette retraite, sa quotité en fonction du salaire d'activité, cela conduit à la fixation légale des appointements d'activité, du traitement minimum, des règles de l'avancement. Toutes ces questions se tiennent. Le règlement des unes annonce-t-il le règlement par l'Etat de toutes les autres ?

Que ce soit là, pour un industriel, conscient et soucieux de ses devoirs patronaux, une obligation morale, je suis le premier à le proclamer ; que de l'exemple de l'Etat, qui depuis longtemps assure une retraite à tous ses fonctionnaires, les Compagnies de chemins de fer se soient inspirées, rien de mieux ni de plus naturel ; elles l'ont fait d'ailleurs presque dès leur création et dans des conditions qui, incessamment améliorées, sont bien autrement favorables à leurs agents que celles que pratique l'Etat vis-à-vis de ses fonctionnaires. Devoir moral, devoir étroit, nous le voulons bien, mais obligation !

Dans des conditions bien autrement favorables que celles de l'État, disons-nous ; il n'entre pas dans nos intentions de les comparer en détail, mais, puisqu'on se complaît à rééditer, à leur encontre, des erreurs vingt fois démenties, citons-en du moins une seule :

Actuellement, a dit M. Rabier, *un employé de chemin de fer peut être congédié après 15, 16, 17 ans de services ; il est sans aucune ressource avec des charges de famille et il se trouve dans l'impossibilité de gagner sa vie. A cet homme, la Compagnie donne quelquefois une somme insignifiante sans se soucier souvent des versements effectués pour la retraite.* (C'est vrai. Très bien. *J. O.* du 14 novembre, p. 2173, col. 2.) *A tout instant, ils peuvent être renvoyés par la Compagnie,* a dit aussi M. Rose, *perdre tous leurs versements, tous leurs droits à leur retraite* (p. 2172).

Comment est-il possible de produire et de répéter une semblable affirmation ? Toutes les Compagnies de chemins de fer, quand elles sont obligées, pour un motif quelconque, de se séparer d'un agent, lui remboursent intégralement le montant des versements qu'il a faits à la Caisse de retraites gérée par elles. La Compagnie P.-L.-M., en particulier, le fait depuis 1881. Dans le nouveau système, qu'elle a inauguré en 1892, de retraites assurées par la Caisse nationale de la vieillesse, elle fait mieux encore : les retenues opérées sur le traitement de l'agent, les versements plus importants encore de la Compagnie sont inscrits sur un livret qui est, dès l'origine, la propriété de l'agent ; il emporte les unes et les autres lorsque, pour un motif quelconque, il vient à quitter la Compagnie. Y a-t-il quoi que ce soit d'analogue dans les règlements ou dans la pratique de l'État ?

De quel droit donc l'État viendrait-il imposer de plus, en ce qui concerne l'âge de la retraite, la quotité de cette retraite en fonction du traitement d'activité, la durée des services, des sacrifices qu'il est loin de consentir lui-même pour ses propres fonctionnaires ? Les agents des Postes, des Douanes, des Forêts, etc., doivent remplir la double condition de trente ans de services et 60 ans d'âge ; les plus favorisés, ceux qui ont passé quinze années dans le service actif, vingt-cinq ans de services et 55 ans d'âge. Pour tous les agents de chemins de fer, même pour ceux dont les fonctions ne touchent en rien à la sécurité publique, vingt ans de services suffiraient, quel que fût l'âge, pour constituer le droit à une retraite égale à la moitié de leurs appointements ! Bien plus, tout employé, tout ouvrier, comptant plus de quinze ans de services et quittant une Compagnie, aurait droit à une retraite proportionnelle, quel que fût le motif de son départ, fût-ce l'ivresse habituelle, fût-ce l'indélicatesse ; car le texte de la loi de 1901 a oublié, volontairement ou non, de reproduire l'exception que contenait à cet égard le projet voté en 1897.

Par quelle bizarrerie, d'ailleurs, s'adresse-t-on d'abord, pour la réglementer si étroitement, précisément à l'industrie qui a pris spontanément l'initiative d'assurer des retraites à son personnel, aux chemins de fer, qui l'ont fait dans des conditions très larges et supérieures à celles de l'Etat lui-même ? N'est-il donc pas d'autres industries, employant, elles aussi, un nombreux personnel, qu'il eût été plus logique de stimuler ? On a voulu faire plus grand à la vérité, en abordant, avec les meilleures intentions du monde sans doute, la question générale d'une Caisse de retraites ouvrières constituées, comme il convient, par le triple concours des ouvriers, des patrons et de l'Etat. C'était aller un peu vite en pareille matière. En tout cas, il eût mieux valu, par des efforts progressifs, stimuler les arriérés ou les indifférents que de réglementer à outrance les industries qui ont eu la nette perception de leurs devoirs moraux et les ont, de leur propre chef, résolument remplis.

Il est temps de terminer ces réflexions que nous aurions voulu faire plus courtes.

Qu'au nom de la sécurité publique et pour la garantir, l'Etat intervienne dans les rapports des Compagnies avec ceux de leurs agents dont un travail exagéré pourrait la compromettre, rien de plus naturel et de plus nécessaire, et les Compagnies ont défini, d'accord avec le ministère des Travaux publics, les conditions de maximum de travail et de minimum de repos qui ont fait l'objet de l'arrêté du 4 novembre 1899. Elles ont accepté des mesures qui, pour elles, en 1900, ont entraîné un excédent de dépenses de 6,127,000 francs. Mais elles considèrent qu'elles ont donné là une satisfaction suffisante et elles ne peuvent se défendre d'un sentiment d'effroi quand elles voient la Chambre prendre un à un tous les articles de cette première réglementation et leur donner, sans nécessité, sans intérêt pour le public, sans profit réel pour leurs agents, une extension exagérée et ruineuse.

Tout d'abord il paraîtrait préférable que des matières aussi délicates demeurassent réglées par des arrêtés ministériels. Ils ont exactement les mêmes sanctions que la loi, bien qu'on ait dit et répété à satiété le contraire à la Chambre le 14 novembre 1901 ; il suffit pour s'en assurer de relire l'article 21 de la loi de 1845 (1). Ils sont plus souples, plus faciles à modifier si l'on s'aperçoit d'erreurs si faciles à commettre en pareilles matières, d'un mot omis, ou mal placé, ou mal défini.

En réglementant trop étroitement, avec l'inexorable rigidité de la loi, et d'une loi votée dans de telles conditions de précipitation, les éléments du travail maximum, le premier résultat sera sûrement de rendre infiniment plus difficile qu'aujourd'hui la solution d'un problème qui a pour la santé des agents, pour leur moralité, pour la sécurité publique, par conséquent, la plus haute importance, et qui consiste à leur permettre de prendre, le plus souvent possible, leurs repos à leur résidence, au milieu de leur famille. Le second résultat non moins certain sera, pour les mécaniciens en particulier, dont les primes sont à peu près proportionnelles au parcours, de réduire les salaires par une limitation exagérée du travail ou du moins d'empêcher les Compagnies de les augmenter en demandant à leurs agents, comme c'est l'intérêt de tous, le maximum de parcours et de travail compatible avec leur santé et avec la sécurité. Le troisième résultat sera, par la création d'un nombre considérable d'employés nouveaux, au travail trop limité et, par suite, à des appointements que les Compagnies ne pourront pas augmenter comme ce serait leur désir et leur intérêt, un nouvel excédent de dépenses annuelles que, pour l'ensemble des réseaux de l'Etat et des six grandes Compagnies, l'on a

---

(1) Art. 21 : Toute contravention aux ordonnances royales portant règlement d'administration publique sur la police, la sûreté et l'exploitation des chemins de fer et aux arrêtés pris par les Préfets sous l'approbation du ministre des Travaux publics pour l'exécution desdites ordonnances sera punie d'une amende de 16 à 3.000 francs.

En cas de récidive dans l'année, l'amende sera portée au double et le Tribunal pourra, selon les circonstances, prononcer en outre un emprisonnement de trois jours à un mois.

évalué à 44 millions en prenant comme point de départ des calculs les parcours de 1896 et le projet de loi voté le 17 décembre 1897.

Si l'on considère les parcours de 1901, cet excédent est à augmenter d'environ un cinquième.

Que si l'on appliquait le projet voté le 14 novembre 1901, avec les extensions, conscientes ou inconscientes, qu'il contient par rapport au projet de 1897, ce serait bien autre chose encore. Les calculs récemment demandés par le ministre se font en ce moment même, et les premiers résultats en sont tels que nous les refaisons, effrayés des chiffres d'excédent de dépenses auxquels nous sommes conduits.

Le projet voté par le Sénat le 4 juin 1901, le projet élaboré ensuite par la commission du travail de la Chambre, exceptaient de cette réglementation les chemins de fer algériens et les chemins de fer d'intérêt général à voie étroite. Le vote de la Chambre du 14 novembre 1901 supprime cette distinction si naturelle. N'y aurait-il pas lieu, au contraire, de l'établir sur les grands réseaux entre les artères à grande circulation et les petites lignes où la sécurité est évidemment beaucoup moins en question ?

Est-ce au nom de la sécurité qu'à la Chambre du moins, car le Sénat s'est gardé de suivre cet entraînement immodéré, on veut créer des conditions exceptionnelles et véritablement impossibles de retraite en faveur d'une catégorie de travailleurs déjà singulièrement privilégiée, si l'on en juge du moins par l'ardeur avec laquelle on en assiège les portes, avec laquelle les employés de chemins de fer, les meilleurs juges cependant en pareille matière, cherchent à y faire entrer leurs fils, à l'abri *du chômage, ce grand fléau de tous les travailleurs*, avec la certitude pour leurs vieux jours d'une retraite déjà assurée et très supérieure, à niveau égal, à celles des fonctionnaires de tout ordre de l'Etat lui-même. Et cela au prix d'un excédent de dépenses annuelles qui, pour les sept grands réseaux, représentait, avec le projet primitif de 1897, 32 millions, et qui, avec les extensions immodérées du projet voté en 1901, dépasserait beaucoup ce chiffre.

Total des dépenses annuelles nouvelles, 76 millions, en prenant comme point de départ le projet de loi de 1897, et, avec celui de 1901, plus de 100 millions (1) !

Voilà le résultat de tendances qui, si elles prenaient définitivement corps, auraient les conséquences les plus graves pour la situation financière de la plus importante de nos industries et, par répercussion, pour celle du pays même.

On rappelait récemment que de 3,122,000,000 en 1890, notre budget s'était élevé, en 1900, à 3,713,000,000. Je sais bien, pour le voir affiché sur les murailles de Paris, qu'il n'y a pas lieu de s'inquiéter. Il n'importe, et, dût-on passer pour un timide, ce n'est pas faire acte de mauvais citoyen que de prêcher la prudence.

---

(1) Bien plus de 100 millions, en effet; car les calculs remis en juin 1902 par les grands réseaux au ministre des Travaux publics font ressortir *l'excédent des dépenses annuelles* qui résulteraient de la loi votée le 14 novembre 1901 par la Chambre à 84 millions du chef de la limitation nouvelle du travail, des congés, etc., et à 74 millions du chef des conditions nouvelles proposées pour les retraites, soit pour l'ensemble 158 millions.

LA CONCURRENCE

DES

CANAUX ET DES CHEMINS DE FER

Discours prononcé a *L'Alliance Syndicale* pour la défense
des intérêts du Commerce et de l'Industrie

Mai 1889

Je croyais, Messieurs, que vous m'aviez fait l'honneur de m'appeler parmi vous pour me demander, sur certains points déterminés, des explications spéciales ; vous me demandez un exposé général de principes sur la question de la concurrence des voies navigables et des chemins de fer, prise dans son ensemble. En le faisant ainsi à l'improviste, je m'efforcerai de ne tenir aucun compte de ma situation particulière, ni des intérêts que je représente, de faire abstraction de tout ce qui est intérêt, je ne dis pas personnel, mais privé, et d'envisager de très haut la question sur laquelle vous me demandez mon sentiment.

Et d'abord, je dois dire que je trouve cette concurrence naturelle. J'irai même plus loin, je la trouve utile et nécessaire. La nature nous fournit les voies d'eau, il faut les utiliser ; l'homme les améliore, il crée de toutes pièces les voies artificielles, les canaux ; un des premiers devoirs de l'Etat est d'améliorer les premières, de multiplier et de développer les secondes. J'applaudis pour ma part à tous les progrès recherchés et réalisés dans cette voie par nos ingénieurs, régularisation du lit des rivières, approfondissement du tirant d'eau des rivières et des canaux, allongement des écluses, etc., etc.

Seulement, je demande : qui doit supporter les frais de ces travaux utiles : le pays entier — dont un tiers seulement en profite plus ou moins — ou ce tiers seulement ? Et quand je parle de ceux qui en profitent, je ne veux pas préciser pour le moment ni rechercher si ces frais doivent être payés par les industriels qui leur confient leurs transports, par les villes ou les départements riverains des cours d'eau naturels ou artificiels.

Ecartons d'abord cette objection aussi courante que peu fondée : si l'on rétablissait les droits de navigation, pourquoi, pendant qu'on y est, ne pas rétablir le péage sur les routes ? L'exemple est plus topique que ne le pensent les auteurs de l'objection. Le péage sur les routes était naturel quand les routes étaient clairsemées dans le pays : alors que tant de provinces en étaient dépourvues, il avait paru, avec raison, anormal de faire supporter à celles qui avaient le malheur de n'en point avoir une part des dépenses nécessitées par leur construction ou leur entretien ; il était normal de les faire supporter, sous forme de péages, par les régions que traversaient les routes, par les transporteurs qui en usaient. Aujourd'hui que les routes ont étendu leur réseau à peu près uniformément sur toute la surface du territoire, la même raison n'existe plus. Le péage a disparu naturellement. Les routes existent à peu près au même degré dans tous les départements : chacun en retire à peu près le même profit proportionnel ; que leurs frais de construction et d'entretien soient supportés par les riverains et les usagers, c'est-à-dire par tout le monde, ou qu'ils le soient par l'Etat représentant tout le monde, c'est tout un.

En est-il de même pour les voies navigables ?

Je ne me place qu'au point de vue supérieur de la justice et de l'équité, au point de vue de l'égalité des citoyens devant l'impôt, de l'égale répartition de l'impôt, principe dont notre société est si justement jalouse.

Mais d'abord, entendons-nous bien sur ce mot d'impôt dont on use et abuse comme d'un épouvantail. Il faut bien que l'Etat puisse faire face aux charges qui lui incombent. Quand, pour y arriver, il met un droit sur les objets de luxe, sur les billards, sur les chiens, c'est là un impôt. Quand il oblige à faire des actes, à rédiger des pétitions sur du papier timbré, quand il perçoit des droits de mutation, d'enregistrement, quand il taxe les portes et fenêtres, c'est un moyen aussi légal que nécessaire de se procurer les ressources dont il a besoin. Quand, en 1872, il a prélevé un droit de 5 0/0 sur les transports en petite vitesse, tout cela est un impôt, une mesure purement fiscale, qui ne répond à aucun service onéreux rendu par l'Etat, à aucune dépense faite par lui pour les objets ou pour les actes qu'il impose.

Mais s'il se faisait rembourser les dépenses effectives des travaux qu'il entreprend parce qu'il est l'Etat, parce qu'il peut les faire avec plus d'ordre et de méthode que des particuliers, mais dont la charge ne doit pas lui incomber parce qu'ils ne profitent qu'à une très faible partie du pays, et parce qu'il ne doit assurer que ce qui profite à l'ensemble du pays, serait-on fondé à voir là un impôt ? En aucune façon : ce serait une rémunération.

Qu'on ne dise donc pas : le droit de navigation est un impôt, son rétablissement serait le rétablissement d'un impôt. Avec ces mots il est aisé de se créer une popularité de tribune ; ce n'est pas ce que nous recherchons ici. Une dépense importante est faite annuellement par l'Etat, elle ne profite qu'à une faible partie du pays, elle ne peut pas être supportée par l'ensemble des contribuables.

En dehors de cette première injustice envers les citoyens d'un même pays, n'y en a-t-il pas une seconde dans la façon dont l'Etat traite les deux industries de transport par voie d'eau et par voie de fer ?

Les chemins de fer, qui sont de merveilleux percepteurs d'impôts pour le compte de l'Etat, sans frais, sans commission, sont obligés de soumettre toutes leurs expéditions de grande et de petite vitesse à un récépissé timbré (voilà un impôt, celui-là, et un vrai !). Les transports par terre, par eau, y échappent. Est-ce de la justice ?

Je sais bien qu'on dit que si l'Etat s'impose des sacrifices pour les rivières et canaux, il s'en est imposé aussi et de plus considérables pour les chemins de fer. C'est parfaitement exact : il a dépensé 1,500 millions pour les premiers et le double, en chiffres ronds, pour les seconds. Seulement — il y a un seulement — les trois milliards de subventions que, sous diverses formes, il a donnés aux chemins de fer lui rapportent plus de 10 0/0 d'intérêt en services rendus, en économies réalisées, aux termes des statistiques que l'Etat lui-même publie chaque année. Il a dépensé deux fois moins pour les voies navigables, c'est vrai, mais il n'en retire rien !

Voilà ce que je dis, rien de plus ; mais c'est, ce me semble, de nature à faire réfléchir.

Je ne vais pas jusqu'à soutenir, comme quelques économistes trop absolus, qu'il faut que l'Etat retire l'intérêt des 1,500 millions qu'il a dépensés à créer les voies navigables. Si cela était possible, cela n'en vaudrait assurément que mieux. Mais il n'est pas possible d'y songer. La dépense est faite ; le pays en supportera la charge à perpétuité, c'est vrai, mais il est impossible de la faire supporter à ceux qui en profitent ; il n'est déjà pas sans difficulté de leur faire supporter les dépenses actuelles : pour ce seul motif, laissons donc le passé de côté.

Mais le présent ! L'Etat dépense annuellement 12 millions irréductibles pour surveiller et entretenir les rivières et canaux existants : c'est une charge qu'il ne peut continuer à faire supporter par l'ensemble des départements français dont les 2/3 n'en tirent aucun profit. Il dépense chaque année une somme au moins égale, 16 millions en 1889, pour l'amélioration des voies navigables. C'est parfait et j'y applaudis, à une condition, c'est que la Creuse et les Basses-Alpes n'en fassent pas les frais, pour la plus grande gloire et le plus grand profit du Nord et de la Meurthe-et-Moselle.

Là est l'équité, là seulement est la justice distributive. Là aussi, surtout dans l'état actuel des finances, sont l'intérêt et le devoir de l'Etat.

Il me paraît donc absolument raisonnable de rétablir les droits de navigation dont la suppression, en 1880, n'a été ni raisonnable ni prudente.

Il va sans dire, du reste, que je ne demande pas, comme on l'a proposé récemment à la Chambre, un droit unique, moyen, uniforme pour toutes les marchandises. On ne l'a ainsi proposé, sans doute, que pour poser un principe ; mais il est dangereux, en le posant mal, de prêter le flanc à des critiques faciles à formuler. Elles ne sont pas moins faciles à résoudre par un droit variable, élevé pour les marchandises riches, modéré pour les produits fabriqués qui peuvent le supporter, minime pour les matières premières.

Là est la vérité nécessaire et la solution du problème ne me paraît pas malaisée.

A la suite de cet exposé, M. Couvreur, vice-président de la Commission de l'Alliance, et, après lui, M. Captier, secrétaire du syndicat de la Marine, développèrent à leur tour les raisons qui, selon eux, s'opposent au rétablissement des droits de navigation; M. Noblemaire réplique :

L'heure est bien avancée, Messieurs, et j'aurais d'autant plus envie de m'en tenir à mes observations générales, que les positions sont prises, et que, probablement, je ne convaincrai pas mes contradicteurs. Puisque vous m'y conviez, cependant, je relèverai quelques-uns de leurs principaux arguments.

M. Captier nous a rappelé la vie modeste du marinier; nous n'avons pas oublié l'étude, véritable monographie à la Le Play, qu'il lui a consacrée l'année dernière. Il en conclut que la marine ne peut porter aucune charge nouvelle, qu'il ne faut rien lui demander... Amen. Aussi bien, ce n'est pas à la marine que j'entends faire supporter les droits dont j'estime le rétablissement nécessaire, c'est aux industriels, aux commerçants, dont elle transporte les produits, aux fabricants, auxquels elle porte leurs matières premières.

Cela relèvera les prix de revient, dit-on. C'est bien évident. Il faut bien que les 12 millions de frais annuels d'entretien, que les 16 millions de frais d'amélioration soient payés par quelqu'un, puisque je crois avoir établi qu'ils ne doivent pas l'être par l'Etat, et je vais revenir dans un instant sur ce point. Mais ce relèvement sera faible si les droits de navigation sont raisonnablement calculés, et je prendrai pour exemple les industries mêmes dont a parlé M. Couvreur.

Il a raisonné, et, d'ailleurs, on raisonne toujours comme si les canaux ne transportaient que des matières premières. Mais c'est une erreur, et qui devient chaque jour plus grosse et plus manifeste. Ils transportent beaucoup de produits fabriqués, de l'épicerie, des vins, des matières rangées dans les 1re, 2e et 3e séries de la classification des tarifs de chemins de fer.

Celles-là peuvent, sans inconvénient, supporter un droit de navigation élevé. Quand on appliquera, je suppose, un droit de 2 centimes par tonne et par kilomètre à un de ces produits fabriqués, qui parcourt par exemple 200 kilomètres, c'est de 4 francs qu'on relèvera le prix de vente de la tonne de ces produits, de 4 francs qu'on augmentera la valeur de 1,000 kilogrammes d'objets qui se vendent souvent au kilogramme. 4 millimes de relèvement par kilogramme ne sont pas pour peser lourdement sur le consommateur des marchandises dont je parle.

Pour les matières premières, c'est, je le reconnais, tout autre chose. Mais aussi, il ne s'agit pas de leur appliquer des droits aussi élevés. Sans aller aussi loin que M. Avérous, qui voudrait, dans l'intérêt de la grande industrie, en laisser indemnes les matières premières, j'estime qu'elles aussi peuvent, sans inconvénient, supporter leur part d'un sacrifice que chacun doit supporter dans la limite de ses forces, pour ne plus le laisser supporter à l'Etat. En admettant un droit dix fois moindre que le précédent, 2 millimes par tonne et par kilomètre, pour un parcours de 150 kilomètres, que ne dépassent pas souvent en moyenne les matières premières, c'est de 0 fr. 30 par tonne (ici il faut parler par tonnes), que leur prix à l'usine sera relevé. C'est assurément supportable ; la consommation française ne s'en apercevra pas ; l'exportation, à laquelle tient tant M. Couvreur, et avec beaucoup de raison, ne diminuera pas pour cela, même celle de la verrerie qui, dans le Nord, est placée dans des conditions à n'avoir rien à craindre de la Belgique, et, au contraire, à lui causer de sérieuses préoccupations.

Mais, disent à la fois M. Couvreur et M. Captier, il ne faut pas s'en tenir exclusivement aux idées un peu théoriques, un peu sentimentales, que j'ai développées, touchant l'inégalité dans la répartition des charges. Il est bien peu d'impôts qui, en fait, se répartissent d'une façon tout à fait équitable. Plus les prix de transport sont bas, plus l'industrie se développe ; l'exemple de la verrerie, de la métallurgie du Nord, sont là pour le prouver s'il en était besoin. Ce développement de la richesse publique profite, en somme, au pays tout entier ; il n'est pas anormal, par suite, que le pays tout entier, c'est-à-dire l'Etat, supporte la charge de la non-existence de droits de navigation, qui contribue beaucoup à abaisser le prix des transports.

Je leur demande la permission de distinguer. Sans doute, le développement de l'industrie importe au pays tout entier, sans doute le bas prix des transports est un élément puissant de ce développement ; mais de même que toutes les parties du pays ne profitent pas également, de même elles ne doivent pas payer également, et ce n'est pas seulement une question de sentiment ou de théorie que de nier que la Creuse et les Hautes-Alpes doivent supporter l'exonération des droits de navigation parce que le Nord, les Ardennes, la Meurthe-et-Moselle en profitent pour développer l'industrie nationale.

Examinons d'ailleurs cette question de plus près : elle en vaut la peine. Nous applaudissons des deux mains aux progrès des industries verrière et métallurgique dans le Nord et le Nord-Est. Mais si elles se développent au détriment des industries similaires du reste de la France, cela est une ombre au tableau et tout n'est plus bénéfice.

Les régions traversées par les cours d'eau naturels, ou desservies par les voies artificielles de navigation et qui ont ainsi déjà de ce seul fait, des transports à bas prix, sont favorisées par une véritable subvention de l'Etat. C'est cette subvention que je signale comme une injustice. Les verreries du Nord, dont M. Couvreur nous a parlé avec tant de compétence, y ont trouvé une partie, faible je le veux bien, mais une partie de leur prospérité ; mais en même temps nous avons vu décroître celle des verreries de la Loire et quand M. Couvreur nous a signalé les réductions de tarifs que la Compagnie P.-L.-M. avait faites récemment pour essayer de maintenir à leurs bouteilles l'accès du marché de Paris, je ne suppose pas que ce soit de sa part l'indice d'une inquiétude bien sérieuse vis-à-vis d'une industrie aussi précaire aujourd'hui qu'elle était florissante il y a une dizaine d'années et qu'elle l'est aujourd'hui dans le Nord. Quant aux développements énormes de la métallurgie dans le Nord et le Nord-Est, ils ont eu pour corollaire la ruine dans tout le reste de la France, notamment dans la Loire et dans le Centre, dans le Midi même, de la plupart des usines qui produisaient la fonte et l'acier bruts. C'est un vrai malheur pour ces régions ; je serais presque tenté de dire que c'est un malheur national, un grand danger tout au moins que de voir, par le fait des circonstances, la presque totalité de la production de la fonte en France, concentrée à quelques kilomètres de distance de notre frontière actuelle de l'Est. Je n'ai pas besoin d'insister pour faire comprendre ma pensée.

Je ne prétends pas assurément faire vivre per fas et nefas les industries mal situées. Les hauts-fourneaux au bois de la Champagne et de la Bourgogne ont disparu devant les hauts-fourneaux au coke situés près des bassins houillers. C'est fatal; que ceux-ci à leur tour s'éteignent de plus en plus devant les hauts-fourneaux situés non loin des houillères, sur les inépuisables minerais de Meurthe-et-Moselle que les progrès récents de la science ont permis d'utiliser, comme on utilisait naguère les minerais purs et riches de Mokta, c'est fatal également, c'est la loi de nature. Mais, au moins, qu'on ne les aide pas artificiellement à disparaître ! et ce n'est pas une loi de nature que de donner à leurs rivaux, en dehors de leurs avantages naturels, une protection artificielle par l'abandon de tous droits de navigation ; c'est, je le répète, une véritable subvention que l'Etat ne doit pas leur donner et qu'il ne pourrait équitablement prendre à sa charge que si tous les citoyens qui la paient en profitaient à peu près également.

M. Couvreur a été plus loin en disant que plus il y a de canaux, plus ils font de transports, plus ils font d'échanges avec les chemins de fer qui profitent eux-mêmes de leur développement, et il nous a cité, à l'appui de cette thèse que j'ai déjà entendue, l'exemple de la Compagnie du Nord, la seule qui ne fasse pas appel à la garantie de l'Etat. Il faudrait nous entendre. Est-ce parce qu'il y a dans le Nord un grand réseau de voies navigables que la Compagnie du Nord est prospère, ou quoiqu'il y ait un grand nombre de canaux sillonnant son réseau ? Si le Nord ne fait pas appel à la garantie de l'Etat, c'est qu'il traverse un pays exceptionnellement riche, qu'il dessert les départements les plus peuplés de France, ceux où l'agriculture est le plus perfectionnée, où les populations ont au plus haut degré l'intelligence et le goût du travail. En regard du chemin de fer du Nord, voyez celui de l'Ouest et dites-moi si la concurrence, de jour en jour croissante de la Seine, l'empêche de faire appel à la garantie de l'Etat !

Si l'on dit que les canaux ont un autre rôle et un autre résultat, qu'ils sont pour le Nord l'aiguillon d'une concurrence utile ou nécessaire, j'en demeure d'accord ; que, si les canaux n'existaient pas, le Nord ferait des tarifs moins réduits, chercherait avec moins d'ardeur les réductions de dépenses auxquelles M. Captier convie les compagnies de chemins de fer, en rendant hommage aux résultats obtenus par elles depuis quelques années, je ne le conteste pas : mais ce que je demande, c'est que l'Etat tienne, au nom de ses propres intérêts, la balance plus égale entre les deux voies de transport, et fasse disparaître ce que je crois pouvoir appeler une iniquité pour des raisons que j'ai exposées et que mes contradicteurs ne me semblent avoir ni discutées, ni affaiblies.

Je parlais tout à l'heure du réseau de l'Ouest, si directement et si inévitablement concurrencé par la Seine. Mais est-ce que la Seine ne transporte que des matières premières ? En dehors des houilles, elles porte les blés (de l'étranger), les vins (de l'étranger), les tissus et c'est, pour le dire en passant, la voie par excellence de pénétration des produits étrangers : et l'on y applaudit, alors qu'il n'y a pas assez de doléances contre les prétendus tarifs de pénétration des chemins de fer. M. Captier nous a dit que, malgré les travaux d'amélioration de la Seine, le tonnage des houilles anglaises qu'elle transporte n'avait pas notablement augmenté. Qu'il me permette de lui dire que ce tonnage, qui était en 1874 de 48,000 tonnes, s'est élevé en 1885 à 96,000 tonnes ; j'ajoute que les céréales, de 1874 à 1880, ont passé de 53,000 à 181,000 tonnes, que les vins, de 1874 à 1884, ont vu leur tonnage par la Seine s'élever de 16,000 à 150,000 tonnes. Dira-t-on que ce soit là un bénéfice pour le pays ? Cette introduction des blés, des vins étrangers a fait baisser le prix du blé, le prix du vin à Paris ? Pour le blé, que les voies navigables font pénétrer si facilement chez nous, le Parlement, cédant aux cris de l'agriculture aux abois, a cru devoir le frapper d'un droit d'entrée de 5 francs par hectolitre. Le pays n'en a pas souffert, l'agriculture y a trouvé un allègement et un répit. Le vin est meilleur marché à Paris, d'accord. Est-ce un bien ? Est-ce un mal ? Au point de vue moral, je ne sais ; au point de vue agricole, grâce à cette invasion des vins d'Espagne, nos départements du Midi qui, après dix ans de misère et d'efforts ont à peu près reconstitué leurs vignobles, ne peuvent vendre leur récolte ! M. Captier nous disait que de toutes parts s'élevait un cri de réprobation contre le rétablissement des droits de navigation : il ne s'étonnera pas que la Société des Agriculteurs de France, dans sa session de 1888, se soit prononcée pour leur rétablissement.

Des droits de navigation raisonnables seraient une mesure efficace et à tous les points de vue équitable pour protéger l'agriculture française contre l'invasion des produits étrangers, invasion dont les voies navigables sont l'instrument par excellence, et que l'Etat favorise en exonérant les transports par eau de tous droits de navigation, et en mettant à la charge de la collectivité des contribuables, une dépense qui ne devrait, je le répète, incomber qu'à une partie d'entre eux.

Quant à la fixation raisonnable de ces droits nécessaires, je ne puis mieux faire, en terminant, que de vous signaler un projet de loi formulé dans une brochure : *Le Péage sur les voies navigables*, où toutes les questions qui viennent de nous occuper sont examinées avec précision et franchise, et dont l'auteur anonyme s'est inspiré assurément de toutes les considérations que vous m'avez donné l'occasion — dont je vous remercie — d'exposer plus brièvement devant vous.

AU SACRE

DE MONSEIGNEUR SONNOIS

Évêque de Saint-Dié

Auxerre, 19 mars 1890

Messieurs,

Dans une récente excursion en Angleterre, j'ai été témoin d'une coutume qui a du bon et que je vous demande la permission de suivre aujourd'hui. A la suite d'un bon festin, viennent les toasts qui se suivent dans un ordre invariable. Le premier est toujours porté au souverain, à la Reine ; le second au prince de Galles et aux autres membres de la famille royale ; viennent ensuite les toasts aux personnages de distinction qui entourent la table du festin.

Le bon festin, nous l'avons eu, les personnages de distinction nous les avons, nous en avons trop, dirais-je volontiers, dans l'impossibilité où je me trouve de faire ressortir leurs mérites. Leur présence n'est pas sans m'intimider un peu. Cette timidité n'est pas pour être diminuée par la présence au milieu de nous d'un des maîtres de l'éloquence française, d'un des maîtres dans l'art de bien dire, parce qu'il est un des maîtres dans l'art de bien penser (le R. P. Didon), et malgré l'amitié personnelle dont il veut bien m'honorer, je ne laisse pas que d'être un peu embarrassé de porter ici la parole. Permettez-moi donc de m'en tenir à la première partie du programme.

Je porterai donc la santé des deux souverains dont l'accord a fait la cérémonie émouvante à laquelle nous venons d'assister. Le premier est un souverain sans royaume temporel, dont les regards voient au delà de ce monde, mais dont l'influence s'exerce sur toutes les parties de notre terre où vivent les hommes. J'ai nommé S. S. le Pape Léon XIII. Le second est un souverain sans cour, sans apanages, sans chambellans, mais dont le nom, dans la France entière, n'est prononcé qu'avec un sympathique respect, et que la Bourgogne en particulier et, — j'en suis sûr — l'ancien curé de Santenay, entourent d'une auréole spéciale. Je porte la santé de M. Carnot, président de la République.

Ce premier devoir accompli, je dirige naturellement mes regards sur celui que je voudrais encore pouvoir appeler d'un nom particulièrement cher : Monsieur le curé ! — mais que je dois aujourd'hui appeler : Monseigneur l'évêque de Saint-Dié.

Je n'ai aucune qualité, en l'absence des représentants officiels de la ville, pour parler au nom des habitants d'Auxonne. Je ne dois, ainsi que mon vieil ami le général de Cointet, qu'à notre titre d'enfants (trop anciens enfants) d'Auxonne, l'honneur d'occuper la place qui nous a été affectée à droite et à gauche de Mgr l'évêque de Dijon. Mais je suis assuré d'être l'interprète de tous, en exprimant à Mgr Sonnois le plaisir que nous avons tous ressenti à la nouvelle de son élévation, plaisir non exempt de tristesse, à la pensée que nous allions perdre celui qui était pour un grand nombre un père spirituel, pour tous un conseil et un ami sûr. Il est d'ailleurs d'une famille où la vertu est héréditaire, d'une famille de quatre fils qui, les uns dans le clergé, les autres dans l'armée, les uns la croix, les autres l'épée à la main, sur les champs de bataille ou sur le champ inépuisable de la charité, ont tous, simplement, modestement, complètement fait leur devoir ; plus que leur devoir, dirais-je, si l'on pouvait jamais faire plus que son devoir. Quand une famille est aussi pénétrée de ce sentiment, c'est au père et à la mère qu'il faut en faire remonter le mérite et l'honneur. Le père, nous ne l'avons pas connu ; la mère, nous l'avons tous vue ici, partageant la vie de son fils aîné ; si elle était encore de ce monde, sa modestie serait sans doute profondément troublée d'honneurs que ses pensées les plus ambitieuses n'avaient jamais rêvés pour son fils. Elle n'y est plus, et je ne crois pouvoir mieux faire, en présence de ses quatre fils, que d'évoquer devant vous, Messieurs, son souvenir vénéré pour l'associer à nos communes joies.

INAUGURATION

DE LA

FONTAINE ESTRANGIN

Marseille, 30 novembre 1890

Nous avons admiré ce matin l'œuvre vraiment belle que notre hôte a eu la généreuse et artistique pensée d'offrir à sa ville natale. Artistique et généreuse, ai-je dit ; ces deux qualités ne sont-elles pas, en effet, la caractéristique de sa nature personnelle. Le pays qui l'a vu naître, la famille dans laquelle il a grandi, la société au milieu de laquelle il a vécu, tout ne devait-il pas développer et entretenir chez lui le culte du beau, l'amour de l'art dans toutes ses manifestations.

Au point de vue de l'art, dont beaucoup d'entre vous êtes des fanatiques, vous avez, Messieurs, de qui tenir. Vous vous vantez, non sans raison, de devoir votre origine à l'une de ces tribus aventureuses qui, abandonnant le sol de la Grèce, emportaient avec elles, non seulement leurs dieux lares, mais ce qui vaut mieux que ces immobiles symboles d'un foyer désormais délaissé, l'essence même de la patrie, l'amour de l'aventure, la passion du négoce et l'adoration de l'art dont la Grèce a été et restera le plus parfait et le plus inimitable modèle.

Grecs, vous l'êtes restés et ce n'est pas étonnant. Le même ciel limpide brille sur vos têtes, la même mer d'azur sur vos côtes bat les mêmes falaises de marbre, et vous invite à chercher sur ses flots les mêmes aventures. Les mêmes Muses, sans doute, Monsieur, ont entouré votre jeunesse, charmé votre âge mûr et consolent votre vieillesse. Le goût artistique de la Grèce, Marseille a su souvent l'allier aux préoccupations du négoce. Par ses travaux publics, par ses aqueducs dont les arches élégantes et hardies semblent vouloir défier les siècles à venir, elle l'a surpassée ; par ses travaux urbains, elle l'a parfois égalée ; et quand on est dans ce palais de Longchamp, au sommet des collines qui dominent votre grande cité, on oublie le mouvement colossal qui s'agite à vos pieds pour ne plus voir que cette colonnade d'un goût si pur se détachant avec tant de grâce sur l'azur du ciel et qui rappelle les Propylées ou les portiques du Parthénon.

Ce n'est pas d'un monument de cette importance qu'il s'agit aujourd'hui ; mais qu'importent les dimensions quand l'esprit est le même, quand le même goût domine et inspire. Et j'estime, pour ma part, que tout étranger animé par l'amour de l'art, après son pèlerinage obligé au plus beau de nos modernes édifices français, saura bien découvrir, sur la modeste place Estrangin-Pastré, le petit bijou dont M. Estrangin a eu l'idée de la doter et qu'un grand artiste, M. Allard, a fait sortir pour lui du marbre et du porphyre ; plus heureuse, somme toute que son rival de Longchamp qui, avec son nom d'Espérandieu, méritait bien de travailler place Paradis. C'est pour cela, sans doute, que nous l'avons débaptisée pour ne pas inspirer de regrets à son ombre.

Ce soir, c'est une œuvre d'un autre genre que nous avons sous les yeux : une imitation, une miniature si vous le voulez mais à laquelle un de nos éminents artistes, lui aussi, M. Froment-Meurice a su imprimer son cachet personnel dans la reproduction de l'idée du maître. — C'est un nouveau venu parmi vous, naguère un étranger, aujourd'hui plusieurs fois Marseillais par son nouveau nom, par sa femme, par son fils, qui a voulu offrir à son beau-père et associé, pour fêter le cinquantenaire de sa vie commerciale, un durable souvenir.

Nous revoyons avec plaisir dans cette réduction la forme générale du monument de ce matin. Nous y trouvons les mêmes symboles, ces dieux de la navigation qui vous aiment et sourient à vos efforts, les quatre parties du monde, que vos navires vont incessamment visiter pour en ramener à Marseille les matériaux premiers du travail qui élève l'homme et de l'industrie qui l'enrichit. Et au milieu d'elles, dans le groupe central, prêtant ses traits, par une touchante pensée de l'artiste, à la grande, belle et artistique Marseille cette douce figure de Mme Valentine Arnavon trop tôt disparue, toujours présente, nous le savons, à la pensée de nos hôtes et qui, sous le triple diadème de la jeunesse, de la beauté et de l'art, personnifiait si bien les traditions que ses sœurs font revivre. L'une d'elles, Mme de Villebois-Mareuil, nous manque ce soir, nous ne lui manquons pas moins j'en suis sûr. L'autre, Mme Fritsch, est ici, la grande artiste si modeste et si simple qui force notre admiration en semblant la fuir et qui a voulu faire revivre dans son fils les dons que les fées ont placés si libéralement dans son berceau.

Belle famille, Monsieur, dont votre vieillesse est heureuse et justement fière d'être entourée. C'est à elle et à vous que vont tous nos vœux.

INAUGURATION DU BUSTE
DE
M. TALABOT
A NIMES
1890

Messieurs,

Trois personnalités se sont réunies pour donner un suprême témoignage d'affection et de reconnaissance à la mémoire d'un homme plus grand que le monument qu'elles lui ont élevé et devant lequel nous sommes aujourd'hui rassemblés : le Département du Gard, la Ville de la Grand'Combe et la Compagnie des chemins de fer de Paris à Lyon et à la Méditerranée.

Notre époque éprouve, parfois, le besoin de glorifier, aussitôt après leur mort, ses grands hommes ou ceux que l'entraînement d'un moment a fait considérer comme tels. Le temps passe, il fait justice de trop rapides enthousiasmes et les ramène à de plus justes proportions. Que reste-t-il alors après les inaugurations officielles? Un monument pompeux, de louangeuses inscriptions devant lesquels passe, indifférent, le promeneur de nos places publiques.

Ici, nous n'avons à craindre rien de pareil.

Le temps, que nous avons laissé écouler, n'a pas diminué le lustre du nom que nous fêtons. Il l'a consacré.

Ce n'est pas une statue que nous inaugurons, c'est un buste simple comme était simple l'homme éminent qu'il représente. Quelques pierres seulement s'élevant au milieu d'une des arcades qu'il a construites, il y a près de soixante ans, pour la première gare de nos chemins de fer français.

Pas de cérémonie officielle, mais seulement une réunion de famille : les représentants du département que Talabot a assaini et fertilisé, de la ville de Nîmes qui voit en lui le principal artisan d'une prospérité industrielle dont elle a raison d'être fière ; de la ville de la Grand'Combe dont il a été, pour ainsi dire, le créateur ; à côté d'eux, des ingénieurs admirateurs de leur grand devancier, et enfin, de nombreux enfants de cette grande famille P.-L.-M., dont il a été si longtemps le chef et dont quelques membres, ses contemporains, que nous sommes heureux de compter encore dans nos rangs, retrouvent dans cette image de bronze les traits de celui qui, jeune comme eux, en 1835, avait su leur inspirer, dès le premier jour, avec l'affection que commande la bonté, la confiance et le respect qu'impose le génie créateur.

Enfin, pas d'inscription pompeuse. Une date, celle de l'achèvement de la gare même qui nous abrite et de l'inauguration du premier chemin de fer construit en France sur un type qui depuis n'a plus varié, pour mettre la ville de Nîmes en relations avec les mines de la Grand'Combe et avec le Rhône à Beaucaire ; un nom aussi, que le département du Gard a gardé populaire et que les Nîmois se rendant au chemin de fer aimeront toujours à saluer au passage.

Par un hasard bien rare et qui est un éloquent témoignage de l'ampleur de vue des deux ingénieurs, des deux amis qui l'ont projetée et exécutée, Talabot et Didion, la gare de Nîmes est encore aujourd'hui ce qu'ils l'ont faite il y a cinquante-cinq ans.

Votre ville, Messieurs, conservatrice de tant de monuments anciens, conserve aussi à titre de monument historique sa vieille gare, la première dans l'histoire de nos voies ferrées. A tous deux il eût été juste de rendre en ce lieu un même hommage, en réunissant dans la mort ceux qui, dans une longue vie, collaborant aux mêmes travaux, étaient restés des amis inséparables.

Quelques-uns de vous les ont vus à l'œuvre. Les Abric, les Guibal, les Mourrier, les Luce, les Ricard, qui, eux-mêmes ou dans leurs fils, assistent à cette fête du souvenir, ces créateurs des mines de la Grand'Combe et du chemin de fer qui devait leur ouvrir un débouché vers Marseille et la Méditerranée, ont eu la main heureuse en les choisissant comme porte-drapeau et pourraient vous raconter les débuts à Nîmes de deux carrières si brillamment remplies. Qui mieux le pourra faire que leur plus fidèle ami de jeunesse, l'éminent avocat que le barreau de Nîmes ne se lasse pas d'entendre, j'ai nommé M. Fargeon, le plus jeune encore de nous tous avec ses quatre-vingt-treize ans et son inaltérable activité.

Après la mise en exploitation de ce chemin de fer, résultante de leurs communs efforts, Didion entreprend la construction de la ligne de Nîmes à Montpellier et à Cette ; puis, poursuivant sa carrière, fonde et dirige pendant trente ans la Compagnie des chemins de fer d'Orléans.

Talabot reste plus fidèle au pays auquel, dès 1829, il a consacré ses premières années d'ingénieur du canal de Beaucaire et dont il a fait son pays d'adoption. A la Grand'Combe-Beaucaire, succèdent Avignon-Marseille, Avignon-Lyon ; la Compagnie de Lyon à la Méditerranée, par des fusions successives, devient, en 1857, la Compagnie P.-L.-M. et les deux amis se retrouvent à Paris, dirigeant, avec une puissance d'organisation qui rend la tâche relativement facile à leurs modestes successeurs, ces deux grands réseaux, les plus vastes en étendue qui existent dans notre pays et dans le monde entier. Au milieu des soucis de cette grande exploitation, Talabot n'oublie pas sa patrie nîmoise, et l'un de ses derniers actes, de 1875 à 1880, est de doter le Gard d'un réseau dont les mailles serrées en font l'un des départements de France les plus riches en voies ferrées.

Voilà les noms que j'ai voulu défendre contre l'oubli et dont ce pays doit conserver la mémoire reconnaissante et fidèle. En retraçant autrefois la vie de l'un, Didion, j'ai été amené, par une pente naturelle, à parler à chaque page de celui qui, son camarade à l'école, avait été son initiateur dans une carrière qu'ils ont l'un et l'autre parcourue avec tant d'éclat. A l'autre, Talabot, j'ai rendu, sous une autre forme, un pieux hommage d'affection et de gratitude. Il n'est plus ; mais comme le Juste de l'Evangile, ses œuvres le suivent. Ses œuvres, vous les avez sous les yeux, Messieurs ; vos pères, ses contemporains, les ont, jour par jour, suivies avec admiration, en France, en Italie, en Autriche, dans la Méditerranée. Il ne faut pas que les fils, absorbés par les fiévreuses préoccupations de la vie de notre époque, profitent de l'œuvre en oubliant celui qui l'a créée. Ce monument, tout modeste qu'il soit, le rappellera suffisamment à leur mémoire ; car, de même que les familles conservent avec un soin pieux le souvenir de ceux de leurs membres qui ont illustré leur nom, de même un pays doit conserver la mémoire de ceux de ses fils qui, par leur génie, ont constitué à notre patrie française un patrimoine de gloire dont elle a le droit de s'enorgueillir.

BANQUET D'INAUGURATION DU BUSTE
DE
M. TALABOT
A NIMES

Messieurs,

Après tous les discours que vous venez d'entendre, je me reproche de retenir un instant encore votre attention. Et pourtant, il faut bien que je remercie ceux qui ont bien voulu porter la santé de l'artiste.

D'artiste, Messieurs, il est bien entendu qu'il ne saurait être question ici. Un amateur tout au plus, qui a tenu à consacrer quelques rares moments de loisir à payer une dette de cœur. — Et, pourtant, ce nom d'artiste, il faut bien que je l'accepte, car si je dois passer jamais à la postérité, c'est à lui seul que je le devrai. Dans un certain nombre d'années d'ici, nombre que je ne désire pas trop court, qui se souviendra de celui qu'avec l'exagération de langage familière à notre époque on appelle le sympathique Directeur, l'éminent Directeur ! Il sera oublié et remplacé par un autre Directeur non moins éminent, non moins sympathique. — Mais, si un étranger vient visiter les monuments de Nîmes, et si, entrant à la gare, il est assez curieux pour visiter sous toutes ses faces le petit monument que nous venons d'inaugurer, il y trouvera, caché par derrière, un nom que j'ai tenu à y graver et qui représentera pour lui le nom d'un sculpteur d'autrefois, d'un sculpteur de talent... naturellement. C'est à ce titre que peut-être je passerai à la postérité, en même temps que mon vieux chef et sous son égide. Mais je lui dois déjà tant que ce n'est pas cela qui grossira beaucoup, vis-à-vis de lui, ma dette de reconnaissance.

DISTRIBUTION DES PRIX

DE

L'ÉCOLE MONGE

30 juillet 1891

Mesdames et Messieurs,

Mes jeunes amis,

Bien que l'heure et le lieu soient particulièrement propices à l'éclosion de ce produit de serre chaude qu'on appelle un discours de distribution de prix, ce n'est pas un discours assurément que vous attendez d'un ingénieur dont le seul titre à présider cette gracieuse cérémonie est son origine polytechnique, son affection reconnaissante pour la grande Ecole dont l'un des fondateurs a été choisi comme patron de la vôtre. Une causerie, à la bonne heure. Vous avez été créés par des polytechniciens ; des polytechniciens administrent, dirigent votre école, l'esprit polytechnique a inspiré les réformes quelque peu hardies qu'on y a réalisées ; je me trouve donc en famille de cœur et d'esprit au milieu de vous.

Plus habitué, en général, à agir qu'à discourir, j'ai, aujourd'hui, pour être bref, une raison spéciale. L'un de ces enfants, celui qui me tient de plus près, s'est présenté à moi ces jours derniers, à un titre que je n'ai que trop souvent entendu naguère, comme *délégué* chargé de me faire connaître les *revendications* de ses camarades. Elles étaient brèves autant que nettes : « Ne sois pas trop long, m'a-t-il dit, cela nous ennuierait. » Que faire, sinon m'incliner, devant une mise en demeure d'ailleurs si naturelle.

Et cependant, puisque j'ai parlé de l'esprit qui a inspiré vos fondateurs, laissez-moi m'arrêter un instant avec vous sur le principe même du système d'éducation qui vous est donné dans cette maison.

Vous n'êtes pas sans avoir entendu parler d'une maladie nouvelle (la mode est aux maladies nouvelles), terrible, qu'on a découverte tout à coup dans la jeunesse des écoles. A en croire certains parents fort indulgents, le surmenage

> ..... puisqu'il faut l'appeler par son nom
> Capable d'enrichir en un jour l'Achéron
> Ferait aux écoliers la guerre !

Y croyez-vous ? Pas beaucoup, j'imagine ; moi, pas du tout, je vous assure. J'appartiens à une génération que l'éducation très spartiate des collèges royaux d'autrefois a fort surmenée. Les années de préparation à l'Ecole Polytechnique, celles de séjour à l'Ecole peuvent bien compter comme des années de surmenage. Surmenage aussi sont les occupations très absorbantes des industries dont elle ouvre parfois les portes. Nous ne nous en portons pas plus mal, grâce à Dieu ! Notre génération ne fait pas trop mauvaise figure, et je ne souhaite pas mieux à la vôtre, qui y aura peut-être moins de mérite, remarquez-le, quand, à son tour, elle approchera de son déclin.

Vos directeurs n'y croient pas plus que moi sans doute. Ils savent à quel point chez l'enfant *Cereus in scientiam flecti*... (Je n'ai garde d'ajouter avec Horace : *monitoribus asper*, parce qu'à Monge vous avez changé tout cela) à quel point, dis-je, chez l'enfant, l'intelligence est ouverte et capable d'apprendre, combien de choses elle peut recevoir et conserver et, pour employer un mot technique aussi vrai pour la résistance des organes intellectuels que pour la résistance des matériaux employés dans les constructions métalliques, combien est éloignée sa *limite d'élasticité* qu'il faut se garder d'atteindre, mais en deçà de laquelle le cerveau, comme le métal, reprend sa vigueur et sa fraîcheur premières.

Et cependant, ils ont cru devoir modifier le système d'éducation généralement adopté avant eux, multiplier vos distractions, augmenter vos loisirs, vos congés, vos vacances. Vous ne vous en plaignez pas, oh non ! Mais s'il fallait en croire un certain nombre de pères de famille — je ne les nommerai pas pour éviter de les faire... conspuer, comme vous dites, de ce côté peut-être, on tendrait plutôt à dépasser la limite.

Si votre aimé Directeur a augmenté vos loisirs, ce n'est pas qu'il ait voulu ménager vos forces grandissantes en vous instruisant moins, développer votre corps en négligeant votre esprit, les qualités physiques au détriment des forces intellectuelles, c'est qu'il a pensé qu'on pouvait, en travaillant d'une façon moins continue, mais moins mécanique, apprendre autant et plus vite ; que pour loger dans le cerveau toutes les connaissances que doit avoir un homme de nos jours, — je ne parle pas seulement des lettres dont le champ est moins illimité, mais surtout des sciences dont le domaine s'enrichit chaque jour des découvertes les plus inespérées, — il fallait maintenir le corps et l'esprit dans un meilleur état d'équilibre ; il a pensé que le temps donné aux exercices physiques, en développant le corps (à la condition toutefois de ne pas le surmener à son tour), reposait l'esprit, le rendait plus apte à recevoir de nouvelles impressions, de nouveaux enseignements. Son exemple a été suivi ; l'avenir, espérons-le, nous montrera que la méthode nouvelle prépare mieux les enfants aux fatigues qui attendent les hommes de demain, aux devoirs nouveaux qui leur incombent vis-à-vis du pays.

C'est un lieu commun, dans les discours de distribution de prix, de parler à la jeunesse qui va quitter les bancs de l'école de ses devoirs envers la société, envers le pays. Je n'éviterai pas cet écueil ; mais c'est aussi qu'à aucune époque ces devoirs n'ont été plus grands ni plus austères ; qu'en aucun temps, d'ailleurs, ils n'ont revêtu une forme plus matérielle, plus tangible. Autrefois, quand, moyennant une somme d'argent, on pouvait éviter le service militaire, on se croyait volontiers quitte envers le pays quand on le servait comme avocat ou médecin, comme ingénieur ou industriel, voire même comme rentier, lorsqu'on avait le malheur d'avoir reçu de ses parents ce qu'on appelait une position indépendante. Aujourd'hui, grâce aux besoins que nous nous sommes trop libéralement créés de confort et de luxe, il n'est plus guère de positions sûrement indépendantes. Qui n'augmente pas sa situation par le travail s'appauvrit, et c'est justice ; qui ne cherche à s'élever s'abaisse, se voit dépasser, et c'est justice aussi, par les humbles d'hier qui travaillent et grandissent ; enfin, au seuil de toutes les carrières se dresse, et c'est encore justice, cette épreuve que nous ont imposée des malheurs mérités par trop d'abandon aux heures de prospérité, cette épreuve du service militaire dans laquelle tous, pauvres et riches, confondus dans les mêmes rangs comme les fils d'une même mère et soumis à une même discipline, apprennent, dans ce qu'elle a de vulgaire et pénible parfois, de noble toujours par sa fin suprême, la loi de l'abnégation et du sacrifice, le devoir de défendre la patrie et de restaurer, fût-ce au prix de leur vie, l'éclat qu'un jour de malheur a fait perdre aux couleurs de notre drapeau.

Cette loi générale du travail, elle est bien connue de ces grands jeunes gens dont la lèvre s'estompe déjà d'un duvet trop doux à leurs yeux ; leurs études finies, ils ont eu le courage, qui sera récompensé, je l'espère, de se librement renfermer de nouveau pour se livrer à des études singulièrement pénibles au bout desquelles ils entrevoient les palmes de l'Ecole normale, le casoar de Saint-Cyr, ou le pantalon à bandes rouges de l'Ecole Polytechnique.

Aux moyens et aux petits viendra peu à peu cette même perception du poids de la vie et des charges de l'avenir. En eux s'éveillera sûrement, quand il en sera temps, le sentiment du devoir, trop tôt peut-être celui des réalités. Qu'ils apportent à leur travail le même entrain, la même émulation qu'à leurs jeux. Qu'ils gardent longtemps leur jeunesse et ne partagent pas trop vite nos soucis.

Quant aux tout petits, dont je vois à mes pieds s'agiter les têtes blondes et frémir les joues roses, que leur dirai-je ? A cet âge qui s'ignore et dont la mutine gentillesse est le plus grand charme de la famille, ils sont heureux, les ingrats, d'échapper à sa tendresse pour jouer prématurément au petit collégien. Un conseil cependant, conseil d'ami, je vous assure. Quand ils répondront tout à l'heure à l'appel de leurs noms, qu'ils escaladent prudemment les degrés un peu hauts peut-être de cette estrade ; qu'en les descendant surtout, ils se défendent contre la tentation si naturelle de chercher les yeux brillants d'émotion de leurs mères et de leurs sœurs, ou bien ils apprendraient à leurs dépens, c'est d'ailleurs, entre nous, la meilleure manière d'apprendre, ce que leur professeur d'histoire ne leur a pas encore enseigné, qu'ici comme dans l'ancienne Rome... la roche Tarpéienne est près du Capitole.

UNION

DES

CHEMINS DE FER P.-L.-M.

Lyon, 10 décembre 1892

Mesdames et Messieurs, laissez-moi dire mes amis,

Un peu ému de l'accueil sympathique que vous voulez bien me faire, je suis heureux de cette occasion nouvelle de me trouver au milieu de vous, de prendre part à vos fêtes comme je le faisais naguère à Oullins et de vous féliciter, comme je félicitais vos camarades des ateliers, de vos efforts et de votre initiative. Ils se sont proposés de devenir par des sacrifices sérieux, mais temporaires, propriétaires avec le temps de maisons construites pour eux par une société amie de l'ouvrier. Le but que vous avez poursuivi et atteint est d'une autre nature et d'une réalisation plus facile ; il consiste à vous grouper, et votre groupement dépasse aujourd'hui 20,000 agents, pour obtenir, en échange de votre importante clientèle, d'un certain nombre de fournisseurs, choisis avec soin par votre comité directeur, de très notables réductions sur le prix des objets nécessaires à la vie de chaque jour.

Le même but est poursuivi par d'autres moyens par un grand nombre de vos collègues qui, dans des centres moins riches en ressources que votre grande ville, se sont groupés en sociétés coopératives de consommation. La combinaison est moins simple assurément, elle exige une première mise de fonds, une administration qui a ses complications, un maniement de fonds qui a ses inconvénients. Elle offre par contre, par suite des achats faits en gros, des prix de revient inférieurs à ceux que vous obtenez, et au bout de l'année, si la gestion a été prudente, des bénéfices que les actionnaires se partagent et qu'ils feraient mieux de placer en vue des besoins de l'avenir.

Dans l'un et l'autre cas, vous faites preuve d'une initiative que je loue d'autant plus hautement que je n'ai jamais été très partisan pour ma part, peut-être parce que je l'ai pratiqué autrefois à l'étranger, d'un système organisé par un certain nombre d'autres compagnies : celui des économats. Par cela seul qu'ils sont gérés par elles, il est dans la nature des choses, dans la nature humaine, que les compagnies soient soupçonnées d'y chercher je ne sais quels avantages mystérieux, je ne sais quels bénéfices de mauvais aloi. — En vous organisant vous-mêmes, vous évitez de vous exposer à médire et vous ne devez de reconnaissance qu'à vous-mêmes, à vos délégués et, vis-à-vis d'eux, elle vous est plus naturelle et plus facile.

Nous avons compris autrement notre rôle et nos devoirs moraux envers vous, en nous préoccupant plus spécialement de votre avenir, et des moyens de vous assurer une retraite pour le moment où vos forces amoindries ne vous permettront que plus difficilement de subvenir à vos besoins, à ceux de vos familles. C'est une tâche plus ardue, que certaines de vos sociétés de secours mutuels ont abordée sans en soupçonner les difficultés ni les inévitables désenchantements, et pour l'accomplissement de laquelle notre compagnie n'a pas marchandé les plus lourds sacrifices.

Vous avez plus spécialement en vue le présent, et vous avez sagement pris pour base et point de départ de votre combinaison le principe sauveur par excellence du paiement au comptant. — Quand on achète à crédit, tout est cher, d'abord parce que le fournisseur fixe ses prix en tenant compte du retard dans le paiement, ensuite parce qu'on se laisse aller naturellement sur une pente glissante, sauf à être terriblement gêné quand vient le quart d'heure de Rabelais. — Au comptant, au contraire, on consulte d'abord sa bourse et, si elle est trop plate, on en est quitte pour resserrer d'un cran la boucle de son ceinturon et attendre la fin du mois. Et alors on trouve souvent que l'objet que l'on considérait naguère comme séduisant ou utile, n'était pas, somme toute, indispensable, et l'on en a fait l'économie.

L'économie, l'épargne, Messieurs, voilà ce qu'il ne faut cesser de recommander, car il n'est pas de budget, quelque modeste qu'il soit, qui ne fasse une part à des dépenses superflues.

Une grave question, souvent posée, est de savoir lequel vaut mieux de ne pas avoir de besoins, ou de s'en créer de plus ou moins artificiels, sauf à forcer son travail pour trouver le moyen de les satisfaire. — Je n'hésite pas, pour ma part, à préférer le premier de ces termes. Sans doute il est fort agréable, même pour les hommes, d'échanger le dimanche ses habits de travail contre une redingote de beau drap, sans doute il est agréable, surtout aux dames dont c'est, elles me permettront bien de leur dire, le péché mignon, de porter des robes de soie, des chapeaux de velours, des plumes comme celles que je vois ici et dont pourraient assurément se passer la jeunesse et la grâce de celles qui m'entourent. Sans doute il est agréable de pouvoir, grâce à M. le Directeur des théâtres de Lyon, que j'en remercie pourtant, de pouvoir aller à demi-tarif à toutes les places de vos belles scènes. Mais enfin ce n'est pas nécessaire et, bien que le théâtre soit une école de tout, élève même parfois et l'esprit et le cœur, c'est un plaisir souvent frelaté, une tentation à laquelle l'appât même des réductions rend la résistance difficile.

Au théâtre, vos pères n'allaient pas, vos pères, dirai-je à ceux de nos anciens qui forment en face de moi le camp des retraités, vos grands-pères, dirai-je aux plus jeunes. Vos grand'mères, Mesdames, ne portaient pas de robes de soie, même ici, à Lyon, où la tentation est la plus forte. Elles ne s'en portaient pas plus mal.

C'est grâce à cette vie plus simple, faisant une moindre part aux besoins artificiels, que vos pères, Messieurs, avec des salaires assurément moindres que les vôtres, non seulement ont vécu, mais ont réalisé l'ambition la plus naturelle à l'homme, celle d'élever leurs enfants au-dessus de la position qu'ils occupaient eux-mêmes. C'est par là que dans notre grande famille P.-L.-M., qui compte aujourd'hui dans ses rangs la troisième génération de ses premiers serviteurs, nous voyons les fils des hommes d'équipe de l'origine devenus commis, leurs petits-fils, chefs de gare, à l'âge où leur père était encore commis ou facteur, les fils des inspecteurs devenir ingénieurs des ponts et chaussées et prendre place dans nos rangs que nous sommes heureux de leur ouvrir. C'est par là que nous voyons un grand nombre de nos enfants entrer aux écoles d'arts et métiers, à l'école centrale ; d'autres à l'école polytechnique et quelques-uns de ces derniers, véritables enfants de la balle, dépouiller le brillant uniforme d'officier d'artillerie, objet de notre ambition pour nos fils, pour prendre l'un, à Chambéry, la casquette de chef de gare, l'autre, à Nîmes, la blouse du mécanicien, à côté de son père solide encore à son poste après trente-quatre ans de service sur les machines.

C'est à ce même but que vous devez tendre, en y consacrant les économies que vous permettent de réaliser vos sociétés coopératives, vos Unions, au lieu de les appliquer exclusivement à augmenter votre bien-être personnel.

Le fondateur de votre Union s'est plu à répéter que les Unions préparaient les Sociétés coopératives et les suppléaient là où elles n'existaient pas. Je dirai volontiers qu'elles me paraissent surtout appelées à les compléter. Les Sociétés coopératives ne sont pas indispensables dans les grandes villes où le bon marché des objets nécessaires à la vie peut être obtenu par des moyens plus simples, elles sont plus spécialement justifiées dans les centres plus ou moins dépourvus de ressources ;

Les deux systèmes ont leurs avantages et peuvent se prêter un mutuel appui. C'est une concurrence de bon aloi, une rivalité légitime pour le bien commun, mais qui ne doit exciter aucun sentiment ni de jalousie ni d'hostilité.

UNION
DES
CHEMINS DE FER P.-L.-M.

Dijon, 8 octobre 1893

Messieurs,

Les remercîments que vient de m'adresser votre Président me font éprouver un véritable sentiment de gêne car je ne les mérite guère. Il sait, et je dois vous confesser, que j'ai hésité d'abord à me rendre au milieu de vous. Il me semblait que ces fêtes n'étaient bonnes ni pour vous, ni pour moi : pour vous qui prêchez et pratiquez la sage économie, pour moi, que vos diverses unions ont la bonté de convier à toutes leurs fêtes et qui finirais, si je me rendais à toutes, par y laisser et ma tête et mon estomac : et, dans mon intérêt, permettez-moi de dire aussi dans le vôtre, j'ai besoin de l'une et de l'autre. Et cependant j'ai accepté cordialement votre cordiale invitation dans ce pays de Bourgogne qui m'est particulièrement cher, dans cette ville de Dijon à laquelle tant de liens me rattachent et où j'ai passé mes premières années de jeunesse. — Et je suis accouru, comme l'on vient dans sa famille, à cette réunion où vous cherchez un honnête délassement à vos occupations de chaque jour, à cette fête du travail, de l'économie, de la prévoyance et aussi de la bienfaisance : du travail qui seul produit la richesse, de l'économie qui l'augmente, de la prévoyance qui la conserve et la transmet et de la bienfaisance qui en fait le plus utile et le plus noble emploi.

Quand on dit qu'avec le travail on arrive à tout, ce n'est qu'une vérité relative. S'il est à tous notre commune loi, il n'est fécondé que s'il est doublé d'un don que les hommes ne créent pas, qu'ils reçoivent et que Dieu, ne se conformant pas, sous ce rapport, au second terme de notre devise républicaine, leur dispense d'une main fort inégale. C'est à distinguer d'abord l'intelligence chez nos enfants et à la mesurer que doit s'appliquer notre premier effort. Le second est, on vient de vous le dire, de la cultiver par l'éducation, de manière à faire de ceux qui l'ont reçue des hommes utiles à la société, au pays, en même temps qu'ils travaillent à leur propre bonheur.

Le bonheur, n'a pas de définition précise, chacun le sent, le comprend ou le rêve à sa façon. Le secret pour l'obtenir, si je le connaissais, l'amitié que je vous porte me ferait vous le révéler sans égoïsme ; mais, ce secret, personne ne le connaît, on ne peut que le soupçonner et, en regardant autour de soi, en observant ceux qui l'ont obtenu, chercher la voie qui les y a conduits.

Un des meilleurs moyens, ce me semble, c'est de regarder à la fois en bas et en haut ; cela paraît un paradoxe, une impossibilité physique en tout cas. — C'est là pourtant ce qu'il faut faire. En regardant en bas, on voit toujours, quelque modeste que soit le rang qu'on occupe, de plus petits, de plus pauvres que soi et l'on songe moins, en les considérant à se plaindre de son propre sort. En regardant en haut on aperçoit l'idéal et le but que chacun de nous, dans la limite de ses forces et de ses facultés, doit s'efforcer d'atteindre en s'élevant progressivement par le travail. Dans la limite de ses facultés dis-je, car je n'ai pas besoin de vous rappeler l'histoire de ce mécanicien de l'antiquité (il existait des mécaniciens bien avant l'invention de la vapeur et des locomotives), de ce Dédale qui avait trouvé le secret de s'élever dans les airs au moyen d'ailes ingénieusement combinées. Le secret est perdu, heureusement pour l'industrie des chemins de fer. Il les adapta aux épaules de son fils Icare et ce jeune présomptueux, comme l'appellent les auteurs classiques, ce petit imbécile, dirions-nous aujourd'hui dans notre langage familier, n'eut rien de plus pressé que de vouloir atteindre le soleil. Le soleil fit fondre la cire qui attachait ses ailes et notre jeune homme se cassa le nez sans trouver personne pour plaindre sa mésaventure.

Regardez toujours en haut cependant, Messieurs; plus vous serez partis de bas, plus il vous sera facile de vous élever. Vous faut-il des exemples ? vous en avez et de nombreux ici-même : n'ai-je pas à mes côtés un homme d'origine bien modeste mon ami Mazeau, qui, par un travail obstiné servi par une haute intelligence, s'est élevé à la première place de notre magistrature. Je vous en citerai un autre plus personnel : Il y a quelque quarante ou cinquante ans un enfant franchissait un peu effaré, les grilles cuirassées de fer de notre vieux lycée, que l'on vient de désaffecter. Il était pauvre, boursier de l'Etat, qui alors comme aujourd'hui, vient en aide, en élevant leurs enfants, à ceux de ses vieux serviteurs qui ne se sont pas enrichis à son service. L'enfant voyait chaque année, de ses anciens, d'aussi modeste origine, franchir les portes de l'Ecole Polytechnique. Pourquoi ne ferait-il pas comme eux? Il les franchit à son tour et, devenu homme, conscient de la dette qu'il avait contractée et soucieux de l'acquitter, il est parvenu, à force de travail et les circonstances aidant, car la chance joue un grand rôle dans la vie, à une situation que ses rêves les plus ambitieux ne lui avaient jamais fait entrevoir. Il continue à travailler et s'il croit avoir payé aujourd'hui sa dette matérielle à l'Etat, il n'oublie pas sa dette morale qui est de patronner les petits et les faibles et de faire pour les humbles d'aujourd'hui ce que d'autres ont fait pour l'humble d'alors.

A cette grande Ecole Polytechnique dont je viens de parler, l'une des grandes fondations, il y aura demain cent ans, de nos grands aïeux de la révolution, de nos compatriotes Monge, Prieur de la Côte d'Or, Carnot, à cette école qui, fidèle à son origine, est restée sous tous les régimes qu'a traversés notre pays, un foyer de libéralisme et de démocratie, tout le monde assurément ne peut prétendre. Il en est d'autres : l'Ecole Centrale, les Ecoles industrielles, les Ecoles d'arts et métiers qui nous fournissent chaque année un si grand nombre d'agents instruits et disciplinés. Il en est une autre enfin, car tous ne peuvent entrer aux Ecoles spéciales, qui a bien aussi sa valeur : *cette grande école pratique qui est notre Compagnie elle-même* et dans laquelle ceux qui sortent du rang peuvent sinon gagner le bâton de maréchal (on n'en fait plus) du moins s'élever en franchissant un à un les échelons de notre hiérarchie.

Dans cette hiérarchie, chacun voit et coudoie de plus petits que soi. C'est à les pousser à leur tour et à leur donner les moyens de grandir que doivent tendre tous nos efforts et j'ai été heureux d'entendre tout à l'heure votre Président nous dire que c'était à la création de bourses dans les Ecoles d'Arts et Métiers que votre comité vous propose d'affecter vos ressources disponibles. Vous n'en sauriez faire un meilleur emploi. Regarder au dessous de soi pour arriver par comparaison à se trouver content de son sort, c'est la plus sûre et la plus saine des philosophies, donner aux petits les moyens de grandir et de s'élever, c'est la meilleure manière de comprendre et de pratiquer la fraternité.

Je fais des vœux, Messieurs, pour votre Union P.-L.-M., pour le maintien de l'union et de la concorde entre tous les membres de notre grande famille.

LE PÉAGE

SUR LES VOIES NAVIGABLES

Discours prononcé au Congrès de navigation de Paris

les

23 et 25 juillet 1892

Séance du samedi 23 juillet.

M. Noblemaire. — Messieurs, je ne crois pas vous surprendre en vous disant que j'ai l'intention de combattre le projet de résolution tendant à la suppression absolue de toute taxe de navigation proposé par M. Dartois, et de n'approuver qu'avec réserves les résolutions proposées tant par M. Boulé que par M. Raffalowich ; je suis d'accord sur le principe qu'ils invoquent, que la navigation ne doit être soumise à aucun *impôt fiscal* proprement dit, mais je crains d'être en désaccord avec eux sur les conséquences que probablement — car ce que j'ai entendu de l'énoncé de leurs projets ne l'indique pas — ils en veulent tirer.

J'ai eu l'occasion, il y a trois ans, dans ce même local, par une singulière coïncidence, de traiter cette même question des droits de navigation ; j'ai défendu mon opinion avec moins d'espérance de la voir triompher immédiatement, que de conviction, en me disant, comme autrefois Caton *(Sourires)* :

Victrix causa diis placuit, sed victa Catoni.

J'étais placé à cette époque dans un milieu tout spécial, fort différent de celui devant lequel j'ai l'honneur de parler aujourd'hui. C'était au Congrès des chemins de fer, composé d'hommes de chemins de fer assez intelligents, vous n'en doutez pas *(Nouveaux sourires)*, pour savoir quel est l'accord qui peut et doit intervenir entre les chemins de fer et la navigation, assez intelligents pour ne pas jalouser les progrès faits par elle, mais, au contraire, pour y applaudir et pour féliciter les ingénieurs qui en ont fait, avec tant de succès depuis quelques années, l'occupation de leur vie.

Je m'étais placé à un point de vue tout particulier, au point de vue de la comparaison des situations respectives faites par la collaboration, par la coopération de l'Etat aux deux modes de transports nécessairement, et je l'ajoute dans l'intérêt général, heureusement concurrents. J'avais mis en regard l'importance des subventions consenties par l'Etat et l'importance des produits que l'Etat avait retirés des sacrifices qu'il s'était imposés pour l'une et l'autre voie. J'avais dit, et je me borne à le répéter ici très sommairement, que l'Etat avait consenti en faveur de la navigation intérieure des sacrifices qui, à cette époque — c'était en 1880 — se soldaient en chiffres ronds par 1,500 millions, et qu'il avait consenti en faveur des chemins de fer un sacrifice qui, à cette époque également, se soldait en chiffres ronds par 3 milliards 1/2, c'est-à-dire par un sacrifice plus que double. Dans ces 3 milliards il convenait cependant de faire une distinction. Un milliard environ a été consacré à la constitution, par voie de rachat de diverses compagnies, des chemins de fer de l'Etat. L'Etat a été conduit par les événements à se constituer un réseau. C'est une opération que je ne me permets ni d'apprécier, ni de discuter, encore moins de blâmer, mais, enfin, c'est une opération d'une nature spéciale.

En la laissant de côté, je trouvais que l'Etat avait donné aux compagnies de chemins de fer proprement dites, qui supportent tout le reste des dépenses de construction et l'intégralité des dépenses d'entretien de leurs voies une subvention de 2 milliards 500,000 francs et une autre de 1.500 millions à la navigation.

Ces chiffres, représentant la situation en 1888, sont incontestables ; mais ce qui est incontestable aussi et ce qu'on oublie trop souvent de dire, c'est qu'en dehors des avantages généraux, qui existent des deux côtés, les 1,500 millions donnés à la navigation ne produisent quoi que ce soit à l'État et que les 2 milliards 500,000 francs donnés aux compagnies lui produisent, tant en perceptions directes qu'en économies réalisées sur les transports à la charge des différents services publics, un intérêt annuel de 9 0/0. C'est un placement d'enfant prodigue dans le premier cas, de père de famille dans le second. Je tenais à signaler cette situation d'ensemble, dont la première partie est accusée couramment dans toutes les discussions et dont la seconde partie est soigneusement passée sous silence.

Voilà le point de vue spécial auquel je m'étais placé dans l'assemblée également spéciale devant laquelle j'avais l'honneur de parler, il y a trois ans.

Ce point de vue ne sera plus du tout le mien aujourd'hui. Je ne prononcerai plus même le mot de chemin de fer. Je ne discuterai en aucune façon les questions de concurrence entre les chemins de fer et la navigation. Je ne suis plus ici un homme de chemins de fer. Je parle devant vous en qualité de membre de la Chambre de commerce de Paris à laquelle les électeurs parisiens m'ont fait l'honneur, très immérité, de m'envoyer. Je vous parle au point de vue de la raison pure, de l'équité pure. Je ne suis pas même un de ces hommes que M. Camille Pelletan...

M. LE PRÉSIDENT. — Vous parlez chemins de fer en ce moment-ci. *(Sourires.)*

M. NOBLEMAIRE. — ...... dans un de ses articles si spirituels et si mordants, écrasait, hier encore, sous ce qualificatif un peu dédaigneux de « l'un de nos économistes les plus éminents ». Economiste, je ne le suis guère. Je fais de l'économie politique un peu tous les jours comme M. Jourdain faisait de la prose, sans s'en douter. *(Sourires.)* Quant à la science économique, je professe pour elle, je l'avoue timidement, ce respect instinctif qu'inspirent toujours les choses un peu mystérieuses. Mes raisons sont accessibles à tout le monde, et c'est au point de vue pur de l'équité et de la raison que je me placerai pour examiner si oui ou non il est bon que les voies de navigation intérieures soient exonérées de droits de péage rémunérant au moins leurs dépenses d'entretien ; et, dans cet examen, j'envisagerai la navigation en elle-même, abstraction faite de toute comparaison avec une autre voie, concurrente ou non, de transports.

Sur cette question, vous avez reçu, messieurs, cinq rapports extrêmement intéressants — je le suppose du moins — j'en suis sûr pour quatre d'entre eux que j'ai lus hier beaucoup plus hâtivement que je ne l'aurais voulu, étant donnée l'autorité de leurs auteurs. Le cinquième m'est arrivé ce matin : celui de M. de Sytenko. Je n'ai pas eu le temps de le parcourir ; mais j'ai lu du moins ses conclusions : « *Impossibilité d'établir sur la navigation des taxes fiscales proprement dites ; mais nécessité de péages acquittés par ceux qui en profiten** et exclusivement consacrés au développement et à l'amélioration des voies navigables.* » Ces conclusions ne m'ont pas étonné, car j'avais discuté avec lui cette même question au Congrès des chemins de fer de 1889, et j'étais bien sûr qu'elles ne seraient pas différentes de celles que j'ai l'honneur et l'intention de défendre devant vous.

Les quatre premiers mémoires que vous avez lus certainement, Messieurs, puisque tous vous vous intéressez, quelques-uns même d'une manière passionnée, à la question des droits de navigation, sont : pour la France, le rapport de M. Beaurin-Gressier, dont la haute compétence, en ces matières, n'est plus à démontrer ; le rapport de mon honorable collègue à la Chambre de commerce et ami, M. Couvreur, qui ne s'étonnera pas de m'avoir pour contradicteur, car ce n'est pas la première fois que j'ai ce déplaisir ; pour l'Allemagne, le rapport de M. Sympher, ingénieur en chef, à Holtenau, et pour la Hollande, celui de M. Deking-Dura, ingénieur en chef du Waterstaat, à Zwolle.

Il y a, Messieurs, en matière de droits de navigation, deux écoles. Ces deux écoles sont d'accord sur ce point : que l'État doit s'imposer de très gros sacrifices pour fonder, développer, améliorer et étendre la navigation. A cet égard, il n'y a aucune difficulté et aucune contradiction chez personne.

La première école, — c'est celle de M. Couvreur, — je demande la permission de désigner les écoles par le nom des auteurs des mémoires, — mais je sais que M. Couvreur n'est pas seul de son avis, — la première école ajoute qu'il ne faut absolument aucune espèce de droits de navigation ni pour rémunérer le capital de construction, ni même pour couvrir les frais annuels d'entretien. C'est ce que demande le projet de résolution déposé par M. Dartois.

La seconde école, au contraire, celle de MM. Beaurin-Gressier, Sympher, Doking-Dura et de Sytenko, déclare plus ou moins ouvertement qu'il faut des droits de navigation, et que ces droits sont nécessaires, sont justes, ne serait-ce que pour permettre les développements ultérieurs de la navigation. Cette école admet même, au moins en théorie, — car dans la pratique elle ne va pas toujours jusque-là, — que la quotité de ces péages légitimes doit être telle qu'elle couvre non seulement les frais annuels d'entretien des voies navigables, mais aussi l'intérêt et même l'amortissement du capital employé à leur construction.

Bien que cette dernière école soit la mienne, mon ambition n'irait peut-être pas si loin. Couvrir à la fois et les frais d'entretien et les frais d'amortissement du capital, cela me paraît tellement difficile que, formuler une proposition pareille, c'est vouloir écraser le malade sous le poids du remède. On arriverait, pour les voies navigables actuellement existantes, à couvrir tant bien que mal les frais d'entretien annuels, en jetant à l'eau le capital d'établissement dépensé dans le passé, que ce serait déjà, je le crois, un résultat que certains d'entre vous considéreraient comme exagéré et dont, pour ma part, je saurais me contenter.

Etablissons donc nettement notre point de départ :

Nous sommes bien tous d'accord sur la nécessité absolue, inéluctable, non seulement d'utiliser les voies d'eau naturelles, mais de créer des voies artificielles, de les améliorer, de les développer, et de faire en capital des dépenses aussi considérables qu'il sera nécessaire pour cela et que l'état général, que les ressources du budget le permettent.

Mais ces dépenses, il ne faut pas les faire contre l'équité, contre la raison. Or, l'équité et la raison me paraissent d'accord absolument pour s'opposer à ce que l'on continue plus longtemps le système suivi jusqu'ici : il n'est pas naturel que non seulement les frais de construction pour l'établissement des canaux et pour l'amélioration des rivières, mais que les frais d'entretien annuels, qui sont d'une importance et d'un caractère bien différents, soient payés intégralement et exclusivement par l'Etat, c'est-à-dire par l'universalité des contribuables du pays, alors que pour certaines nations — pour la France en particulier — l'usage des voies d'eau ne profite qu'à une partie plus ou moins restreinte du pays.

Sur ce point, je suis bien d'accord avec l'un des auteurs des mémoires que j'ai cités, M. Sympher, qui résume ainsi cette idée — et c'est tout à fait mon opinion :

« Si la taxe de navigation est trop faible pour couvrir les dépenses résultant du trafic correspondant, ces dépenses tombent à la charge de l'ensemble des contribuables, sans qu'il résulte du transport des marchandises ainsi attirées dans le trafic un bénéfice économique équivalent aux dépenses que ce transport a imposées sous forme d'augmentation des dépenses d'entretien. »

Ces considérations générales exposées, je voudrais tout d'abord débarrasser la discussion de ce que je me permets d'appeler une question de *sentiment* qui figure, et qui joue même un grand rôle, si j'en crois l'argument « in *cauda venenum* », dans le rapport de M. Couvreur : c'est la situation personnelle des bateliers, justifiant la nécessité de ne pas imposer de droits de navigation par suite desquels les bateliers, déjà fort malheureux, ne pourraient plus vivre.

Ce n'est pas, à coup sûr, que la situation des bateliers n'excite en moi le plus vif intérêt. Elle vous a été sommairement rappelée, dans des termes touchants et élevés, par M. Viette, ministre des Travaux publics, quand il a inauguré votre congrès. Elle vous a été exposée, dans des termes plus intéressants encore peut-être, par M. Couvreur au moyen de chiffres, car rien n'est plus *touchant* que des chiffres en pareil cas. Ceux que je trouve dans son rapport établissent que, tous prélèvements faits des charges qui s'imposent au batelier, il lui reste pour vivre, pour élever ses enfants qui naissent et meurent sur le bateau, pour pourvoir à ses distractions — quand il a le moyen de s'en offrir — à ses besoins, un bénéfice annuel de 1,888 fr. 50. Assurément, le chiffre est modeste, mais il ne faut pas se laisser entraîner plus que de raison par le cœur, ni trop introduire le sentiment dans les affaires. Sans doute, la situation des bateliers est digne de toute notre sollicitude ; mais est-ce que, par hasard, les bateliers sont les seuls qui se trouvent dans cette situation ? Et, pour ne chercher d'exemples que dans des professions similaires, la situation est-elle moins modeste chez les marins d'eau salée ?

Est-ce que ces rudes populations de marins qui quittent chaque année les rivages de notre Bretagne, de Fécamp, de Boulogne, de Dunkerque pour aller vivre loin de leur famille, trop souvent mourir loin d'elle, à la pêche du hareng ou de la morue, y réalisent annuellement un revenu de 1,888 fr. 50 ? Et ceux-là ne sont-ils pas plus dignes d'intérêt que les bateliers d'eau douce dont la vie familiale n'offre pas du moins ces dangers ? Ne nous appesantissons donc pas trop sur ces questions de sentiment qui n'ont vraiment rien à voir dans une discussion d'affaires.

Une autre considération plus sérieuse sur laquelle M. Couvreur s'appuie, pas de sentiment, celle-là, mais de mode tout au moins, c'est l'invocation de l'exemple des pays étrangers.

L'exemple de l'étranger est utile. Savoir ce qui se fait ailleurs est nécessaire ; mais ce qui se fait ailleurs est-il à suivre chez nous ? Cet ailleurs a-t-il les mêmes intérêts que nous, les mêmes populations, les mêmes traditions ? Une chose qui se fait ailleurs sera-t-elle nécessairement bonne en France ? Devra-t-elle y être appliquée par cela seul qu'elle l'est à l'étranger ?

Il faut en tout cas voir *exactement* ce qui se passe à l'étranger, et c'est ce petit examen que je vous demande l'autorisation de faire en m'appuyant sur les éléments que m'ont fournis les rapports que j'ai ici sous la main.

M. Couvreur, dans son mémoire, n'a pas invoqué l'*Angleterre* et il a eu raison ; car, en Angleterre, tout se fait par l'industrie privée, et l'industrie privée ne construit pas gratis. Elle ne peut pas se contenter de couvrir ses frais d'entretien annuels, les frais d'exploitation de ses voies navigables ; il faut, à peine de périr, qu'elle couvre l'intérêt et l'amortissement de son capital.

On aurait pu invoquer celui des *Etats-Unis*, car d'après ce que nous venons d'apprendre à l'instant, dans ce pays que nous croyions de toutes les libertés et de toutes les initiatives privées, il se trouve que la situation est radicalement l'opposé de ce qu'elle est en Angleterre. Au lieu de confier l'établissement des voies de navigation à l'industrie privée, c'est, par un sentiment de centralisation poussé aussi loin qu'on le pousse en France, — et ce n'est pas peu dire ! — c'est, nous a-t-on dit, l'Etat qui construit tous les canaux, qui les entretient, qui fait presque tout ce qu'on fait en France ; non sans quelque surprise, je le constate et j'en donne acte.

M. Couvreur n'a pas invoqué non plus l'exemple de la Hollande, et il a bien fait ; car la Hollande ne se trouve pas dans une situation bien favorable à sa cause. Ecoutez, en effet, ce qu'en dit M. Deking-Dura dans son mémoire : « *Sauf des exceptions*, dit-il, et il les énumère, *on peut admettre comme règle générale qu'on perçoit des péages sur tous les canaux des Pays-Bas*, et que ces péages ont le caractère d'une rétribution pour service rendu. »

Sur ce point nous sommes bien d'accord. Nous le sommes aussi, au moins dans la définition, avec M. Boulé, dont le projet de résolution porte : « Suppression d'impôts fiscaux. » A merveille ; mais l'assimilation entre les impôts fiscaux et les péages ne peut pas être faite un seul instant. Je renverrais ceux qui seraient disposés ou exposés à faire cette confusion à la discussion...

M. Boulé. — Je ne l'ai pas faite.

M. Noblemaire. — Je le sais... à la discussion si lumineuse que M. Beaurin-Gressier a insérée dans son mémoire.

Ainsi, pas d'impôts *fiscaux*, c'est-à-dire pas de taxes qui ne soient pas fondées sur des services rendus. Ce qui caractérise l'impôt, c'est, pour ne prendre qu'un exemple, l'emploi, rendu obligatoire dans certains cas, du papier timbré qui prend de ce chef une valeur conventionnelle de 60 centimes au lieu d'une fraction de millime que vaudrait une feuille de papier ordinaire. Nous sommes ici en présence d'une valeur artificielle, purement fiscale qui ne repose sur aucun service rendu.

M. le Président. — Il est prélevé pour des services généraux.

M. Noblemaire. — Bien entendu ; les nécessités générales de l'Etat sont ici en jeu ; mais bien différent d'un impôt fiscal est le *péage* qui n'est que la rémunération d'un service spécial effectivement rendu.

M. Boulé. — C'est ce que j'ai dit.

M. Noblemaire. — Parfaitement, et je constate cet accord. Il ne tiendra peut-être pas jusqu'au bout. C'est bien le moins que je le salue au passage, si je ne dois pas le revoir. *(Très bien ! Rires.)*

« En Hollande, dit M. Deking-Dura, *les canaux étant répartis d'une manière très inégale sur l'étendue du pays,* des considérations d'équité ont conduit tout naturellement à l'établissement de tarifs de péage... la manière la plus pratique et, il faut le reconnaître, la plus équitable de faire face aux dépenses a consisté dans le prélèvement de péages sur la navigation. »

Quelle est l'importance de ces péages ?

Nuls sur les voies naturelles, sur les 2,000 kilomètres environ de grandes rivières navigables, ils existent, sauf très peu d'exceptions, sur toutes les voies artificielles de navigation.

Sur les 569 kilomètres de canaux administrés par l'Etat, les frais annuels d'entretien sont de 1,278,000 florins ; le montant des péages perçus est de 218,000, soit 1/6 de la dépense effective.

Ainsi l'Etat ne couvre pas ses frais d'entretien ; je le trouve mauvais et fâcheux ; mais enfin il en couvre le 1/6. Je dois ajouter, pour être complet, que, probablement parce que le Gouvernement considère qu'encaisser 218,000 florins, cela n'en vaut pas la peine, un projet de loi a été déposé, paraît-il, par M. le Ministre des voies et communications de Hollande, pour supprimer, comme en France, en 1880, les droits de navigation sur les canaux de l'*Etat*.

Mais ces canaux de l'Etat en Hollande ne forment que 18 0/0 du réseau des voies navigables artificielles ; les quatre-vingt-deux autres centièmes de ce réseau sont des voies privées et représentent 2,603 kilomètres sur 3,172. Ces seuls chiffres vous montreraient, Messieurs, si déjà vous ne la connaissiez, l'importance du réseau hollandais de voies navigables relativement à la petite étendue du pays. Sur ces 2,603 kilomètres de canaux privés, les péages existent, et ils ont naturellement plus d'importance que sur le réseau de l'Etat. Ils varient, d'après les renseignements de M. Deking-Dura, du tiers aux deux tiers des frais d'entretien. Ils ne les couvrent pas en général, sauf toutefois dans deux provinces, le Brabant septentrional, où le produit des péages dépasse de 25 0/0 les frais d'entretien annuels des canaux, et dans la province d'Over-Yssel qui, elle, plus heureuse, va jusqu'à servir un intérêt de 2 ou 3 0/0 au capital d'établissement.

Après ces prémisses exposées et ces chiffres très intéressants que j'ai notés avec le plus grand soin au passage, voyons les conclusions d'un homme aussi compétent en matière d'exploitation de canaux que l'est M. Deking-Dura. Je le cite. Je ne veux m'appuyer sur l'autorité grande de ces Messieurs qu'en les citant textuellement :

« Il est rationnel et logique, dit-il, de prétendre que les frais d'entretien et d'administration ainsi que l'intérêt et l'amortissement du capital de construction des canaux doivent être payés par *ceux qui en profitent*... Le principe a été maintenu dans toute sa rigueur en Angleterre où la construction des canaux est laissée exclusivement à l'initiative privée et en Allemagne où c'est l'État qui se charge de leur construction. »

Puis jetant un coup d'œil sur ce qui s'est passé dans notre pays, il ajoute :

« La suppression des péages n'est possible que dans les États fortement centralisés comme la France où presque tous les canaux appartiennent à l'État... Mais cette suppression a le grave inconvénient de rendre impossible la construction des canaux par tout autre que par l'État lui-même... et peut-être aurait-il été préférable en 1880 de se borner à l'amélioration des canaux et à la réduction des péages excessifs. »

Je ne peux que m'associer aux conclusions de M. Deking-Dura et répéter avec lui :

« Quand les canaux sont répartis d'une manière très inégale sur la surface d'un pays, l'équité doit conduire naturellement à l'établissement d'un tarif de péage... et il est rationnel et logique que ce péage sur les voies navigables soit supporté par ceux qui en profitent... »

C'est précisément — et dans des meilleurs termes, — ce que j'avais l'honneur de vous dire en commençant ; c'est exclusivement parce que les canaux ne sont pas dans notre pays répartis d'une manière à peu près égale, c'est tant qu'ils resteront répartis d'une manière extrêmement inégale entre les différentes parties de notre pays français qu'indépendamment de ce que font pour d'autres raisons les pays étrangers, je demande ou réclame l'établissement ou le rétablissement du péage absolument justifié par cette inégalité.

Si cet argument est vrai pour les Pays-Bas, combien n'est-il pas plus vrai pour la France où le développement des voies navigables relativement à la surface totale du pays est infiniment moindre que dans les Pays-Bas et où la disproportion des voies navigables par départements en France est autrement grande qu'elle n'est dans les Pays-Bas ?

Arrivons enfin à l'*Allemagne* sur l'exemple de laquelle s'est appuyé d'une manière spéciale M. Couvreur. Il est contredit, comme je viens de le dire, par M. Deking-Dura. Mais jusqu'ici nous sommes en présence de deux simples affirmations. L'un dit : « En Allemagne, la circulation sur les voies navigables est affranchie de toute taxe, » et l'autre : « En Allemagne, le principe des péages est maintenu dans toute sa rigueur. » Voyons ce qu'il en est.

D'après M. Couvreur « une complète harmonie existe en Allemagne dans l'exploitation des chemins de fer et des canaux, bien que dans ce pays la circulation sur les voies navigables soit affranchie de toute taxe ». Une complète harmonie existe en Allemagne dans l'exploitation des chemins de fer et des canaux. Je le crois bien, les canaux et les chemins de fer appartiennent tous à l'Etat. Pour des motifs sur lesquels je n'ai pas à m'appesantir, l'Etat allemand a cru devoir racheter aux très... aux trop nombreuses compagnies de chemins de fer toutes leurs concessions. Il s'est inspiré — ceci dit sans que j'aborde un terrain trop brûlant — de considérations d'ordre politique au point de vue de l'unification du pays et au point de vue militaire, considérations que je comprends à merveille de sa part et que nous n'avons pas à discuter.

En France, telle n'est pas la situation. Les canaux sont entre les mains de l'Etat ; les chemins de fer n'y sont pas. Les Compagnies y sont infiniment moins nombreuses qu'elles n'étaient en Allemagne. Il est de mode de beaucoup crier contre elles, de dire qu'elles sont rétrogrades, de leur demander de faire plus vite des progrès qu'elles font à pas trop lents. En somme, je crois pouvoir dire qu'elles rendent de grands services au pays et qu'elles méritent très bien de lui ; et mon honorable ami n'est pas, que je sache, de ceux qui poussent — et ils ne sont pas un bien grand nombre — à la solution qui a prévalu en Allemagne : à l'absorption de tous les chemins de fer par l'Etat.

Restons donc où nous en sommes avec nos tendances, notre tempérament propre et notre esprit national.

Voyons exactement, Messieurs, ce qui se passe en Allemagne, et, pour le savoir, reportons-nous au mémoire de M. de Sympher. — Il nous apprend, il m'apprend tout au moins, que dans la Constitution de l'empire du 16 avril 1871 — le 16 avril 1871, on avait le temps, en Allemagne, de s'occuper de navigation ! — Il est dit, article 54 : « Sur les cours d'eau naturels, il n'y a pas de péages en principe. » C'est ce que M. Deking-Dura nous a déjà dit, et c'est bien naturel. Mais — il y a un « mais » — la situation change si des travaux ou des installations spéciales ont été faits sur les voies naturelles pour faciliter le trafic. « Dans ce cas, pour les cours d'eau naturels et, dans tous les cas, pour les cours d'eau artificiels, propriétés de l'Etat — il ne s'agit que de l'Etat — il est perçu des péages qui ne doivent pas dépasser les frais nécessaires pour l'entretien et les réparations ordinaires des installations. »

D'accord, et je souligne qu'il ne s'agit ici que des canaux ou rivières *propriétés de l'Etat*.

L'Etat a une qualité, qu'il soit allemand, russe, belge, français ou espagnol, l'Etat est par nature, par essence, par malheur, si vous voulez, un grand libéral et un grand dépensier. L'Etat n'est pas un industriel ; sa comptabilité n'a rien de commun avec la comptabilité industrielle ou commerciale ; il n'a qu'un compte d'établissement, il n'a pas de compte d'exploitation, ou plutôt il en a un, mais il n'y porte que des dépenses. Sur quelles ressources fait-il l'amortissement de son outillage ? Nous ne le savons que trop : sur l'emprunt et l'impôt. C'est dangereux pour les esprits réfléchis et prévoyants ; mais c'est si commode... jusqu'à ce que la machine craque. *(Rires.)*

Je me suis laissé entraîner à une digression en parlant des canaux et rivières de l'Etat ; pour les canaux, propriétés des provinces et des particuliers — et il y en a en Allemagne comme ailleurs — il y a des péages. Quels en sont les chiffres ?

Les cours d'eau dits *naturels*, nous apprend M. Sympher, représentent 11,108 kilomètres sur 13,788 kilomètres de voies navigables allemandes. Ici, la proportion entre les voies de l'Etat et les voies des particuliers est inverse de ce qu'elle est en Hollande. En Hollande, 18 0/0 des canaux appartiennent à l'Etat, 82 0/0 aux particuliers. En Allemagne, c'est à peu près la proportion inverse et même un peu plus forte.

Les cours d'eau naturels, je le répète, sur lesquels, théoriquement au moins, il n'y a pas de péages, représentent 11,108 kilomètres. La dépense d'entretien annuel — je ne parle pas des dépenses de premier établissement — de ces 11,108 kilomètres est de 12 millions et demi de marks, la recette de 2,007,000 marks, soit environ 1/6°. C'est la même proportion qu'en Hollande.

Quant aux canaux ou rivières à péages qui ne forment que 2,680 kilomètres, la dépense d'entretien annuel est de 2 millions 609,000 marks, et la recette annuelle est, par un singulier hasard, la même que pour les 11,108 kilomètres ci-dessus, c'est-à-dire de 2,007,000 marks.

Nous sommes loin de la gratuité alléguée, et nous voyons que, même dans ce pays, il est inexact de dire d'une manière absolue que le régime des voies navigables est affranchi de toute taxe.

Je ne veux pas exagérer les conclusions à tirer de ces chiffres. Je les ai mis sous vos yeux ; car rien n'est plus éloquent que des chiffres dont il n'est utile de forcer ni la valeur ni les conséquences.

Pour les canaux privés, il faut nécessairement une rémunération plus forte que pour ceux de l'Etat, lequel, grâce à l'impôt, peut à la rigueur se passer de toute rémunération.

M. Sympher s'exprime ainsi :

« Il importe de distinguer les voies de navigation naturelles des voies artificielles ; pour les premières, un sentiment naturel vient renforcer la vérité économique : aucune taxe ne doit être perçue. Mais il n'en va plus de même pour les voies artificielles ou pour les voies naturelles que la main de l'homme a seule permis d'utiliser ou a améliorées d'une façon sensible. »

Je ne puis que m'approprier cette distinction en répétant de son mémoire la phrase que j'ai déjà citée :

« Si la taxe de péage est trop faible pour couvrir les dépenses du trafic correspondant, ces dépenses tombent à la charge de l'ensemble des contribuables sans qu'il résulte du transport des marchandises ainsi attirées dans le trafic un bénéfice économique équivalant aux dépenses que ce transport a imposées sous forme d'augmentation des dépenses d'entretien. »

J'ai fini, Messieurs, l'examen que je m'étais proposé de faire de la situation des voies navigables à l'étranger, situation sur laquelle on s'appuie pour combattre, dans notre pays, l'établissement ou le rétablissement d'un péage, ne fût-il destiné qu'à couvrir les frais annuels d'entretien de nos voies navigables.

M. LE PRÉSIDENT. — Monsieur Noblemaire, je dois vous prévenir qu'une grande partie du Congrès part ce soir en excursion pour le Havre, il faut déjeuner et nous allons être obligés de lever notre séance.

M. NOBLEMAIRE. — Si vous voulez bien, Messieurs, m'accorder encore un quart d'heure et même seulement dix minutes, j'aurai fini.

UN MEMBRE. — Il vaut mieux remettre à lundi la suite de votre discours et ne pas l'écourter, Monsieur Noblemaire.

M. LE PRÉSIDENT. — En tout cas, Messieurs, je serai l'interprète de tous les membres de la section en remerciant M. Noblemaire d'avoir ouvert la discussion par le discours que vous venez d'entendre. *(Approbation.)*

M. DARTOIS. — Monsieur le Président, me permettriez-vous de dire deux mots seulement ?...

M. LE PRÉSIDENT. — Est-ce sur la discussion ?

M. DARTOIS. — Oui, Monsieur le Président.

M. LE PRÉSIDENT. — Je vous prierai alors de remettre à lundi votre observation.

Lundi matin, séance à 9 heures.

(La séance est levée à 10 heures 1/2.)

Séance du lundi 25 juillet.

M. NOBLEMAIRE. — Messieurs, il n'est pas facile de faire un exposé coupé en deux parties à quarante-huit heures d'intervalle, et je vous demanderai la permission, ne fût-ce que pour me mettre, pour ainsi dire, en haleine et pour mettre au courant ceux d'entre vous qui étaient absents à la dernière séance, de reprendre brièvement les considérations que je développais devant vous avant-hier.

Mon intention est de combattre la proposition qui vous a été faite et tendant à ce qu'aucun péage, aucune taxe ne soient perçus sur une voie navigable quelconque. Pour appuyer ma proposition, je ne pouvais faire mieux que d'examiner et discuter successivement les cinq mémoires qui vous ont été distribués et dont l'un approuve résolument, dont les quatre autres, plus ou moins ouvertement, combattent la proposition qui vous est soumise.

J'avais pris particulièrement à partie, et je lui en demande pardon, mon collègue et ami M. Couvreur. Je suis heureux de l'avoir, je ne dirai pas pour adversaire, mais pour contradicteur ; car il est impossible, je le sais depuis longtemps, d'avoir un contradicteur plus loyal, plus convaincu et sur les opinions duquel l'intérêt personnel joue un moindre rôle. C'est un éloge que je n'adresserai pas absolument à tout le monde. *(Applaudissements.)*

Je le prendrai encore comme point de mire ce matin. En examinant les opinions qu'il a exposées, j'avais voulu écarter d'abord de la discussion un argument que j'appelais de sentiment, qui a son importance cependant, l'intérêt des bateliers et leur droit à la vie. Je disais que les bateliers d'eau douce m'inspiraient autant qu'à qui que ce soit intérêt et sympathie : je compatissais à la modestie des ressources de ces gens qui naissent, vivent et meurent sur leurs bateaux ; mais j'ajoutais que si cette population est des plus dignes d'intérêt, le même intérêt doit s'attacher à bien d'autres populations qui malheureusement ne sont pas plus riches et en particulier aux marins d'eau salée qui ont eux aussi femmes et enfants, mais qui, à l'inverse des premiers, ne vivent pas toujours au milieu de leurs familles et trop souvent meurent loin d'elles, sans recueillir cependant comme nos mariniers un bénéfice net annuel de 1888 fr. 50.

Je crois, du reste, que la situation personnelle des ouvriers de la navigation n'est pas particulièrement en cause ici : M. Couvreur se préoccupe beaucoup de ce que l'établissement ou le rétablissement de taxes et péages sur les voies navigables compromettra la situation des bateliers. Je me permets d'être d'une autre opinion : est-il donc exact qu'avant 1880, époque où, très à tort, suivant moi, très justement, suivant lui, les droits de navigation ont été supprimés, le produit net du batelier, sinon de l'entrepreneur, ait été inférieur à ce qu'il est depuis ? Pour moi je n'en sais rien. Personne n'aurait été plus compétent pour répondre à cette question que M. Couvreur lui-même, et une démonstration avec chiffres exacts et comparables eût été, émanant du même honnête homme, des plus intéressantes. Jusqu'à présent il reste à démontrer par des calculs précis et détaillés analogues à ceux que M. Couvreur a faits pour l'époque actuelle, qu'avant 1880 le batelier était moins riche qu'aujourd'hui. Alors seulement l'argument de M. Couvreur aurait une valeur qu'il n'a pas jusque-là.

Pour moi, je crois que la situation du batelier, pas très brillante assurément aujourd'hui, ne l'était pas davantage avant 1880 et qu'entre les deux époques il ne doit pas y avoir de différence bien sensible. Non pas que la suppression des droits ait eu des effets nuls ; mais ce n'est pas aux bateliers, aux ouvriers de la navigation que cette suppression a profité, c'est aux entrepreneurs, aux Compagnies de navigation et aux industriels riverains des voies navigables. Leur intérêt est grand aussi et digne de considération, je le reconnais, mais à coup sûr pas de la même nature.

Quittant ensuite les arguments de sentiment, j'ai passé en revue la situation de différents pays. Il faut imiter l'exemple de ces pays si les conditions dans lesquelles ils se trouvent sont semblables aux nôtres et le répudier, au contraire, si ces conditions ne sont pas analogues.

Nous sommes en présence de cette affirmation qu'il n'y aurait à l'étranger, en particulier en Allemagne, aucun droit de navigation. D'après ce que l'on nous a dit avant-hier matin, cette opinion de mes contradicteurs serait pleinement appuyée par l'exemple de ce qui se passe aux Etats-Unis. Il paraît, je l'ignorais pour ma part, qu'il n'y a aucune taxe d'aucune nature dans ce pays béni de la navigation. Cela m'étonne, mais peu importe, je l'enregistre. Cela peut cependant s'expliquer, du moins c'est une hypothèse, par l'énorme importance de la navigation naturelle sur les lacs ou les grands fleuves par rapport à la navigation artificielle. Je ne connais pas l'importance relative de la navigation qui se fait sur ces lacs qui sont en réalité des Méditerranées quoique nous les voyions si petits sur les cartes. Le tonnage de ces voies naturelles, où la main de l'homme n'a presque rien eu à faire, doit être énorme par rapport à celui des voies artificielles ; s'il en était autrement, M. Couvreur serait autorisé à s'en prévaloir ; mais si, au contraire, l'importance de la navigation sur les voies naturelles, utilisées telles que la nature les a faites, ou à peu près, est de beaucoup supérieure à celle des voies navigables artificielles, vous reconnaîtrez avec moi que l'argument perdrait singulièrement de sa valeur ; car nous sommes bien tous d'avis, il n'y a à ce sujet aucune discussion, que sur les voies *naturelles* il est impossible de prétendre qu'aucun droit de navigation puisse être imposé.

En Angleterre, la thèse de M. Couvreur est absolument inexacte ; c'est incontestable. Et cela s'explique : dans ce pays d'initiative privée, le gouvernement ne fait rien : il ne donne aucune subvention, tout est fait par le concours d'actionnaires, de villes, d'entrepreneurs ; il faut qu'ils tirent de leur travail une rémunération, qu'ils couvrent les frais d'entretien annuel, que les recettes de l'exploitation couvrent l'intérêt et l'amortissement du capital engagé.

En Russie, dont je n'ai pas eu le loisir de parler suffisamment, le mémoire et les conclusions de M. de Sytenko contredisent la thèse de M. Couvreur. Mais ce pays n'est guère comparable au nôtre et ses conditions intérieures ne sont pas du tout les mêmes que chez nous.

Pour la Hollande et l'Allemagne, j'ai analysé les rapports de MM. Deking-Dura et Sympher. J'y ai trouvé qu'en Hollande 18 0/0 des voies navigables artificielles appartenaient à l'Etat et ne produisent que des péages insignifiants : un sixième de la dépense annuelle d'entretien et il n'est question de rien pour la rémunération du capital, bien entendu. Au contraire, 82 0/0 des canaux sont voies privées, construites par des particuliers sur lesquelles le péage est bien plus important ; il est encore insuffisant pour couvrir les dépenses d'exploitation ; cependant, au lieu de produire 1/6 des frais d'entretien, il produit au minimum 1/3, et même, dans certains cas, il arrive non seulement à couvrir les frais annuels d'entretien, mais à faire produire 3 0/0 au capital d'établissement.

Pour l'Allemagne, la proportion est renversée entre les voies des particuliers et les voies de l'Etat, mais la situation est la même quant aux résultats des péages. En Allemagne, les voies considérées comme naturelles, sur lesquelles, du moins en principe, il n'y a pas de péage, forment les 80 0/0 de la longueur totale du réseau. Sur ces voies, il y a cependant un péage qui représente, comme en Hollande, 1/6 de la valeur totale des dépenses annuelles d'entretien ; sur les voies privées il est des 4/5.

Tels sont les chiffres, extraits des mémoires qui nous sont distribués, que j'avais mis sous vos yeux et que je vous soumets de nouveau pour raccorder ce que je disais l'autre jour avec ce que je vais dire en quelques mots maintenant.

Je n'ai pas parlé encore du beau mémoire de M. Beaurin-Gressier sur lequel je ne me suis appuyé qu'incidemment à propos de la distinction à faire entre l'impôt et le péage. Je vais vous en citer quelques lignes de peur de l'affaiblir en le résumant :

« Le péage, dit-il, a pour objet de rémunérer les services rendus pour l'aménagement, l'extension, le perfectionnement, l'administration des voies navigables. Les services auxquels il s'applique sont rendus par l'Etat et intéressent à la fois tous les usagers de la voie améliorée ; chaque usager en profite sans qu'il lui soit directement rendu.

« ... Les procédés qui consistent à recourir au budget, pour se procurer les ressources nécessaires, tombent sous le coup d'une grave critique. Ils ont pour conséquence de faire payer, *à l'ensemble des contribuables d'une nation*, des travaux, des services dont ces contribuables ne retirent pas un avantage direct, des dépenses qui ont même parfois pour résultat de leur causer préjudice dans leurs professions particulières, en favorisant la concurrence à l'égard des services ou des produits qu'ils ont coutume de fournir. »

Il conclut, par conséquent, à la convenance et à la justice, non pas de l'*impôt* qu'il combat comme nous tous, mais d'un *péage* qui aurait le caractère d'un service rendu, comme je le veux avec lui et avec MM. de Sytenko, Sympher et Deking-Dura.

M. Beaurin-Gressier déclare que le péage doit comprendre

des éléments nombreux pour tenir compte du plus grand nombre possible des éléments de trafic dans la détermination de la part contributive qui leur sera demandée... « Toute recette perdue du fait d'un élément de trafic indûment écarté devra se répartir sur les autres éléments de trafic, la détaxe des uns ne pouvant être obtenue qu'au moyen d'une surtaxe imposée aux autres. » Je suis loin d'y contredire, mais je n'insiste pas, mon dessein étant moins de rechercher les bases rationnelles d'un péage que d'établir la raison d'être de son existence même. Sur ce point, M. Beaurin-Gressier ne se sépare pas des auteurs que je viens de citer et sa conclusion est la même : « Le taux normal des taxes que comporte un péage doit être calculé de manière à faire face à la dépense effectuée... Non seulement *le péage ne doit porter que sur ceux qui sont appelés à tirer profit du travail exécuté*, mais le produit en doit être exclusivement affecté à couvrir la dépense si elle est annuelle, à l'amortir s'il s'agit d'une dépense d'établissement... La perception en doit cesser dès que ses produits ont atteint le chiffre de la dépense qu'il avait à couvrir. »

C'est, aux termes près, la conclusion du mémoire de M. de Sytenko pour la Russie, qui est, je le répète :

« Il ne doit pas y avoir d'impôts fiscaux sur la navigation ;

« Les droits de navigation doivent être répartis sur tous ceux tirant profit des voies navigables ;

« La navigation ne doit jamais avoir à payer que la rémunération des services à elle rendus, et les sommes payées par elle ne doivent être dépensées qu'à son profit. »

Je n'adresserai à M. Beaurin-Gressier qu'une critique :

Dans ses dix-sept conclusions, il y en a sept ou huit qui indiquent avec précision ce que doivent être la nature et les bases d'un péage. Il oublie de dire nettement, tout d'abord : « Il faut un péage. » C'est un oubli que je veux combler en le disant nettement, car il faut avoir le courage de son opinion. Ai-je, en le faisant, l'espérance de vous convaincre, Messieurs ? Non, je sais ce que sont chez les uns les opinions invétérées, même combattues par l'influence du raisonnement et de la réflexion ; je sais trop ce que peut chez d'autres l'intérêt personnel pour avoir l'illusion de vous ramener tous ; je n'en aurais ramené que *quelques-uns* que je me croirais très satisfait.

M. Beaurin-Gressier pense qu'il faut tenir compte des con-

sidérations historiques, des traditions d'un pays. C'est évident.
« On fera difficilement admettre aux populations, dit-il, que quand un système de navigation a été, à tort ou à raison, commencé aux frais de l'Etat, les dépenses des parties restant à exécuter seront intégralement demandées à un péage. » C'est difficile, assurément, mais non impossible ; en tout cas, c'est nécessaire parce que c'est juste et raisonnable, et il ne se peut que l'équité et la raison ne finissent par prévaloir contre l'injustice sur laquelle l'intérêt privé accepte trop souvent de s'appuyer.

Comme je le disais l'autre jour, l'Etat, à la fin de 1888, avait consacré 1,500 millions à la construction des voies artificielles de navigation en France. Il me paraît radicalement impossible de retirer une rémunération quelconque de ces 1,500 millions. Je pense que cela n'est venu à l'idée de personne et qu'il faut passer par profits et pertes cette grosse somme ; mais je pense, en même temps, qu'à partir d'aujourd'hui il est indispensable de rémunérer le capital nouveau que l'Etat dépensera, s'il y est encore disposé, pour le perfectionnement des voies navigables actuelles. S'il croit devoir persister dans la voie qu'il suit depuis Louis XIV, c'est-à-dire faire la dépense du capital, je demande du moins, au nom de l'équité, qu'il ne continue pas une heure de plus à se charger des dépenses annuelles d'entretien.

Certaines personnes ont été tellement entraînées par ce laminoir d'iniquité qu'elles n'ont pas reculé, lorsqu'on a expérimenté récemment à Charenton des appareils de traction funiculaire sur le canal latéral à la Marne, devant l'éventualité de l'établissement, toujours aux frais de l'Etat, de chutes d'eau, de turbines assurant le remorquage gratuit. Ces personnes sont logiques : *Abyssus abyssum vocat*.

Il n'est que temps de s'arrêter dans cette voie. Il est évident pour moi que l'Etat français doit abandonner toute prétention à une rémunération quelconque pour les 1,500 millions déjà dépensés ; mais, s'il veut encore, contrairement à mon désir, persévérer dans le système qui consiste à fournir le capital nécessaire au développement des voies navigables actuelles, au moins qu'il ne continue pas à s'imposer les charges annuelles de leur entretien.

Je me résume et avec M. de Sytenko qui précise le plus nettement la situation, je dirai : pour les cours d'eau naturels, utilisables sans travaux ou à peu près, il ne peut pas être question d'instituer un péage quelconque, pas plus qu'on n'en peut imposer sur l'air que nous respirons, sur la lumière qui nous éclaire ; ce serait un *impôt* et nous sommes d'accord qu'il ne faut pas d'impôt sur la navigation. Mais il faut une rémunération des services rendus, il faut un péage, et sur les canaux créés de toutes pièces, et sur les rivières qui ont été tellement transformées et à tant de frais qu'elles ne ressemblent en rien à leur état primitif.

La Seine, par exemple, a toujours été une voie de pénétration de premier ordre. Dès Charlemagne, elle était la voie des invasions guerrières ; depuis, et jusqu'à nos jours, elle est demeurée une voie commerciale faisant l'orgueil et la richesse de Paris. Depuis seize ans, l'Etat a dépensé 70 ou 80 millions pour la transformer ; il n'est plus possible de lui conserver le caractère de voie *naturelle* depuis qu'on y a fait, pour augmenter son tirant d'eau, les travaux énormes qui font le plus grand honneur aux ingénieurs chargés de les exécuter.

Le Rhône, lui aussi, a servi, dès l'antiquité, de voie de transport par laquelle ont pénétré en France toutes les civilisations. Grâce aux travaux, simples comme idée et comme procédés d'exécution, conçus et exécutés par un ingénieur dont je salue respectueusement la mémoire, M. Jacquet, des résultats importants et, je l'espère sans vouloir l'affirmer, durables, ont été obtenus ; mais il est vraiment impossible de considérer encore le Rhône, quoique fleuve, comme un cours d'eau *naturel*, et impossible, pour moi du moins, d'admettre son utilisation gratuite sans péages.

Si encore tout le pays était également, ou à peu près, doté de voies navigables artificielles, il n'y aurait rien à dire, ce serait véritablement l'équivalent des routes ; car on m'a dit quelquefois : si vous demandez des péages sur les canaux, pour être logique, il faut aussi en demander sur les routes. Assurément les deux choses se tiennent : les péages sur les routes, qui ont disparu au commencement de ce siècle, étaient on ne peut plus justifiés, parce que les routes étaient alors très inégalement distribuées sur la surface du pays ; il n'en est plus de même aujourd'hui, et faire payer leurs frais d'entretien par ceux qui s'en servent, c'est-à-dire par l'universalité des citoyens, ou les laisser à la charge de l'Etat qui représente cette universalité, c'est identiquement la même chose. En est-il de même pour les voies artificielles de navigation ? Le Ministère des Travaux publics a édité une carte des routes et une des canaux ; comparez-les : celle des routes forme une toile d'araignée complète, sillonnant toute la surface du pays ; il suffit au contraire d'un coup d'œil sur la carte des voies navigables pour voir que le tiers à peine de notre pays jouit des bienfaits de la navigation intérieure.

Cette question des routes me donne l'occasion d'adresser une nouvelle critique à M. Couvreur. Il nous dit : « Les rivières et canaux sont des routes et *par suite* doivent être dégagées de toute entrave fiscale. » Il cite à l'appui de cette théorie un Edit de 1672 « faisant défense à tous seigneurs hauts justiciers, ecclésiastiques ou laïques d'exiger aucune somme de deniers, sous peine de concussion, des voituriers allant par les rivières conduire les bateaux chargés de marchandises pour la provision de Paris ».

C'est une grosse erreur de principe : ce n'est pas parce qu'elle est *route* qu'une rivière est d'usage gratuit. Ce ne peut être que si elle est *route naturelle*, comme l'étaient encore en 1672, la Seine, l'Yonne et l'Oise ; mais s'il s'agit d'une route créée non par la nature, mais par la main de l'homme, et à quels frais ! il ne peut être question de gratuité, aussi longtemps du moins qu'elles ne seront pas à peu près également réparties sur toute la surface du pays.

Ainsi, pour les voies navigables telles que la nature les a faites, il ne peut pas être question de péage. Pour les voies exclusivement artificielles comme les canaux, pour les voies naturelles devenues artificielles par l'importance des travaux qu'on y a faits, la question d'un péage s'impose nécessairement.

Je conclus donc qu'il faut rétablir les péages qu'on a eu la mauvaise idée, au point de vue de la raison et de la justice, et l'imprudence au point de vue budgétaire, de supprimer en 1880.

C'est, à la vérité, plus facile à dire qu'à faire et M. Couvreur, que je citerai pour la dernière fois, dit même que ce serait tellement contraire à l'intérêt *général (sic)* que la question ne saurait pas même être posée. Pardon ! je la pose pour ma part et très sérieusement, je crois, avec des arguments qu'on pourra combattre, mais qui commandent, ce me semble, attention et réflexion.

M. Beaurin-Gressier, moins absolu que M. Couvreur, nous dit : « Les usagers qui ont fait entrer cette situation dans le calcul de leur prix de revient sont fondés à repousser le rétablissement d'une taxe qui viendrait apporter une perturbation profonde dans le jeu des transactions. »

Qu'ils la repoussent, cela ne fait pas de doute, mais ils n'y seront pas *fondés* ; pas plus, du moins, que ne l'étaient une foule d'industriels qui, en 1880, allaient se trouver lésés par cet avantage nouveau fait à leurs concurrents. On a passé outre à leurs protestations. J'estime qu'il ne faut pas se laisser davantage arrêter par les plaintes de certains intéressés — et je parle ici des industriels — car, que l'on rétablisse ou non les droits, les bateliers restent indemnes. L'avantage naturel qu'ont les industriels demeurant dans des régions de plaine est déjà grand. La suppression des droits, en 1880, a rompu l'équilibre antérieur entre ces industriels et ceux qui vivent dans les régions plus ou moins montagneuses. Cet équilibre ne peut exister d'une façon absolue, c'est évident ; mais il ne faut pas aggraver encore la situation des moins avantagés. C'est ce que dit M. Beaurin-Gressier lui-même dans une phrase que je citais tout à l'heure : à propos des dépenses faites pour les voies d'eau sur le budget général, il estime « qu'elles ont même parfois pour résultat de causer préjudice aux contribuables dans leurs professions particulières en favorisant la concurrence à l'égard des services ou des produits qu'ils ont coutume de fournir ».

Je conclus donc qu'il est indispensable de rétablir les péages sur toutes les voies navigables autres que les voies vraiment naturelles.

Vous me rendrez, Messieurs, cette justice que j'ai rempli mon programme en envisageant la navigation exclusivement en elle-même et sans dire même un mot d'une industrie concurrente de la navigation. *(Sourires.)*

Une voix. — Nous l'avons bien compris !

M. NOBLEMAIRE. — Je ne saisis pas bien l'interruption, mais peu importe : si on m'a bien compris, tout est pour le mieux, car c'est mon ambition.

J'en ai une autre, c'est d'être suivi. Au nom de la raison, de l'équité que j'ai seules invoquées, je demande le rétablissement des droits sur la navigation ; il s'impose dans l'intérêt même, oserai-je dire, de la navigation, dans l'intérêt de l'État qui doit nécessairement développer et perfectionner l'outillage du pays ; il s'impose au nom de la bonne tenue de nos budgets, chose grave et intéressante, car nous sommes, Messieurs, dans une pauvre planète et non dans cette planète Mars, ce Walhalla des ingénieurs que l'imagination humoristique de M. le Ministre des Travaux publics nous faisait entrevoir l'autre jour, dans son discours d'ouverture du Congrès, ce Walhalla où des ingénieurs sans nombre exécuteront des travaux sans fin aux frais de budgets intarissables..., ce que les nôtres ne sont pas ! *(Applaudissements.)*

CONFÉRENCE DES HORAIRES

Paris, 8 juin 1894

Messieurs,

Je tiens à vous remercier d'avoir bien voulu accepter notre invitation et d'avoir choisi pour siège de vos assises annuelles cette grande et hospitalière ville de Paris si diversement jugée, singulièrement laborieuse pour plusieurs d'entre nous, pour d'autres, comme l'a dit M. Seling, d'une manière fort aimable, un centre d'attractions élevées au point de vue littéraire et artistique, pour quelques-uns enfin un centre de plaisirs que certains moralistes veulent accabler sous le nom de moderne Babylone. Ce nom, nous l'acceptons aujourd'hui, mais en faisant nos réserves et en distinguant entre l'ancienne et la moderne Babel. La Babel primitive, à en croire la légende, suspecte comme toutes les légendes, fut l'origine du polyglottisme. Mais chez elle la pluralité des langues n'engendra que la confusion, la discorde et la guerre.

Dans la nouvelle, au contraire, la pluralité des langues est seulement un symbole de concorde et de paix puisque nous cherchons ensemble le moyen de rapprocher les peuples et de diminuer les distances qui les séparent, en offrant au public, notre grand maître à tous, la plus grande somme possible de facilités et de séductions.

Un de nos grands philosophes, de nos grands mathématiciens auquel un de ses contradicteurs demandait de prouver le mouvement le prouvait en marchant. Vous, Messieurs, tous hommes de mouvement, vous n'avez pas besoin qu'on vous prouve l'existence de votre Dieu ; vous l'adorez à votre manière en voyageant, en venant ici des régions les plus éloignées et je vous en remercie en constatant avec plaisir que si toutes les compagnies de chemins de fer de l'Europe ne sont pas présentes à cette réunion, du moins tous les pays de l'Europe y ont envoyé des représentants.

C'est en leur honneur que je lève mon verre, plein de ce vin de Champagne dont la mousse pétillante nous donne d'innocentes ivresses et de passagers enchantements, de ce vin clair, généreux et léger qui semble si bien représenter les qualités et, pourquoi ne pas le dire, les défauts de notre race française : la générosité, chacun de vous veut bien la reconnaître ; la légèreté, on la reconnaît aussi et d'austères censeurs nous la reprochent. Nous en aurions un peu moins que ce ne serait peut-être pas un inconvénient ; ils nous en emprunteraient un peu que ce ne serait peut-être pas un mal. Ce serait une sorte de libre échange qui ne se traduirait pas par un supplément de trafic pour nos chemins de fer respectifs, mais qui tendrait du moins à l'unification, au nivellement et au progrès, chacun de nous conservant d'ailleurs avec un soin jaloux les traditions nationales qui lui sont chères. — Tel est, je l'espère, le vœu des souverains et chefs d'État à la santé desquels nous venons de boire ; tels sont, je l'espère, les vœux des peuples ; tels sont, j'en suis sûr, les vœux de leurs représentants aujourd'hui réunis autour de moi, et que, sans exagération comme sans fausse modestie, je puis appeler les plus intelligents, parce qu'ils sont à la fois les plus cosmopolites et les plus travailleurs.

C'est à vous, Messieurs, c'est aux diverses administrations des chemins de fer européens qu'au nom des compagnies françaises de chemins de fer, j'adresse un salut fraternel et cordial.

ASSEMBLÉE GÉNÉRALE

DE

L'ASSOCIATION FRATERNELLE

Paris, 18 mars 1898

Il est deux sentiments dont je ne puis me défendre ce soir : d'abord l'embarras bien naturel de me lever après les maîtres dont l'éloquence nous laisse encore sous le charme ; et aussi un sentiment d'envie, intermittent heureusement, car c'est un mauvais sentiment, d'envie pour les hommes politiques qui à leur valeur intrinsèque ajoutent les prérogatives du pouvoir, celui en particulier de décerner, au nom du pays, les récompenses si méritées que tout à l'heure vous avez saluées de vos unanimes applaudissements.

Nous arrivons, nous, les mains vides... Pour vous parler nous n'avons qu'un titre, celui d'être *de la partie*. C'en est un que j'apprécie hautement pour ma part, car c'est un singulier honneur pour un homme que de commander de tels régiments et je remercie, au nom de mes collègues et au mien, les organisateurs de cette fête d'avoir songé à nous y faire une place et pensé qu'une réunion vraiment fraternelle n'aurait pas été complète si les chefs n'avaient pas été réunis à leurs subordonnés, s'ils n'avaient eu cette occasion, que je suis heureux de saisir, de remercier publiquement nos collaborateurs de tout rang de cet esprit de discipline, de ces sentiments de fidélité et d'honneur dont ils nous donnent chaque jour la preuve. Nous savons à quel point nous pouvons compter sur vous, sur votre attachement à vos devoirs, à notre époque de paix, où nous sommes les serviteurs du commerce et de l'industrie ; nous le verrions encore mieux le jour où, dans d'autres circonstances, nous aurions besoin d'appliquer nos efforts à défendre l'indépendance et la grandeur de la patrie. Comptez sur nous de même et que rien n'ébranle cette confiance réciproque, si nécessaire à nos communs intérêts, et au bien du pays.

C'est un devoir pour nous, Messieurs, en même temps qu'un plaisir, de vous féliciter et de l'œuvre entreprise et des résultats obtenus par votre union et votre sagesse.

Il y a quinze ans que vous vous êtes mis à l'œuvre, à une époque où une petite partie du personnel était seule assurée d'une retraite à la fin de sa carrière. Nous avons marché depuis. La confiance que les compagnies vous demandent, elles vous ont montré qu'elles en étaient dignes en développant chaque jour les institutions qui doivent resserrer les liens entre le patron et l'employé : orphelinats, ouvroirs, réfectoires, écoles professionnelles, secours en cas de maladie, aide aux familles, nombreuses, toutes les compagnies les ont multipliées à l'envi avec une spontanéité qui atteste les incessants et légitimes soucis des chefs pour leurs subordonnés. Au premier rang dans l'industrie du pays, elles se sont placées résolument et sans ostentation au premier rang parmi les patrons soucieux de leurs devoirs moraux — plus préoccupées encore de l'avenir que du présent, c'est à la constitution de retraites qu'elles ont consacré leurs principaux efforts. Elles les ont assurées aujourd'hui à *tous* leurs agents pour le moment où l'âge aura paralysé leurs forces ou pour celui où, sains encore de corps et d'esprit, ils voudront goûter un repos bien gagné par une longue existence de travail.

A ces retraites, qui à tous aujourd'hui assurent le nécessaire, vous avez voulu ajouter ce que j'appellerais volontiers le superflu, et par un sacrifice volontaire, le seul, précisément parce qu'il est volontaire, qui mérite le nom de sacrifice, vous constituer au moyen d'un nouveau prélèvement sur le gain de chaque mois, un supplément de revenu qui aura pour vous une toute autre saveur que la retraite des compagnies parce que celle-là sera votre œuvre propre et exclusive.

La retraite des compagnies et la vôtre procèdent de deux principes absolument opposés. La première, au prix d'une retenue imposée à tous, proportionnellement à leurs appointements, et d'une allocation deux à trois fois plus forte consentie par les compagnies, vous assure une pension viagère d'une importance *déterminée* et qui varie du tiers aux trois quarts de vos appointements d'activité.

Chez vous, une contribution volontaire, variable au gré de chacun de vous, constitue un capital qui s'accroît incessamment de ses propres revenus, des dons et cotisations des membres honoraires de la société, des versements de ceux d'entre vous qui meurent avant l'heure et de la totalité des versements de ceux qui, pour un motif quelconque, autre que la mort, cessent de faire partie de votre association. Vous déterminez chaque année la partie de ce capital total qui peut être considérée comme la propriété d'ordre de chacun de vos adhérents. Et c'est d'après ce capital partiel et d'après la durée de la survie probable du retraité que vous calculez la pension viagère qu'il est possible sans imprudence de lui allouer.

Dans l'un et l'autre système les erreurs sont faciles parce que la loi de la mortalité est incertaine, parce que, surtout, le taux de l'intérêt, duquel dépend en si grande partie l'accroissement du capital de réserve, subit des variations, jusqu'ici malheureusement dans le sens de l'abaissement, qui déjouent singulièrement les calculs les plus consciencieux.

Ces erreurs, les compagnies, qui n'y ont pas échappé, les ont réparées à grands frais. Vous n'y avez pas échappé davantage et vous avez eu à plusieurs reprises la volonté de les mesurer et le courage de les réparer en revisant périodiquement le taux des pensions qu'il vous était possible de servir, sans attaquer votre fonds de réserve.

C'est de votre résolution et de cette sagesse que je vous félicite hautement. C'est à elles que vous devez la prospérité réelle et croissante de votre association, vous en êtes à votre 15° million. A raison de 1 à 2 millions par an, les jeunes d'entre vous verront le centième (ce sera un centenaire comme un autre). Je le souhaite au plus grand nombre d'entre vous.

Que ferez-vous de ce capital? car vous êtes des capitalistes, ne vous en déplaise. Vous bornerez-vous à ajouter ce que j'appelais tout à l'heure le superflu, ce supplément, précieux parce qu'il est votre œuvre, mais forcément modeste, à la retraite que vos compagnies vous assurent ? Et n'est-il pas une autre direction dans laquelle pourraient se tourner vos efforts ?

Beaucoup d'entre vous tombent en chemin. D'autres perdent avant l'heure la compagne de leur vie et restent avec des enfants, dont, avec leurs occupations journalières, il leur est difficile de prendre soin. Plusieurs enfin, au bout de leur carrière, n'ont plus de famille et vivent isolés, regrettant le travail qui leur faisait oublier leur solitude dans la vie.

Ne trouvez-vous pas qu'il serait digne de vous de secourir ces inévitables souffrances, de recueillir et d'élever les enfants qui n'ont plus que leur père, ceux plus malheureux encore qui ne l'ont même plus ? Les compagnies les recueillent et les élèvent en grand nombre : mais les quelques centaines de lits qu'elles entretiennent dans des orphelinats divers laissent encore tant de douleurs à soulager !

Ne pensez-vous pas, dans un autre ordre d'idées, que des maisons de retraite, une sorte d'hôtel des Invalides des chemins de fer où vos vieux camarades sans famille, abandonnant à l'Association tout ou partie de leur retraite, trouveraient dans la société de leurs pairs l'illusion de la famille perdue, seraient pour beaucoup une précieuse ressource ?

Certains, que je connais bien, y ont pensé et y pensent encore, mais ce qui, pour une individualité reste un rêve lointain, ne peut-il être réalisé par une collectivité nombreuse, ardente autant que réfléchie et dans laquelle la prudence s'allie aux élans du cœur les plus nobles et les plus généreux ?

A des œuvres de ce genre ne manqueraient à coup sûr ni le concours empressé des compagnies, ni les encouragements des membres honoraires.

Jusqu'à présent, comme la fourmi, vous avez amassé grain par grain, mais amassé pour vous seuls. Votre association s'enrichit des épargnes de ceux qui tombent sur le chemin. Charité bien ordonnée..... C'est parfait et personne ne vous marchandera les éloges que méritent votre prévoyance et votre sagesse. Mais maintenant que vous êtes riches est-ce un rêve de penser que désormais une partie de vos revenus croissants pourrait être utilement consacrée à la création et à l'entretien de ces institutions désirables ?

Je ne veux pas aller plus loin dans ces indications, mais c'est avec cette espérance de voir germer le grain que je sème dans vos sillons fertiles, que je fais des vœux pour la prospérité ininterrompue et progressive de l'Association fraternelle des chemins de fer.

CONGRÈS

DES

SOCIÉTÉS COOPÉRATIVES

Grenoble, 9 mai 1898

Monsieur le Président, mes amis,

J'ai accepté avec plaisir votre cordiale invitation, toujours heureux de me mêler plus intimement à vous et d'étudier avec vous vos aspirations et vos besoins. J'ai un plaisir spécial à me retrouver dans ce beau Dauphiné si fécond en initiatives de toutes sortes ; au point de vue industriel, ses progrès sont merveilleux ; au point de vue politique, il fut le berceau de notre grande Révolution. A l'un des grands principes de cette Révolution, l'Egalité, vous êtes restés fidèles ce soir, en groupant autour de ces tables, sans distinction de grade, d'âge ni de rang, les membres de notre grande famille, depuis les Benjamins le plus récemment admis dans son sein jusqu'au patriarche Chabert, mon voisin, dont la barbe a blanchi sous le harnais et qui, dans sa retraite, conserve à sa chère compagnie une filiale affection.

Je suis heureux d'avoir l'occasion de vous féliciter de la résolution avec laquelle, suivant l'exemple de quelques centres voisins, vous vous êtes groupés en syndicats coopératifs, heureux et féconds, ceux-là, parce qu'ils poursuivent, à l'abri des utopies décevantes, un but déterminé, modeste en apparence, important en réalité, et somme toute aisément réalisable, le problème de la vie à meilleur marché.

Je ne suis pas assez pénétré de l'esprit des églises primitives pour vous dire que la pauvreté seule fait le bonheur, vous ne me croiriez pas. Les poètes eux-mêmes, grands hâbleurs souvent, ne chantent la médiocrité qu'à la condition qu'elle soit dorée : *aurea mediocritas*. — Vous avez voulu dorer la vôtre et j'applaudis à vos efforts quelle que soit la forme sous laquelle ils se manifestent.

Certains d'entre vous, ce que j'appellerai l'École de Lyon et de Paris se sont groupés, au nombre de 20 à 30,000, en Unions P.-L.-M. qui choisissent des fournisseurs et, en échange de la promesse d'une fidèle clientèle, obtiennent d'eux l'engagement, d'ailleurs plus ou moins difficile à contrôler, d'une réduction de tant pour cent sur leurs prix de vente au public.

D'autres, vous, Messieurs, sans répudier les traités de ce genre avec certains fournisseurs, ont été plus loin dans la voie du commerce direct, de la fabrication directe, en constituant, au moyen de petites souscriptions, qui font aussi de chacun de vous, ne vous en déplaise, des actionnaires, des capitalistes, le capital qui sert de base essentielle à tout commerce, à toute industrie.

Le capital réuni et la société coopérative constituée, deux systèmes d'exploitation sont en usage :

Les unes vendent au prix de revient ou à peu près les objets par elles achetés en gros ou fabriqués, faisant ainsi profiter, au jour le jour, leurs sociétaires des avantages de leur groupement ;

Les autres, au contraire, vendent à peu près aux prix courants des localités : elles réalisent par suite un bénéfice, l'accumulent et le distribuent, en fin d'année, entre les sociétaires au prorata du montant de leurs achats.

Sans avoir la prétention de vous guider sur un terrain que vous connaissez mieux que moi, je ne vous dissimule pas ma préférence pour ce second système — d'abord parce qu'il est, ce me semble, moins agréable de profiter chaque jour d'un avantage de 0 fr. 50, par exemple, que de palper au bout de l'année 182 fr. 50 en bel argent sonnant ; ensuite parce que dans ces conditions il est plus facile de résister à la tentation que certains sociétaires pourraient avoir de faire profiter des tiers des avantages de la coopérative. — C'est peut-être à des abus de ce genre qu'est due la campagne ardemment poursuivie en ce moment par les commerçants, auxquels vous n'êtes pas toujours très sympathiques, il faut le dire, dans le but de soumettre à la patente les sociétés coopératives qui se passent d'eux.

Et si ce bénéfice annuel global, au lieu d'être distribué en argent, était placé au nom de chaque sociétaire pour lui être remis en capital ou en rente viagère, au moment où sa mise à la retraite diminuera ses ressources, vous auriez réalisé l'amélioration, à mon sens, la plus importante que vous deviez poursuivre encore.

Vous m'avez exprimé, Monsieur le Président, plusieurs desiderata.

Le premier est le transport gratuit des denrées ou objets expédiés par les magasins généraux d'une société à ceux de ses membres qui habitent une gare plus ou moins éloignée. C'est là une question à étudier, et il me semble que si nous n'avions jamais à en résoudre de plus difficiles, nous pourrions nous estimer fort heureux.

Le second serait que ceux d'entre vous qui viennent à l'assemblée annuelle de votre fédération puissent le faire sans imputer sur leurs jours de congé réglementaires le temps qu'ils consacrent à vos travaux. Cela ne regarde que moi. — C'est fait.

Le troisième serait que la compagnie, réalisant ce vœu si général aujourd'hui des travailleurs, aidât vos sociétaires à se bâtir une maison qu'ils légueraient à leur famille et dont, par des amortissements successifs, ils deviendraient peu à peu propriétaires. Ici, vous me prenez au dépourvu. C'est une question délicate pour laquelle je vous promets seulement de mettre à votre disposition les éléments et le peu d'expérience que je possède. En supposant, ce que j'ignore, que la compagnie pût venir à votre aide, en avançant, soit aux individus, soit mieux peut-être à vos sociétés, les sommes nécessaires, vous voyez d'ici la ressource que vous pourriez constituer si, au lieu de vous distribuer vos bénéfices au jour le jour en vendant au prix de revient, vous vendiez aux prix courants de la localité pour affecter à l'amortissement de la construction et le bénéfice net global de l'année et même l'intérêt de 5 0/0 que vous distribuez à chacun sur sa mise, dans le capital de votre société.

Enfin, certains d'entre vous, des retraités, n'ont pas manqué cette occasion de me demander, pour un voyage par an, la faculté, qu'ils avaient en service, de circuler gratuitement sur le réseau. Je ne puis malheureusement résoudre d'une manière générale une question qui m'a été souvent posée. Autrefois, nos retraités ne jouissaient d'aucune faveur de circulation : je leur donne aujourd'hui des billets à 1/4 de place pour eux, à 1/2 place pour leurs familles ; c'est plus qu'on ne fait ailleurs et je ne saurais aller plus loin. — Mais, à ceux des retraités qui consacrent leurs loisirs à l'administration effective des sociétés coopératives, je donnerai volontiers un encouragement et s'ils veulent, une fois par an, faire appuyer leur demande par le président d'une coopérative, faire certifier par lui qu'ils prennent une part active à l'administration de leur société, je tâcherai d'oublier qu'ils sont à la retraite et de compter comme rendus à la compagnie elle-même les services qu'ils rendent à leurs camarades plus jeunes de la coopérative.

Je serais sûr, Messieurs, d'être en fort bonne compagnie, au milieu d'agents honnêtes et dévoués, même si les 130 convives qui entourent cette table avaient été tirés au sort dans notre nombreux personnel, mais aujourd'hui dans cette réunion triée, je puis le dire, sur le volet, dont tous les membres, choisis par leurs camarades, ont accepté d'eux et même sollicité d'eux le lourd honneur d'administrer les intérêts communs, d'y consacrer, gratuitement, cela va sans dire, une partie notable d'un repos bien gagné après le travail de la journée, je suis heureux de saluer une véritable élite de notre personnel. — C'est un bel et bon exemple que vous donnez là, Messieurs, je vous en félicite et vous en remercie à nouveau.

ASSOCIATION AMICALE

DE L'ÉCOLE POLYTECHNIQUE

24 janvier 1897

Mes chers camarades,

Je ne me suis pas fait prier pour accepter le grand honneur que m'a fait votre comité en m'offrant de présider l'une de vos réunions annuelles et d'y porter la parole.

Ceux qui les président ont presque toujours dépassé la moyenne de la vie et sont en général parvenus au point culminant de leur carrière. Il est naturel que, ramenés un instant dans ce cher milieu, ils jettent en arrière un souvenir ému sur leurs années de jeunesse passées dans cette école où ils ont puisé, avec un enseignement scientifique hors de pair, avec la gymnastique des problèmes incessamment résolus, la confiance qui ne s'effraie d'aucune tâche et ne considère aucune difficulté comme insoluble, l'esprit de méthode qui guide la vie, le sentiment raffiné du devoir et de l'honneur qui la soutient et l'élève.

Reconnaissants et fiers de lui appartenir, assurément nous le sommes et heureux de la glorifier. Il faut pourtant ne pas prendre la partie pour le tout et ne pas appliquer à tout ce qu'elle a contenu ce qui ne s'applique qu'au contenant, à nous-mêmes ce qui n'appartient somme toute qu'à elle. Peut-être l'avons-nous fait, ou laissé faire, avec trop de complaisance et sommes-nous punis par où nous avons péché. En somme, nous ne valons peut-être pas ce juste de l'ancienne Grèce, je veux parler d'Aristide, qui finit par cesser de plaire à ceux que gênait sa vertu et par être exilé par un peuple fort léger, dit-on, auquel, je le crains, le nôtre n'a rien à envier sous le rapport de la versatilité.

Pour parler sans métaphores ni apologues, nous assistons, à n'en pas douter, à une espèce de réaction à notre égard sur laquelle il serait puéril et indigne de nous de fermer les yeux. Nous ne sommes plus l'objet de l'engouement général d'autrefois, on nous craint peut-être plus qu'on ne nous aime, nous gênons parfois, c'est certain, et l'on nous attaque.

Pourquoi ? Voulez-vous que nous le cherchions ensemble.

Les régimes antérieurs, empires ou monarchies, avaient pour l'École plus d'estime que de véritable tendresse. Ils lui tenaient rigueur pour son indépendance d'allures, sa réserve systématique et traditionnelle dans les cérémonies, dans les revues publiques ou mêmes privées. Mais ils comprenaient en même temps, une fois passée la première surprise d'un accueil inattendu, ce qu'il y avait de généreuses tendances et de ressort dans ces têtes de vingt ans dont l'âge ne devait que trop modérer les tumultueuses aspirations. Ils savaient tout ce que, dans celle que le grand Empereur appelait sa *poule aux œufs d'or*, il y a de chaleur latente, de dévouement à la science et au pays, de ressources pour son avenir.

Ces régimes ne sont plus. Et c'est sous la République que changent les idées. La première a fondé l'Ecole, la seconde l'a exaltée ; sous la troisième elle est, sinon menacée dans son existence plus que séculaire, au moins attaquée dans certains des corps auxquels elle a fourni tant d'illustres représentants.

Que se passe-t-il ? L'Ecole a-t-elle failli à ses origines, à ses traditions ? Libérale autrefois, même quand les grandes familles d'alors lui fournissaient de plus abondantes recrues, l'est-elle moins aujourd'hui qu'elle se recrute de plus en plus parmi les petits et les humbles capables d'en forcer les portes, mais trop souvent, vous le savez, incapables d'en acquitter la pension, si modeste cependant, quand on songe à l'instruction qu'on y reçoit, aux éminents professeurs qui la donnent ?

Ses fils servent-ils le pays avec moins d'intelligence et de dévouement ? Sous le régime républicain l'Ecole serait-elle restée moins fidèle à la devise qui s'étale au fronton de tous nos monuments ? Est-ce donc elle, est-ce au contraire le milieu ambiant qui a changé ?

Analysons un peu puisque aussi bien nous sommes ici dans le temple même de l'analyse.

La *Fraternité* qui plus que nous la comprend et la pratique ? Dès l'Ecole et à l'extérieur, par la charité qui, à l'âge où l'on s'amuse, pousse nos jeunes camarades, tous les jours de sortie, dans les pauvres demeures de leur pauvre quartier. Ils donnent peu et pour cause mais

la façon de donner vaut mieux que ce qu'on donne,

et c'est leur façon de donner sans doute, et le rayon de soleil que projette leur jeune uniforme sur les grabats que vous vous rappelez, Messieurs, et dont nous avons, depuis, trop souvent peut-être désappris le chemin, qui leur vaut leur popularité.

Entre nous, elle prend une autre forme, c'est la camaraderie, simple, franche, inaltérable qui de nos forces individuelles sait faire un faisceau, qui sans distinction d'âge, de fortune, de situation, dans tous les coins du monde, pour ainsi dire, dissipe instantanément l'isolement des nouveaux arrivés et fait le charme de nos carrières. On la gouaille bien un peu parfois : laissez dire, elle a, dans une bonne terre, poussé de profondes racines et la plante qu'elles alimentent produit des raisins trop verts pour ceux qui la plaisantent.

La *Liberté !* Mais de tout temps l'Ecole en a eu le culte. Elle a boudé pour elle les pouvoirs établis au point d'y risquer son existence. Quand la liberté a été menacée en 1830, elle a combattu et versé son sang pour elle. En 1848, demandez ce qu'elle a fait à l'un des examinateurs (ne cherchez pas trop loin de moi) que vous aimez le plus parce que vous savez que, sous son enveloppe en apparence un peu farouche, se cache un cœur d'or, une tendresse profonde pour la jeunesse, un jugement droit et sûr, un violent amour pour tout ce qui se rattache à l'Ecole. Ne reprenait-il pas alors, jeune élève ingénieur, pour défendre la liberté, l'uniforme qu'il avait quitté dix-huit mois auparavant ? La neige qui couvre aujourd'hui ses cheveux n'a pas refroidi les généreux enthousiasmes de sa jeunesse. Reviennent de pareilles circonstances, il serait capable de le reprendre encore pour défendre des convictions auxquelles il est resté fidèle jusqu'à leur sacrifier sa carrière. Sans doute le glorieux uniforme n'est plus ; il pourrait bien emprunter celui de son fils, aujourd'hui dans vos rangs, mais la taille du vétéran a perdu ses sveltes contours ; d'ailleurs nous ne ferons plus de nouvelles révolutions. C'est entendu.

A la même date, un autre quittait l'Ecole pour se mettre à la disposition du gouvernement provisoire, comme depuis, ingénieur des mines, comme le premier, il se mettait en 1871 à celle du gouvernement réfugié à Tours. Mathématicien de goût, littérateur par surcroît et orateur élégant et clair, militaire d'instincts, et enfin ministre de la Guerre, il pourrait éprouver quelque embarras à présider nos assemblées, aujourd'hui que nos jeunes camarades ont tous contracté un engagement militaire : il ne pourrait guère leur donner sa conduite de 1848 comme un modèle de cette discipline si nécessaire à l'armée.

Si nous nous entendons bien sur les deux premiers termes de notre trinôme républicain, c'est donc, par élimination, dans le troisième qu'il faut chercher le malentendu. Donnerions-nous donc à l'*Égalité* une autre acception que celle que lui donnent et voudraient imposer certains novateurs, férus de l'idée de changer la face du vieux monde ? Mon Dieu oui et délibérément.

Que la terre, conservant sa forme géométrique, voie changer sa forme politique, que les conditions sociales se modifient, que les privilèges de la naissance, de l'hérédité disparaissent, qu'un homme ne soit plus supérieur à un autre par cela seul qu'il est le fils de son père et qu'il ne trouve plus dans son berceau les éléments d'une supériorité sociale que ne justifie pas toujours sa valeur personnelle, à la bonne heure. C'est l'égalité politique. Nous l'avons conquise il y a cent ans, perdue, puis reconquise et nous entendons la conserver.

Mais l'égalité absolue ne tenant compte ni des dons naturels, ni des efforts de chacun pour les développer, nous n'en voulons pas. De même que Dieu ne donne pas aux hommes la même taille, la même vigueur physique, il ne répartit pas également entre eux l'intelligence ; il la donne, la limite ou la refuse. A ceux qui l'ont reçue de la féconder par le travail, c'est la seule loi que nous proclamions ici sur le terrain de nos luttes aussi acharnées que loyales. Qui dit combat, dit nécessairement victoire et défaite ; qui dit lutte, succès et revers. Une sélection s'opère, les examens et les concours font de nous un tamisage, une sorte de classification par ordre de grosseur, qui n'excite chez aucun de nous ni rancune ni jalousie.

Niveler l'humanité est une chimère ; niveler l'intelligence humaine, si c'était possible, serait un crime de lèse-divinité ;

niveler les résultats de l'intelligence et du travail serait une bêtise de lèse-humanité.

C'est justice que ceux-là descendent qui, s'endormant dans leur richesse, ne restent pas dignes des aïeux qui la leur ont acquise et la voient fondre entre leurs mains paresseuses. C'est justice aussi que ceux-ci grandissent, qui, partis de rien, comme la plupart d'entre nous, s'élèvent, à force de labeur, sur les débris du monde précédent.

Ce n'est pas un nivellement par en bas, ce n'est pas une égale médiocrité moyenne qu'il nous faut, c'est le progrès que nous voulons, l'ascension par le travail, c'est l'élévation des plus dignes chargés de porter le phare qui éclaire la route des autres.

Laissons aux envieux de la politique, et c'est malheureusement le propre des démocraties d'en produire, haineux de ce qu'ils ont été incapables de réaliser, leurs jalousies et leurs haines ; laissons-les sous le prétexte d'égalité, saper toute supériorité. Nous en sommes une et de bon aloi et nous ne serons jamais avec eux.

Voilà je crois le malentendu : il n'est pas irréductible. La raison est assurément avec nous, avec un peu de temps elle reprendra ses droits.

Poursuivons donc notre chemin : à une condition cependant, c'est de rester dignes de notre passé. Nous comptons sur nos camarades de l'Institut, sur ceux qui aspirent à les y rejoindre, pour alimenter par de nouvelles découvertes le flambeau de la science pure dont ils ont la garde, sur nos camarades de l'Administration, de la guerre ou de l'industrie, pour faire incessamment progresser la science appliquée. C'est à cette condition seulement que nous pourrons dédaigner les attaques, à la condition, avec l'Apollon du poète, de

Verser des torrents de lumière
Sur nos obscurs blasphémateurs.

Mais, ce n'est pas tout d'avoir conquis une supériorité : l'un des corps les plus éminents qui se recrute à notre École en fait en ce moment l'expérience ; il ne faut pas en lasser les autres, il faut, à notre époque, presque se la faire pardonner ; à toute époque il a fallu la faire aimer et, pour cela, le plus sûr moyen et il n'est pas infaillible, c'est encore d'être aimable.

Qui êtes-vous donc, me direz-vous, pour nous parler ainsi ? Et savez-vous donc rendre si populaires et si aimables vos grandes Compagnies de chemins de fer ?

Mon Dieu ! je n'ai pas oublié l'histoire de la paille et de la poutre. Les critiques qu'on nous adresse tiennent un peu, sans doute, à notre origine polytechnicienne, un peu aussi au soin avec lequel nous essayons de défendre nos exploitations contre l'influence des pressions politiques.

Quoi qu'il en soit, c'est déjà beaucoup que de connaître la nature et l'origine du mal, il ne reste plus qu'à appliquer le remède. Efforçons-nous, les uns et les autres, de faire mieux. Voulez-vous ?

Nos chemins de fer, mais c'est presque une carrière de l'Ecole, à en juger par le nombre de nos camarades qui y sont entrés, soit que nous les choisissions après qu'ils ont, pendant plusieurs années, fait leurs preuves au service de l'Etat, dans les mines, les ponts et chaussées ou le génie maritime, soit que nous ouvrions nos rangs aux plus jeunes dès leur sortie de l'Ecole.

Nous sommes quatre-vingt-huit au P.-L.-M. sur un total de soixante-dix mille agents, vous voyez qu'il y a encore de la place ; il y a d'ailleurs du travail à accomplir, des perfectionnements, des transformations à réaliser dans notre grande industrie.

Ses temps héroïques sont passés ; les demi-dieux de la première heure ont disparu : Talabot, Jullien, Didion, Sauvage, Chaperon, Audibert, Surell ne sont plus, et les divinités secondaires qui tiennent aujourd'hui leur place, embarrassées, plus que ne l'était le Petit Poucet dans des bottes de sept lieues qu'aucun magicien n'est venu rapetisser à leur taille, se bornent à suivre le chemin qu'ils ont magistralement tracé. D'autres de nos anciens ont disparu aussi, qui se sont faits les éducateurs de l'Europe. Après Lamé et Clapeyron, qui ont fondé à Pétersbourg une Ecole des ponts et chaussées rivale de la nôtre et dont j'ai trouvé récemment les noms encore aussi connus et vénérés en ce pays qu'ils le sont dans le nôtre, Collignon en Russie, Maniel et Huyot en Autriche, Poirée en Italie, Lalanne et Le Châtelier en Espagne, ont glorieusement porté le drapeau de notre Ecole.

Aujourd'hui,

> Nous n'irons plus au bois
> Les lauriers sont coupés.

Nos anciens ont formé des élèves qui, dans chaque pays, ont la prétention de se suffire. Il faut songer au monde lointain, à l'Amérique du Sud, à la Chine, à nos extrêmes colonies de l'Afrique ou de l'Indo-Chine et dans notre vieille France, devenant casaniers, perfectionner et graisser nos puissantes machines en vue de la paix et, par suite, suivant le mot plus vrai que jamais de Cicéron, en vue de la guerre.

Il faut croire que les peuples de l'Europe tiennent furieusement à la paix car, en aucun temps, on ne s'est plus attaché à préparer la guerre. Avec quelle ardeur, avec quel dévouement nous avons donné à nos camarades de l'armée, au ministère de la Guerre, le concours qu'ils nous ont demandé, vous pouvez le deviner. C'est une éternelle toile de Pénélope mise d'abord sur le métier par nos camarades Jacqmin du chemin de fer de l'Est et Solacroup d'Orléans, tissée par notre cher et inoubliable ami de Miribel, mais qui demande d'incessantes reprises.

Nous ne sommes plus à l'époque où les destinées des nations se décidaient dans des batailles de quelques milliers d'hommes. On s'entretuait déjà, mais si peu, et on y mettait le temps. Napoléon a déjà changé tout cela avec des armées si rompues à la marche qu'on se prend parfois à se demander si elles n'avaient pas de voie de fer à leur disposition et que son génie savait rassembler, à un moment donné, sur un point donné, supérieures à celles de l'ennemi. Aujourd'hui, ce sont les nations entières qui seront sous les armes et pour les transporter le plus rapidement possible, avec le plus d'ordre possible, pour les nourrir et les ravitailler, les chemins de fer deviennent un des principaux facteurs des guerres futures.

Ils l'ont bien déjà été lors des guerres de Crimée et surtout d'Italie, mais avec une large part d'imprévu et d'inspiration. On était convaincu alors que le succès était au plus *débrouillard*. Rien ou presque rien n'était réglé à l'avance. On a réussi parce que l'ennemi d'alors avait été, la Russie, plus gênée par l'immensité des distances à parcourir, l'Autriche, aussi imprévoyante que nous. Mieux qu'elles nous avons su nous débrouiller et la *furia francese* aidant (espérons qu'elle n'est pas perdue), Magenta et Solférino sont venus augmenter notre vieux patrimoine de gloire militaire, fait aussi de générosité et de sympathie pour un ennemi vaillant, de même que Sébastopol avait jeté, entre deux nations bien séparées, mais également braves et chevaleresques, les bases d'une amitié, soumise sans doute aux fluctuations de la politique, mais dont nous avons vu récemment, à Toulon et à Paris, l'éclatante manifestation.

Mais, plus tard, la fatale guerre de 1870 nous a montré ce qu'assurait à un ennemi plus positif que chevaleresque une préparation scientifique, philosophique pour ainsi dire, ayant à l'avance prévu et réglé tout ce qui pouvait l'être. A cette régularité mathématique, tout a été subordonné, le roi lui-même se contentant, vous le savez, pour aller prendre le commandement de l'armée, de l'un des trains ordinaires parallèles de la concentration.

Leur organisation a-t-elle été encore perfectionnée depuis cette époque ? C'est probable. La nôtre est, j'en suis sûr, aussi complète aujourd'hui qu'elle l'était peu en 1870. Rien n'y est plus laissé à l'imprévu ; où rien n'était réglé alors, tout l'est aujourd'hui, jour par jour, heure par heure. Trop minutieusement peut-être ? Ne me demandez pas d'apprécier un secret d'Etat.

Le rôle de chacun, militaire et civil, est tracé dans des instructions, les unes actuellement connues, les autres sous pli cacheté, à pied d'œuvre pour ainsi dire. A tous les degrés de l'échelle, un double rouage, militaire et civil : un agent des Compagnies pour l'exécution, pour les ordres à donner au personnel civil, bien que militarisé, des chemins de fer ; un officier pour appuyer et faire respecter ses décisions trop souvent manquant d'autorité et méconnues naguère. Vienne le jour où, pour un suprême effort, le pays demandera à ses enfants le suprême sacrifice, comptez sur nous, camarades de l'armée, nous ne faillirons pas à notre tâche. Et il arrivera encore assez d'anicroches imprévues, assez de grains de sable dans les engrenages, pour que ce diable d'esprit débrouillard d'autrefois trouve encore l'occasion de s'exercer.

A cette heure solennelle, de laquelle Gambetta disait qu'il

ne fallait jamais parler, y pensons-nous du moins toujours ? Je le souhaite. Et c'est dans cette espérance que j'admets les innombrables écussons qui dans l'Exposition de 1889 présentaient à tous les yeux ce mot unique : *Pax*, si consolant pour les *beati possidentes*, si désespérant pour ceux qui ont été dépouillés. Les écussons préparés pour celle de 1900 et qui brillaient à la pose de la première pierre du pont Alexandre III portent déjà *Pax — Robur;* quand notre force reconquise permettra-t-elle d'arborer une autre devise : *Jus et Robur?*

Est-ce la paix et la diplomatie, est-ce la guerre pour le droit qui nous rendra, à nous Lorrains, notre pays momentanément confisqué ? C'est le secret de l'avenir. En tout cas, aidons-nous et, si nous avons su mériter sa protection, le Dieu des armées, qui est aussi et surtout le Dieu de l'éternelle justice, nous aidera à débarrasser des crêpes qui l'enserrent la douloureuse et fière statue de la place de la Concorde et à changer, en palmes de triomphe et d'allégresse, les couronnes d'immortelles qui l'entourent depuis trop longtemps.

— Et maintenant, mes chers camarades, je vous convie à vous lever avec moi pour adresser, au nom de l'Ecole, un dernier salut respectueux et ému à l'un de ses fils les plus distingués, à l'un des meilleurs d'entre nous, Armand Rousseau, auquel le pays fera demain même des funérailles nationales. Estimé de tous, aimé de tous ceux qui l'ont approché, parvenu en France au sommet des honneurs administratifs, Inspecteur général des Ponts et Chaussées, Conseiller d'Etat, Sénateur, il n'a pas hésité à répondre à l'appel du Gouvernement en allant gouverner, par l'honnêteté, la plus grande de nos lointaines colonies. Il y est mort pour la Patrie. Et, comme naguère notre illustre camarade l'amiral Courbet, saisi par la mort au lendemain de son inoubliable triomphe de Fou-Tchéou, c'est dans un cercueil qu'il vient de traverser les flots de l'océan Indien, glorieusement enveloppé, comme par le plus noble des linceuls, dans les plis du drapeau tricolore.

RÉUNION
DE
L'ASSOCIATION FRATERNELLE

Paris, 16 novembre 1897

Messieurs,

Je me demandais, il y a un instant encore, à quel titre j'étais ce soir au milieu de vous, au titre de membre honoraire de votre association, comme plusieurs des personnages qui m'entourent, ou à celui de Directeur de la Compagnie ? Votre président vient de me dire que c'est surtout comme votre ami. A la bonne heure ! C'est à ce titre, qui me tient particulièrement à cœur, que je me rends avec plaisir dans vos réunions, pour vous voir de plus près et connaître vos sentiments et vos aspirations dans les matières qui dépendent de moi, pour vous féliciter des résultats de votre initiative dans celles qui n'en dépendent pas.

Ici déjà, dans cette même salle, à Dijon, à Lyon, à Grenoble, j'ai eu l'occasion de complimenter les groupements de vos camarades qui, sous le nom d'Union P.-L.-M. ou sous la forme de sociétés coopératives, plus préoccupés du présent que de l'avenir, cherchent, et avec succès, par deux voies différentes, à réduire pour eux le prix des objets nécessaires à la vie. Je les ai d'ailleurs aidés de tout mon pouvoir, et par des subventions (qui valent encore mieux que des compliments) et par des facilités de circulation permettant aux femmes d'agents d'aller s'approvisionner au magasin central de leur coopérative et, quand le souci de leurs enfants ne leur permet pas de se déranger, par l'expédition gratuite des objets dont elles lui font la commande. *(Applaudissements.)*

Ce soir, messieurs, votre président M. Roussin ne m'a rien demandé. Le président de votre association, M. Blondel, n'a pas été aussi réservé. Il m'a exposé que vos délégués prélevaient sur leur congé annuel les trois jours qu'absorbe leur présence à votre assemblée générale et exprimé le désir que ces trois jours leur soient accordés en dehors de leur congé réglementaire. Cela dépend de moi, vous pouvez compter, Monsieur le président, que c'est chose faite, à partir d'aujourd'hui. *(Applaudissements.)*

Aux uns et aux autres j'exprimais l'idée que leur œuvre ne serait vraiment complète que s'ils plaçaient, en vue de l'avenir, les économies que leurs groupements leur permettent de réaliser. *(Marques d'assentiment.)*

C'est ce que vous faites, Messieurs, vous qui songeant à la fois aux besoins du présent et à ceux de l'avenir, adhérents de l'Union ou d'une coopérative, remettez les économies que vous y réalisez à votre association qui les fait valoir et vous les rend, en secours d'abord, si une maladie longue vous atteint, puis en pensions viagères quand vous arrivez, comme je vous souhaite à tous de le faire, à l'âge de la retraite.

En lisant vos comptes rendus annuels, j'ai été frappé de la sagesse de vos statuts, de la prudence et de l'économie de votre administration, grâce au désintéressement de votre Conseil dont les membres s'imposent gratuitement, en dehors de leurs heures de service, une besogne pour laquelle vous ne leur épargnez peut-être pas toujours les critiques, c'est humain! *(rires)* mais qui, à coup sûr, doit leur mériter votre reconnaissance.

Mais ce qui m'a particulièrement frappé, je dois vous l'avouer, c'est la fermeté, je dirai presque la rigueur avec laquelle le Conseil surveille et dirige les sections et celles-ci leurs sociétaires. Vous êtes des fourmis qui savez ce qu'il en coûte de peine pour amasser en vue de la saison mauvaise, qui connaissez la valeur de l'argent par le mal que vous prenez à l'acquérir et vous entendez que chacun dans la fourmilière travaille au bien commun et s'acquitte régulièrement de ses devoirs... et de ses cotisations. Vous travaillez pour vous, cela se voit et se sent et si votre association est bientôt vingt fois millionnaire, c'est que vous avez compris que dans tout groupement, la hiérarchie et la discipline sont nécessaires, l'une faisant respecter l'autre et d'autant plus indispensables toutes deux que le groupement est plus nombreux, que plus sérieux sont les intérêts qu'il administre. *(Marques d'assentiment.)*

Aussi n'est-ce pas vous, Messieurs, j'en suis sûr, qui vous étonnez de mon grand souci de maintenir dans notre compagnie, que je veux prospère comme vous avez su rendre votre Association, une discipline d'autant plus nécessaire que nous avons, vous et moi, charge d'âmes, que si vous comptez 47,000 adhérents, j'ai 70,000 collaborateurs dont il faut concentrer, diriger, unifier les efforts.

Dans le plus important des groupements, dans l'armée, à laquelle vous avez eu tous l'honneur d'appartenir, dans l'armée, la sauvegarde et l'espoir de la Patrie, dans l'armée, l'école et le sanctuaire de la discipline et de l'obéissance, le code militaire, que vous avez lu dans vos livrets, édicte des moyens à lui pour les maintenir inviolées.

Lorsque nous vous parlons, nous, de discipline et d'obéissance, nous ne pouvons les imposer par des moyens aussi... héroïques. Nous ne disposons ni de salle de police, ni de cachots, moins encore de travaux publics (bien que nous relevions de ce ministère.)

C'est donc par d'autres moyens qu'il faut arriver au même but ; et, pour obtenir dans la vie civile une obéissance, moins passive à coup sûr que dans l'armée, mais à peu près aussi nécessaire, l'important et, laissez-moi vous le dire, le difficile... c'est de savoir commander. *(Très bien !)*

Il y a ce soir bien peu de débutants parmi vous ; si tous, ici, nous avons des chefs (sauf un peut-être... et encore !), la plupart d'entre vous ont des subordonnés en nombre plus ou moins grand. Vous êtes-vous demandé quel était le meilleur moyen d'obtenir d'eux le respect et l'obéissance que, à notre époque d'égalité et de discussion, l'autorité du grade ne suffit pas toujours à imposer, sans lesquels cependant aucune famille ne s'élève, aucune agglomération d'hommes ne peut subsister, aucune industrie se fonder ni demeurer prospère ? *(Applaudissements.)*

Le respect se mérite plus encore qu'il ne se décrète ; l'obéissance, ceux-là seuls l'obtiennent complète et utile qui, par leur attitude et leur exemple, établissent et affirment leur supériorité et gagnent, avec le respect, le cœur de leurs subordonnés. *(Applaudissements prolongés.)*

Tâchez de rendre l'obéissance volontaire et facile.

N'oubliez pas que, vous aussi, vous avez été en sous-ordre, que vous l'êtes encore de quelqu'un.

Quand vous donnez un ordre, faites-le de la façon dont vous aimeriez que vos chefs usassent toujours vis-à-vis de vous-mêmes.

Si vous blâmez, abstenez-vous de paroles blessantes.

Si vous punissez, il le faut bien parfois (que serait une famille dont le père se bornerait à des observations bien senties pour réprimer les escapades ou les fautes de ses enfants?) si vous punissez, proportionnez l'amende à la faute : qu'elle soit un mode matériel d'avertissement, puisque c'est le seul dont nous disposons, sans devenir pour l'agent fautif et aussi pour sa famille une cause de privation ou de gêne. *(Applaudissements.)*

N'oubliez pas, en un mot, ce précepte sacré, qui est le commencement et la base de toute morale :

« Faites pour les autres ce que vous voudriez que l'on fît pour vous ; — ne faites pas aux autres ce que vous ne voudriez pas qu'on fît à vous-mêmes. »

Etudiez, connaissez, instruisez vos subordonnés. S'il en est de mauvaise volonté manifeste et incorrigible, l'intérêt de tous veut que vous en fassiez ce qu'un jardinier soigneux fait de la mauvaise herbe.

Les faibles, dont les moyens sont moindres que la bonne volonté, soutenez-les et mettez-les à même de remplir leur service et de conquérir, à l'ancienneté, la place modeste à laquelle doit se borner leur ambition *(Très bien!)*

Les laborieux et les forts, attachez-vous à les discerner et poussez-les, au choix, par une sélection justifiée et nécessaire. *(Applaudissements.)*

Qui que vous soyez enfin, vous tous qui avez ou aurez des subordonnés, soyez pour eux bons et justes en même temps qu'exigeants et sévères ; ne leur faites pas inutilement sentir votre autorité ; elle s'établira toute seule si vous leur donnez toujours l'exemple de l'application et du travail. Ce n'est qu'à cette condition qu'on est vraiment digne de commander aux autres. C'est d'ailleurs la plus sûre, la plus rapide et la plus salutaire des contagions.

Ce n'est pas vous, Messieurs, si travailleurs, si pratiques, si sévères pour vous-mêmes, qui prêcherez l'utopie du nivellement à outrance ; ce n'est pas vous qui admettrez, sous prétexte d'égalité, que dans un même chantier, composé d'éléments forcément inégaux en intelligence, en force, en activité, en courage, on attribue à tous un égal salaire moyen.

A chacun selon ses efforts. C'est là votre maxime et la devise qui fait votre force ; elle n'exclut, vous le prouvez chaque jour, ni la camaraderie ni la fraternité. — C'est de cela que je vous félicite, mes amis, c'est cela qui assurera la prospérité et le développement de l'Association fraternelle des employés et ouvriers des chemins de fer français. *(Applaudissements prolongés.)*

QUESTIONS LYONNAISES

CHEMINS DE FER ET NAVIGATION

Discours prononcé a la *Société d'Économie politique de Lyon*
25 avril 1898

Messieurs,

Un jour, à la cour du Grand Roi, un ambassadeur de la République de Gênes auquel on demandait ce qui l'étonnait le plus à Versailles, répondit fièrement : « C'est de m'y voir ». Si mon étonnement est d'une nature plus modeste, il n'est pas moindre à coup sûr que le sien, quand je me vois à cette place, l'hôte d'honneur d'une société qui aurait pu si aisément mieux choisir.

Ce qui m'a valu cet honneur, votre Président, M. Cambefort, vient de vous le dire. Ce n'est pas l'économiste que vous accueillez, je ne le suis guère, à moins qu'on ne fasse de l'économie politique comme M. Jourdain faisait de la prose, ce qui ne serait peut-être pas la plus mauvaise manière, ni la moins pratique. Industriels et commerçants que vous êtes, en même temps que fervents adeptes de la science des Bastiat, des Michel Chevalier, des Léon Say et j'ajoute, puisqu'il est absent, retenu par une inoubliable douleur, des Aynard, pour ne pas oublier celui que vous entourez d'une si chaude et si juste sympathie, c'est un industriel et un commerçant que vous avez appelé au milieu de vous, c'est le chef d'une grande maison de commerce dont les 67,000 employés sont disséminés dans 32 de nos départements et dont les agissements, tout en conservant un caractère d'unité nécessaire à un bon service, doivent cependant ne pas affecter une inflexible rigueur, mais, au contraire, s'inspirer des besoins locaux, se plier surtout aux exigences commerciales ; c'est le Directeur de la plus grande de nos compagnies de chemins de fer qui, à sa naissance, a choisi votre grande ville pour marraine en accolant à son nom celui de la capitale de la France, celui aussi de la mer d'azur sur laquelle s'ouvre notre plus grand port maritime.

S'appuyant ainsi, à ses deux extrémités, sur les deux ports les plus importants de notre pays, notre grand réseau a l'heureuse fortune d'avoir son centre géographique à Lyon, dans cette grande et illustre cité, qui, par ses ateliers, ses usines, ses comptoirs, ses initiatives hardies, lui fournit les éléments les plus importants de son trafic. Souffrez donc que ce soir je ne vous parle que de nos communs intérêts en passant en revue ce que nous appelons à Paris les *Questions lyonnaises*, que nous pouvons envisager à des points de vue différents peut-être, mais qui, pour vous, comme pour nous, sont l'objet d'égales préoccupations et de semblables sollicitudes.

Nous constatons depuis plusieurs années, un remarquable développement de trafic dont vous êtes, Messieurs, en bonne partie les auteurs. En cinq années, de 1893 à 1897, les recettes de notre réseau se sont élevées de 302 à 401 millions ; le produit net de l'exploitation, de 177 à 222 millions.

Alors qu'en 1893, nous faisions appel à la garantie de l'Etat pour près de 30 millions, les résultats de l'exercice dernier nous permettraient de lui rembourser plus de 10 millions. Il serait bien téméraire, assurément, de considérer comme normal et durable un accroissement de produit net qui, dans cette période, ne représente pas moins de 5 0/0 par an. Il n'en est pas moins nécessaire de nous outiller en vue de sa continuité possible et spécialement en vue des besoins que ne peut manquer de créer l'Exposition de 1900.

Il faut pour cela augmenter nos moyens d'action, particulièrement dans cette étoile de lignes, dont huit rayons viennent aboutir à votre grande cité.

Nous pressons l'exécution de la ligne de Saint-Clair à Sathonay, qui reliera plus directement la Bresse à nos diverses gares de Lyon ;

Aussitôt que l'Administration aura approuvé nos projets, nous mettrons à quatre voies la section de Collonges à Saint-Germain-au-Mont-d'Or, de manière à prolonger jusqu'à ce dernier point les deux lignes distinctes qui, depuis longtemps, bordent les deux rives du Rhône ;

Nous mettrons à deux voies la section de Saint-Germain-au-Mont-d'Or à l'Arbresle, qui sert de tronc commun aux trois lignes de Lamure, de Roanne et de Montbrison ;

Nous avons entrepris la pose de la double voie de Lozanne à Paray-le-Monial ;

Enfin, nous attendons avec impatience le moment où nous pourrons attaquer la section de Givors à Lozanne qui, avec la ligne précédente, nous permettra de soulager les gares de Lyon ; elle constituera une ligne de dérivation précieuse, par laquelle nous pourrons rejeter sur le Bourbonnais une partie du trafic des marchandises qui finirait par entraver le mouvement des voyageurs sur la ligne de la Bourgogne.

Nous soulagerons aussi, par ce moyen, la ligne de Saint-Etienne à Lyon, dont le trafic est assez important pour que la question de son doublement ait été fréquemment agitée dans votre région. A cet égard, on n'a pas manqué de nous accuser, cela va de soi, de ne pas tenir les engagements solennellement contractés en 1875. Ce n'est guère notre habitude, vous le savez, Messieurs, mais il n'est pas inutile de préciser. Notre Compagnie a pris l'engagement de doubler la ligne quand le tonnage expédié dans une année, par les gares de Saint-Etienne inclus à Lyon-Perrache exclus, excédera de 50 0/0 le même trafic en 1874. Nous n'en sommes pas là, il s'en faut, car alors que le tonnage de 1874 était de 1,793,000 tonnes, le maximum qu'il ait atteint depuis (en 1882) a été de 2.274,000 tonnes, soit 27 0/0 d'augmentation. Mais en dehors de ce trafic local, cette ligne sert aussi au transit entre les au-delà de Saint-Etienne et de Givors, et, à ce point de vue, la ligne de Givors à Paray nous sera un utile dérivatif. Elle sert aussi aux trains de voyageurs dont le nombre, depuis 1874, s'est singulièrement accru entre Lyon et Saint-Etienne ; « cela tient de la place », pour répéter le mot que l'on prête à nos amis d'Auvergne, et nous rappellera, sans doute, dans un avenir plus ou moins prochain, nos promesses de 1874.

Quand viendra le moment, d'ailleurs, la question se posera de savoir si la meilleure solution sera de doubler la ligne sur place, en suivant la rive gauche du Gier, ou d'en créer de toutes pièces une nouvelle, passant par ce que l'on appelle ici, par euphémisme, les *plateaux*, et desservant les régions, un peu déshéritées jusqu'ici, de la Talaudière, Saint-Martin-la-Plaine, Saint-Andéol et Chassagny, pour aboutir, dans les deux cas, à Millery, sur la nouvelle ligne de Givors à Lozanne. Au point de vue de la dépense, il ne peut y avoir d'hésitation ; la ligne, disons des plateaux, est estimée, d'après nos études, 30 millions, soit 9 millions de plus que la ligne qui suivrait la vallée ; elle aurait un profil plus mauvais, mais elle serait peut-être intéressante pour une région dont les relations avec Saint-Etienne et Lyon sont aujourd'hui singulièrement difficiles, et si les deux départements de la Loire et du Rhône partageaient cette opinion au point de l'appuyer, ce qui est, au fond, la seule manière de justifier un désir et de le rendre réalisable, en prenant à leur charge cet excédent de dépenses, il est à supposer que notre Compagnie ne refuserait pas de se placer sur ce terrain.

Il est enfin un autre de nos projets qui, plus directement encore que les précédents, touche aux communs intérêts de votre ville et de notre Compagnie. A mesure que la ville se développait, du seul côté où la nature lui a permis de s'étendre, dans la plaine de Villeurbane, le chemin de fer, qui en formait autrefois la limite extrême dans cette direction, est devenu une barrière singulièrement incommode. La nouvelle ville qui s'est construite au delà, ne communique avec l'ancienne que par six passages à niveau dont chaque jour rend la présence plus gênante. Les piétons, quand ils sont ingambes, s'en tirent encore en escaladant les passerelles métalliques accolées à plusieurs de ces passages ; les charrettes n'ont pas cette ressource et doivent attendre, au prix parfois de quelles récriminations, vous le savez, que nos trains, chaque année plus nombreux, aient dégagé le passage. Après des négociations poursuivies pendant plusieurs années, nous nous sommes mis d'accord avec la ville pour supprimer ces six passages à niveau et les remplacer par des passages inférieurs en déviant la ligne vers l'Est et en en relevant le profil. Nous souhaitons fort de réaliser, le plus tôt possible, cette importante amélioration qui fait, en ce moment même, l'objet d'une enquête d'utilité publique.

Cette déviation du tracé peut avoir, dans mon esprit, une autre conséquence favorable à nos communs intérêts. La gare de Perrache, malgré le développement que nous lui avons donné dans ces dernières années, menace de devenir insuffisante. Nous avons bien pu, en achetant un pâté de maisons le long de la rue du Bélier, affecter un espace nouveau à l'incessant développement de nos services de messageries ; mais ce n'est là qu'un expédient et la gare est, en fait, inextensible : en longueur, c'est évident, puisqu'elle s'étend déjà du Rhône à la Saône ; en largeur tout autant, car des voies nouvelles ne pourraient être posées qu'en allongeant encore les trois voûtes du cours Charlemagne, déjà gênantes par leur longueur et leur obscurité relative.

Dans ces conditions, je me demande s'il n'y aurait pas lieu de faire de la gare future des Brotteaux, reconstruite sur le nouveau tracé dont je viens de vous parler, la gare principale de Lyon et à faire passer par Collonges et Saint-Clair tous les trains de voyageurs circulant entre Paris et Marseille. Cet emplacement, beaucoup plus rapproché que la presqu'île de Perrache du centre actuel de la ville, ne vous paraît-il pas, comme à moi, répondre mieux à tous les besoins de l'avenir et mieux assurer tous les intérêts ? C'est une question que je vous pose, ne pouvant jamais trouver jury plus compétent, ni plus éclairé.

Je n'aurais pas passé complètement en revue ce que j'ai appelé les questions lyonnaises, si je me bornais à ce qui touche la ville même et sa banlieue. Votre influence s'étend plus loin, Messieurs : l'Orient a toujours été le point de mire de vos préoccupations et, parmi les voies qui y conduisent, vous attachez avec raison une importance de premier ordre au fleuve qui vous relie à la Méditerranée.

Le Rhône, Messieurs, c'est le joyau dont votre couronne est justement fière ; mais vous ne vous bornez pas à l'admirer, vous entendez l'asservir et l'utiliser à la fois comme force motrice et comme instrument de transport.

Le canal de Jonage, qui vient de s'achever, mettra à la disposition de vos industries une énorme force motrice à des conditions de prix et avec une diversité d'applications analogues à celles qu'a réalisées, depuis quelques années déjà, par les mêmes moyens et avec les mêmes eaux, votre voisine et amie la ville de Genève.

Le caractère de cette utilisation spéciale des cours d'eaux, que vous admettez lorsqu'ils sont impropres à la navigation, et c'est le cas en amont de Lyon, c'est que rien ne se perd et que l'on retrouve intégralement à l'aval l'eau qu'on a captée à l'amont, après avoir transformé en énergie les chutes artificiellement créées. Dans les parties, au contraire, où le fleuve est navigable, vous entendez le conserver comme un précieux instrument de transport à bon marché, et c'est l'explication du peu d'enthousiasme qu'excite chez vous l'idée, si féconde cependant, des canaux d'irrigation dérivés du Rhône. L'eau qu'ils lui emprunteraient aux Roches de Condrieu ne lui serait pas rendue, à la vérité ; mais, quand on considère, d'après les études de l'homme le plus compétent en ces matières, j'ai nommé M. Philippe, directeur de l'hydraulique au ministère de l'Agriculture, que le volume d'eau nécessaire pour rendre incomparablement fécondes les garrigues trop ensoleillées de l'Ardèche, du Gard et de l'Hérault, ne représenterait qu'une lame d'eau de 5 à 10 centimètres d'épaisseur, il semble qu'avec le tirant d'eau aujourd'hui assuré par les admirables travaux de Jacquet, vous pourriez, sans inconvénient, consentir à nos frères méridionaux une concession qui leur permettrait de quadrupler leur production agricole : et je ne puis m'empêcher de trouver que vous aimez votre beau fleuve d'un imparfait amour, puisqu'il est exclusif et jaloux, et que l'amour n'est parfait qu'à la condition d'être généreux et compatissant.

C'est que vous n'avez pas encore assez oublié les efforts, pendant trop longtemps stériles, qui ont été faits pour asservir et dompter son cours torrentueux, c'est que votre confiance n'est pas encore assez entière dans la stabilité des résultats obtenus, alors qu'une expérience déjà longue semble, de plus en plus, donner tort à vos craintes d'autrefois.

Ce ne serait pas un tort moindre, bien qu'il soit, je le crains, assez général parmi vous, que de nous considérer comme les ennemis de la navigation. Rivaux, assurément, nous le sommes, et par la force des choses. Ennemis ? pourquoi ? Non seulement il faut accepter en ce monde ce qu'on ne peut empêcher, mais ce serait chez ceux qui ont le pesant honneur d'être à la tête de l'une de nos grandes industries nationales, une singulière et dangereuse étroitesse d'esprit, que de vouloir entraver le progrès et paralyser, alors même que ce serait possible, les efforts qui ont pour but de tirer un utile parti du plus beau de nos fleuves français. Nous y applaudissons, au contraire, comme ingénieurs, de toutes nos forces. Comme commerçants et entrepreneurs de transport, nous estimons qu'il y a de la place pour tout le monde au soleil, et nous acceptons la rivalité et la lutte comme un utile stimulant, comme le plus sûr moyen d'amener progressivement, dans le prix des transports, des réductions dont le commerce a besoin et qu'il est condamné à poursuivre incessamment et par tous les moyens.

Seulement (il y a un seulement), si nous voulons la lutte féconde, nous voudrions que l'Etat, qui a la haute main sur nos tarifs, alors qu'il n'exerce aucun contrôle sur ceux de la navigation, la laissât plus libre, plus commerciale. Nous voudrions qu'on trouvât naturel que nous abaissions nos prix sur celles de nos lignes dont le profil est facile parce qu'elles suivent nos grandes vallées, en les maintenant plus hauts sur nos sections plus ou moins accidentées ou montagneuses où les prix de traction sont infiniment plus élevés. Ce n'est pas là seulement une question de concurrence, très commerciale et très loyale, d'ailleurs, contre des voies navigables ; c'est aussi et plus encore une question de raison, de bon sens... et de prix de revient.

Calino admirait la sagesse de la Providence, qui a fait passer les grands cours d'eau au milieu des villes les plus peuplées et les plus commerçantes. Cet immortel naïf devrait être le seul à s'étonner que, précisément, le long de ces cours d'eau existent les tarifs les plus réduits, ainsi que les trains les plus nombreux et les plus lourds. Ce n'est pas à coup sûr par la naïveté que pèche le Comité consultatif institué auprès du Ministre des Travaux publics pour être, en matière de tarifs, le tuteur, le défenseur des intérêts commerciaux. N'exagère-t-il pas, cependant, quand il critique si souvent les prix fermes et poursuit leur remplacement par des barèmes s'appliquant uniformément à toutes les lignes du réseau ? Et n'est-il pas singulier que nous, ingénieurs, qui avons passé notre jeunesse à représenter, par des formules, les phénomènes physiques ou les lois scientifiques, nous résistions à ce courant de formulaire à outrance ? C'est qu'à force de forger nous sommes devenus forgerons ; c'est qu'il ne s'agit pas ici de phénomènes ou de lois mathématiques, c'est que les tarifs de transport sont, en somme, du commerce, et que le commerce ne peut ni vivre ni même s'accommoder de formules étroites, rigoureuses et inviolables.

Ce n'est pas tout, et je voudrais — est-ce une erreur économique ? je ne le crois pas — que l'Etat, tuteur des intérêts généraux, tînt une balance plus égale entre les deux voies de transport, nécessairement, et j'ajoute heureusement rivales.

Comment ! s'écrie-t-on trop souvent, mais c'est en faveur des chemins de fer qu'il a rompu l'équilibre ; il leur a donné d'énormes subventions, il leur a donné la garantie d'intérêts, grâce à laquelle il est bien facile aux Compagnies de chemins de fer de faire, aux frais de l'Etat, des expériences et des réductions de tarifs ! Distinguons, Messieurs, et précisons, bien qu'à coup sûr, vous sachiez à quoi vous en tenir.

La garantie d'intérêts, les voies navigables ne l'ont pas, c'est vrai ; mais vous savez bien que ce n'est pas un cadeau de l'Etat, c'est une avance remboursable, qui s'accroît chaque année de 4 0/0 d'intérêts ; c'est pour l'Etat un placement dont beaucoup se contenteraient et, pour les Compagnies qui doivent y recourir, une tunique de Nessus terriblement gênante ; croyez-en quelqu'un qui a fait depuis douze ans les plus laborieux efforts pour y échapper et vient enfin d'y arriver en remboursant à l'Etat l'intégralité des avances reçues : 151 millions, dont 17 millions d'intérêts.

Quant aux subventions en capital, c'est une bien autre affaire, et nous sommes ici à deux de jeu. Sans doute, les Compagnies de chemins de fer en ont reçu de l'Etat et, à la fin de 1897, l'importance de ces subventions représente, pour la Compagnie P.-L.-M. en particulier, 796 millions, soit 17 0/0 de son capital d'établissement. Mais cette subvention a pour contrepartie d'importantes rentrées du chef des impôts sur les transports et sur les titres, et des économies non moins importantes réalisées par l'Etat du fait des facilités imposées par le cahier des charges en faveur des services publics. Cela représente pour nous, en 1897, environ 67 millions, soit 8 0/0 du montant de la subvention. C'est, il faut le reconnaître, un fructueux et intelligent emploi des deniers de l'Etat. Pour les voies navigables, que Dieu a faites, mais que l'homme doit approprier à ses besoins, ou même qu'il construit de toutes pièces, ce n'est pas une partie du capital d'aménagement ou de construction que l'Etat a fourni, c'est la totalité ; ce total, à la vérité, ne représente que le tiers de ce qu'il a donné aux chemins de fer, mais qu'en a-t-il tiré ? Rien absolument, en dehors des trop modestes produits des coupes d'herbe, des plantations ou de la pêche.

Qu'importe, dira-t-on ! il a travaillé pour le bien du pays et il s'agit moins pour l'Etat de faire de bons placements que d'améliorer les moyens de transport dans l'intérêt général.

A la bonne heure. Mais d'abord, l'intérêt est-il bien *général?* On peut employer le mot quand il s'agit des routes de terre qui sillonnent, à peu près uniformément, toute la surface du pays ; il est plus difficile de l'invoquer quand on parle des voies navigables qui n'intéressent, directement du moins, que le tiers environ de notre territoire.

Ce n'est pas tout. Non content d'avoir fourni l'intégralité du capital de construction, l'Etat prend à sa charge exclusive l'entretien et la surveillance de la voie qu'il a créée ou améliorée. S'il en faisait autant pour les chemins de fer et si, dans un élan hypothétique d'égalité, il les déchargeait des frais d'entretien et de surveillance de la voie, savez-vous, Messieurs, quelle répercussion aurait sur nos tarifs de transport cette improbable générosité ? Elle nous permettrait d'abaisser de 3 centimes par tonne et kilomètre notre tarif moyen, qui est aujourd'hui, pour le dire en passant, de 5 centimes sur notre réseau, après avoir été de 5 centimes 95 en 1886. Songez, d'ailleurs, Messieurs, qu'un abaissement de 1 centime par tonne kilométrique, s'appliquant aux 4 milliards de tonnes kilométriques transportées annuellement par le chemin de fer de Lyon ne représente pas moins de 40 millions de francs.

Ce que, pour conclure, j'appellerais tenir la balance égale entre les deux voies de transport parallèles et rivales, ce serait, puisque les voies navigables ne peuvent être établies, comme les routes, sur toute la surface du territoire, que l'Etat cessât de prendre l'intégralité de leurs frais d'établissement à sa charge exclusive, c'est-à-dire à la charge de l'ensemble des contribuables, et qu'il en laissât une bonne partie à la charge des régions qui, seules, en profitent directement. C'est un vœu conforme, ce me semble, aux saines doctrines de la science économique dont vous êtes, Messieurs, les adeptes, un vœu cependant, dont, je le crains, la force des traditions rendrait la réalisation difficile si, bon gré mal gré, la situation budgétaire ne l'imposait.

C'est bien ce qu'on a compris quand il s'est agi du grand projet de réunion de Marseille au Rhône par un canal accessible à la grande navigation. Sur les 80 millions auxquels est estimé le projet, l'Etat n'a accepté d'en prendre à sa charge que la moitié, laissant l'autre moitié et tout l'aléa (et tous ceux qui ont fait de grands travaux publics savent la part qu'il faut faire à l'aléa) à la charge de la Ville et de la Chambre de commerce de Marseille.

Ce serait sortir de mon sujet que de discuter ici l'utilité même de l'œuvre. Qu'il soit fort intéressant pour Marseille de desservir par une voie d'eau continue une partie du territoire français aujourd'hui alimentée par Bordeaux, Nantes, le Havre, Rouen et Dunkerque et de concurrencer ainsi les ports de l'Océan et du Nord, cela est évident et, j'ajoute, cela est de bonne guerre. Ce n'est pas pourtant ce côté de la question qu'ont mis en relief, et pour cause peut-être, les promoteurs de l'idée. Ils insistaient spécialement, exclusivement, pourrait-on dire, sur l'avantage qu'en pouvait tirer Marseille dans sa lutte éternelle contre Gênes, au point de vue, en particulier, de l'introduction en Suisse des blés de la mer Noire. Or, c'est là assurément une grosse illusion, car si le Rhône est devenu navigable, dans les conditions remarquables que vous savez, de son embouchure jusqu'à Lyon, il ne l'est pas — pas encore du moins — entre Lyon et Genève et les taxes de transport par voie ferrée sur cette section, s'ajoutant au frêt, aussi réduit qu'on voudra le supposer, de Marseille à Lyon par voie d'eau, formeraient un total assurément supérieur à la taxe du tarif différentiel actuellement appliqué par toute voie de fer, de Marseille à Genève.

Mais j'ai dit que je ne voulais pas discuter, en l'absence surtout du plus ardent des promoteurs du canal de Marseille au Rhône, qui l'année dernière occupait ici la place que vous m'avez offerte cette année. Sous l'influence de causes nombreuses dont l'une, et non la moins importante peut-être, a été l'impossibilité où il s'est trouvé de faire discuter et voter par la Chambre le projet de loi dont il avait été le rapporteur énergique et convaincu, M. J. Charles Roux a pris récemment la résolution de ne plus se représenter aux suffrages de ses électeurs, et cette regrettable détermination privera la Chambre prochaine d'un des hommes d'affaires les plus laborieux et les plus compétents qui aient honoré les deux dernières législatures.

Je m'en tiens donc au domaine purement économique.

La moitié au moins du capital d'établissement de ce canal devra être fournie par les intéressés. C'est fort bien, et c'est dans l'ordre des idées qu'avait, il y a dix ans déjà, préconisées M. Félix Faure, alors député et rapporteur de la Commission des voies navigables et que M. Yves Guyot avait voulu réaliser, quand il était Ministre des Travaux publics, par la création, qu'il n'a pu malheureusement mener à bonne fin, des Chambres de navigation : le capital fourni pour une large part par les intéressés et sa rémunération assurée par des redevances payées par les usagers, voilà la vérité scientifique et pratique.

Or, sur ce dernier point du moins, une grosse erreur économique me semble avoir été commise : ce n'étaient pas les usagers du canal, ce n'étaient pas les marchandises qui l'empruntent, qui devaient acquitter ces redevances, c'était, par l'imposition d'une taxe de tonnage, toutes les marchandises débarquant sur les ports de Marseille ! Pour celles qui doivent emprunter le canal projeté, rien à dire ; mais celles qui doivent emprunter le chemin de fer, celles qui se consomment à Marseille même, celles qui s'y transforment pour se réexporter ensuite, les sucres bruts qui s'y raffinent pour le Maroc et l'Orient, les blés que les minoteries marseillaises réexportent à l'état de farines, supporteront la même taxe de tonnage ! Je me demande au nom de quel principe économique on a pu faire une pareille généralisation.

Je me suis laissé entraîner, Messieurs, et je vous en demande pardon, à vous parler de bien des sujets plus ou moins complètement lyonnais. Peut-être même ai-je touché en passant à des questions d'économie politique pour lesquelles votre compétence dépasse la mienne. C'est sans doute l'effet du milieu. On ne respire pas impunément l'atmosphère qui vous entoure, et, à vous fréquenter, on deviendrait insensiblement économiste. Toutes les initiations, d'ailleurs, seraient faciles et douces si elles se faisaient dans des conditions d'aussi élégant confortable et dans un milieu aussi sympathique que celui qui, après m'avoir fait le très grand honneur de m'accueillir, a eu la très grande patience de m'écouter ce soir.

CONGRÈS

DES

SOCIÉTÉS COOPÉRATIVES

Marseille, 24 avril 1898

Messieurs,

Vous me voyez tout ému de la manifestation de votre sympathie et de la forme que vous lui avez donnée. L'album est vide malheureusement ; il me sera plus précieux si vous voulez bien le garnir des photographies des représentants de vos diverses associations.

Vous me remerciiez tout à l'heure, Monsieur le président, de la peine que j'ai prise de venir à Marseille : il n'y a vraiment pas de quoi : une nuit dans nos voitures est bien vite passée et quand on arrive, il semble qu'on ne se soit pas déplacé puisqu'on retrouve, avec les mêmes uniformes, les mêmes figures connues, les mêmes habitudes, les mêmes institutions fondées par vous et qui, périodiquement, fraternisent sur quelque point du réseau, échangeant leurs idées, leurs procédés, faisant servir leur expérience individuelle au perfectionnement de l'ensemble.

Vous me demandez d'être encore avec vous l'année prochaine à Alger. Je vous le promets de grand cœur. Je n'ai pas oublié les liens qui m'unissent à ce merveilleux pays ; c'est par lui que je suis entré au P.-L.-M., ce fut le premier échelon de la série qui m'a amené où je suis. D'avenir, pour moi, il n'est plus question maintenant ; mais ce passé m'est particulièrement cher et j'aurai plaisir, en m'y retrouvant avec vous, à vous montrer que, des deux côtés de la Méditerranée, le P.-L.-M. bat d'un même cœur, et que, malgré les délices de la Capoue française, vos frères d'Algérie sont vos dignes camarades.

J'ai aujourd'hui l'heureuse fortune d'avoir été invité à votre réunion par des représentants de toutes les associations, de formes diverses, que vous avez choisies dans le but commun de vous entr'aider.

L'Union P.-L.-M. et les sociétés coopératives cherchent, par des moyens différents, à vous procurer à meilleur marché les objets nécessaires à la vie.

Le procédé de l'Union est le plus simple. Ses adhérents, simplement groupés, font choix d'un certain nombre de fournisseurs qui, en échange d'une importante clientèle assurée, lui consentent des réductions de prix dont vous touchez chaque mois la valeur.

Le procédé des sociétés coopératives est un peu plus compliqué. Il vous faut d'abord constituer un capital actions et, par ce simple fait, vous vous démontrez à vous-mêmes, en dehors de toutes les théories, la nécessité de l'union indissoluble de ces deux puissances : le travail qui est votre lot de chaque jour, le capital qui lui fournit ses moyens d'action, le travail et le capital que des utopistes veulent opposer l'un à l'autre et qui ne peuvent rien l'un sans l'autre. Sociétés coopératives de production, vous vendez à vos adhérents, aux prix commerciaux du détail ou à peu près, ce que vous avez acheté en gros ou ce que vous avez vous-mêmes fabriqué et, à la fin de chaque année, vous vous répartissez le bénéfice de l'ensemble de vos opérations.

Quels en sont les résultats ? Il me serait difficile de les deviner si je m'en rapportais aux deux poésies qui accompagnent, sur cette table, votre menu. Mais ces poètes ont tant d'imagination ! Lorsque, rival de Mistral et de Roumanilhe, votre camarade Marius Clément parle la divine langue de Provence, il déclare que

Cadun si lippa leis dets

quand il se résigne à ne plus parler que la froide langue du Nord, il est plus triste en parlant des résultats des coopératives :

Et nous pour bénéfice
Nous suçons d'la réglisse
Ce qui n'engraisse pas.

D'abord la réglisse a du bon, surtout s'il se trouve qu'on est enrhumé ; ensuite votre ami, s'il prenait trop d'embonpoint, en serait peut-être gêné pour escalader les marches de son fourgon ; tout est donc pour le mieux... mais redevenons sérieux.

Dans les deux systèmes, que faites-vous de l'économie ou du bénéfice réalisé ? Tout est là. Les vierges folles le mangent, les vierges sages le gardent et le placent en vue des accidents possibles du présent et des difficultés trop certaines de l'avenir.

C'est là que commence le rôle de vos sociétés de secours mutuels. — Vous en comptez deux ici : la Philanthropique et la Locomotive, qui ne sont pas deux sociétés rivales opposant drapeau à drapeau, mais deux bataillons amis d'un même régiment poursuivant, par les mêmes moyens, le même but. L'une et l'autre assurent à leurs adhérents, en cas de maladie, un salaire, en cas de mort une conduite décente au champ du repos, entre les deux, elles leur promettent une retraite.

Les secours en cas de maladie, c'est assez simple ; l'idée en est venue naturellement à une époque lointaine où dans quelques industries certains patrons, ne comprenant pas encore leur rôle et leurs devoirs, estimaient qu'il suffisait d'obéir à la loi de l'offre et de la demande, qu'ils étaient quittes, vis-à-vis de leurs ouvriers, quand ils leur avaient donné le salaire convenu en échange de leur travail effectif et que, le travail cessant en cas de maladie, le salaire pouvait légalement cesser d'être payé. Vos associations faisaient, par la mutualité, ce que le patron ne faisait pas alors.

Ces mœurs ne sont plus de notre temps. Elles n'ont jamais été celles des compagnies de chemins de fer qui, dès l'origine, ont attribué aux blessés en service leur salaire intégral, aux malades un demi-salaire. — C'est équitable et simple, mais l'abus est parfois près de l'usage, et je ne vous apprendrai rien en vous révélant que certains, en s'affiliant à plusieurs sociétés de secours mutuels, touchent de chacune d'elles, en cas de maladie, des secours dont le total, s'ajoutant à l'allocation des compagnies, arrive à dépasser le salaire normal. — Il ne faut pas que des sociétés de secours mutuels deviennent des sociétés d'encouragement à la maladie. Ce sont des cas très exceptionnels à coup sûr, que vous connaissez néanmoins et qu'il faut tâcher de prévenir.

Le second objet, autrement difficile, que poursuivent vos

sociétés de secours mutuels, c'est de constituer des retraites, c'est-à-dire de résoudre le plus important des problèmes sociaux. Tant qu'on a la santé, la jeunesse, on vit, si l'on est sage, avec ses appointements, même s'ils sont modestes. Mais quand l'âge a paralysé les forces, les besoins n'ont pas toujours diminué et les ressources disparaissent chez les uns, se réduisent notablement chez les autres. Il faut vivre cependant et c'est là, même de nos jours, le plus important et le plus difficile des problèmes.

Pour les commerçants ou les petits industriels, la solution complète ne peut être que rarement trouvée, — parce que la durée ne leur appartient pas en général. — C'est cependant, pour eux, un devoir étroit de penser à l'avenir de leurs ouvriers trop enclins à n'y pas songer eux-mêmes et de placer sur leurs têtes, soit dans une compagnie d'assurances, soit à la Caisse nationale de la vieillesse, des sommes qui, l'âge venu, leur constitueront une précieuse réserve.

Les compagnies de chemins de fer, elles, ont la durée ; elles ont, dès l'origine, constitué des caisses de retraite alimentées à la fois et par leurs allocations et par des retenues imposées d'office à leurs agents. — Mais il leur a fallu compter avec un phénomène que personne n'avait prévu, qu'il n'est au pouvoir de personne de conjurer, la réduction du taux de l'intérêt, qui a déconcerté les prévisions et les calculs originels et rendu singulièrement lourd le principe primitif d'un chiffre fixe de retraite ayant un rapport déterminé avec la durée des services et le salaire moyen des agents.

C'est à cet inévitable déchet que pourront remédier, dans une certaine mesure, vos initiatives. Vous aussi, vous avez là longévité, plus même que les compagnies elles-mêmes. Si elles doivent disparaître en 1958, les chemins de fer ne disparaîtront pas et les employés subsisteront ; il est donc utile et sage qu'ils essaient de parfaire l'œuvre des compagnies. — C'est ce que font vos sociétés de secours mutuels, c'est ce que fait, en particulier, la plus générale, la plus sage et la plus puissante d'entre elles, la Société fraternelle des ouvriers et employés de chemins de fer dont je vois ici l'un des principaux délégués.

Elle s'est constituée à une époque où les compagnies de chemins de fer n'assuraient une retraite qu'à ceux qu'on appelait alors les employés *commissionnés*. Des autres, considérés comme des agents plus temporaires, elles n'avaient pas cru pouvoir encore se préoccuper. C'est à ces autres-là qu'avait pensé, il y a plus de vingt ans, un modeste employé du chemin de fer de Ceinture dont le nom doit rester dans votre souvenir et ne doit être par vous prononcé qu'avec reconnaissance : je veux parler de Bürger.

Depuis cette époque, à la vérité, la lacune a été comblée et notre Compagnie a pris les mesures nécessaires pour étendre le bienfait de la retraite à tout le personnel sans exception.

L'œuvre de Bürger est-elle pour cela moins utile ? non assurément, Messieurs ; car, en présence de la diminution de la valeur de l'argent, de la décroissance irrémédiable du taux de l'intérêt, il n'est pas inutile, tant s'en faut, que vos associations, enrichies par vos volontaires épargnes, joignent leurs efforts à ceux de vos patrons. — Amassez donc et aux 20 millions actuels de la Société fraternelle ajoutez d'autres millions. — On en aura l'emploi soyez-en sûrs ; économisez-les d'abord.

En même temps qu'il poursuivait ce but, semblable à la fourmi qui, sans relâche, amasse pour la saison mauvaise, Bürger obtenait un autre résultat qu'il pressentait, que ne recherchaient pas comme lui certains de ses collaborateurs de la première heure plus préoccupés d'idées jalouses que d'idées généreuses, de lutte que de concorde, de révolutions stériles, quand elles ne sont pas funestes, que de prosaïques mais fructueux apaisements.

Et à ce propos, je ne résiste pas au plaisir de vous répéter un passage d'une lecture que je faisais ce matin, en traversant au vol les plaines pierreuses de la Crau, et que j'ai trouvé assez intéressant pour en prendre copie à votre intention. — Je l'ai extrait du discours que prononçait l'année dernière à Boulogne-sur-Mer un de vos camarades, M. Georgel, un des continuateurs les plus convaincus de l'homme de bien et de sens dont je vous parlais. Il est d'ailleurs encore un peu de circonstance.

« *A cette époque, disait-il, il se trouvait à côté de Bürger un certain nombre d'hommes qui ne dissimulaient pas que la caisse de la Fraternelle deviendrait plus tard le trésor destiné à appuyer et à faire triompher certaines revendications... Il leur a résisté... et, grâce à l'action moralisatrice de notre association, les haines et les rancunes, au lieu d'être attisées et entretenues,* ont fini par disparaître. Il en résulte ce fait indéniable que, par le contact qu'il a fréquemment avec ses chefs, le personnel attache encore plus de prix à ses devoirs envers les compagnies.

« C'est ainsi qu'une œuvre, inféconde si elle avait été élevée sur la rancune et la haine, se transforma en une œuvre de solidarité humaine unique en Europe parce qu'elle avait pour base « la concorde et la fraternité. »

Vos applaudissements, Messieurs, me prouvent combien vous partagez ces sages et nobles sentiments.

En présence de cette explosion de sympathie, comment voulez-vous, Monsieur le président, que je songe à la fatigue et que je regrette d'être venu vous trouver à Marseille ?

Marseille, ville qui, entre toutes, m'est chère ; Marseille, où le ciel est plus pur qu'ailleurs, le soleil plus chaud, l'atmosphère plus transparente ; Marseille, justement célèbre par son esprit naturel et ses immortelles galejades ! Marseille, où j'ai fait mes débuts dans la carrière administrative, dont j'ai fait ma seconde patrie en m'y mariant, où j'ai ramené déjà un trop grand nombre des miens enlevés avant l'heure et dormant là-bas à l'ombre des grands pins de Saint-Pierre en vue de la mer prochaine ; Marseille, où, moi aussi, je viendrai me reposer un jour, où vous me ferez, je l'espère, comme aujourd'hui un cortège d'amis ! à une condition, c'est que d'ici là je resterai fidèle à mon passé, que je continuerai à aimer les humbles et les modestes et que je n'oublierai pas que si le premier devoir d'un directeur est de fidèlement servir la compagnie, le meilleur moyen de la servir est de ne pas négliger les intérêts de ses nombreux, fidèles et dévoués collaborateurs.

C'est à cette condition et dans cette espérance, Messieurs, que je veux la prospérité et le développement de vos institutions autonomes d'épargne et d'assistance.

RÉUNION
DE
L'ASSOCIATION FRATERNELLE

Villeneuve-Saint-Georges, 8 octobre 1898

Messieurs,

Vous me remerciez de ma présence au milieu de vous. — Permettez-moi de ne pas accepter le compliment. C'est moi qui suis votre obligé et qui suis heureux, après vous avoir visités tout à l'heure au travail, de m'asseoir avec vous à votre table de fête. Les témoignages de votre déférente amité ne sont plus, ce soir, ceux de la hiérarchie officielle ; ils s'adressent, je le crois, moins au Directeur de la Compagnie qu'au chef de notre grande et belle famille. — Si les préoccupations du Directeur sont de maintenir à notre entreprise, par une exploitation régulière et honnête, la prospérité résultant de l'ensemble de nos communs efforts, le souci permanent de l'ami et du chef de famille est de maintenir, parmi ses membres, l'harmonie, l'union et le bien-être.

Vous savez qu'à cet égard vous pouvez compter sur moi, que je suis votre avocat auprès de notre conseil d'administration, avocat d'une cause que sa bienveillance rend bien facile à défendre. Nous constatons les mêmes dispositions dans les assemblées générales annuelles de nos actionnaires. Tous comprennent que la prospérité de la Compagnie est notre œuvre commune et que le meilleur moyen de l'assurer est d'avoir le constant souci des intérêts du personnel.

Mais, tout en comptant sur l'être anonyme qu'est la Compagnie et sur celui qui la personnifie à vos yeux, vous comptez aussi sur vous. Si la Compagnie vous assure le présent, en échange de votre travail, si même, avec votre concours et en vous forçant à l'économie, elle assure votre avenir pour le moment où vous cesserez de travailler pour elle, vous vous efforcez de votre côté de rendre votre retraite moins modeste en vous imposant à vous-mêmes un supplément d'épargne. — Vous entassez pour l'hiver de la vie, comme fait l'abeille laborieuse pour la saison où elle ne pourra plus butiner sur les fleurs de l'été, et c'est de vos propres mains que vous élevez une ruche féconde par cette Association fraternelle où vous retrouverez, à l'heure du repos, ce que vous avez la sagesse de prélever sur vos salaires de la vie active.

Nous connaissons tous de jeunes fous qui déclarent avec une conviction profonde qu'ils ne peuvent pas vivre à moins de 10,000 francs par an. — C'est parfait, assurément, à la condition pourtant de les avoir! — Les Etats ne sont pas toujours plus sages quand ils établissent d'abord le budget de leurs dépenses dites nécessaires ; ils l'équilibrent ensuite en cherchant des recettes, ce qui n'est pas trop malaisé, par l'impôt, aussi longtemps du moins que le contribuable voudra et pourra le supporter. Dans l'industrie, comme chez vous, il n'en va pas de même. — C'est le budget des recettes qu'il faut établir d'abord. C'est d'après lui que doivent s'établir les dépenses qu'il faut, à tout prix, maintenir au-dessous des recettes, quelque limitées qu'elles puissent être, de manière à parer aux charges imprévues, et pourtant inévitables, aux accidents, aux accroissements de famille (que je ne veux sûrement pas leur assimiler), aux maladies.

C'est facile à dire, m'objectera-t-on, et vous en parlez à votre aise. — Ce n'est pas de vous du moins, Messieurs, que viendra l'objection, car c'est ce que vous faites, vous tous qui m'entourez ici, prouvant ainsi la possibilité d'économiser sur un budget même modeste, de même que ce philosophe qui prouvait le mouvement..... en marchant.

Aussi, comme vous avez raison d'être fiers de votre Association fraternelle et de ses 21 millions d'épargne, d'en fêter les féconds anniversaires, d'honorer la mémoire de son fondateur Burger et de ne pas dévier de la voie qu'il vous a tracée malgré les efforts faits auprès de vous par les anges déchus, pour transformer en armes de lutte ce qui, dans sa pensée, devait maintenir et fortifier, entre votre armée et ses chefs, la concorde et l'union.

De lutte, en effet, pourquoi serait-il question chez nous, dans ce que, avec intention et avec raison, j'appelle notre famille? famille d'esclaves, disent ceux qui vous jalousent et vous appellent les serfs de la voie ferrée. Vous savez ce qu'il faut penser de ce servage auquel, après vos pères, vous vous êtes soumis, que vos fils demandent aussi à subir. Il n'en est pas de même dans ces corps d'état, si nombreux à Paris, terrassiers, puisatiers, ouvriers du bâtiment, débardeurs, charretiers dont nous suivons avec chagrin, depuis trois semaines, les tumultueuses agitations. Quelle est, chez eux, la situation du travailleur? Quelle est la vôtre ? Comparons.

La liberté, ils l'ont absolue et entière ; mais avec elle la précarité de l'avenir, l'incertitude même du lendemain, souvent même, chaque matin, celle du jour qui commence. — Vous avez tous vu, si vous vous levez de très bonne heure, en passant rue de Rivoli, ces longues théories d'ouvriers attendant sur la place de Grève le lever du jour, leurs outils à la main, sous le bras leurs habits de travail. — Les entrepreneurs arrivent, les inspectent, les toisent; ceux qu'ils choisissent ont au moins leur journée assurée. Ceux qu'ils n'ont pas engagés regagnent le logis où leur retour cause à la femme, aux enfants une douloureuse surprise.

Supposons même, quand l'ouvrage donne, le travail assuré pour une durée plus ou moins longue ; si la maladie survient, le salaire disparaît, l'ouvrier ne touche que ce que lui alloue sa société de secours mutuels, s'il a eu la sagesse de s'y affilier. Avec l'âge, la famille et les besoins augmentent, les forces diminuent, le salaire diminue avec elles. — Quand vient, avec la vieillesse, l'impossibilité du travail, d'où cet ouvrier, libre toujours, mais mourant de sa liberté même peut-il attendre le secours?

Dans ces conditions, on comprend à merveille que les artisans de ce travail libre, mais essentiellement précaire, trop heureux d'accepter un salaire quelconque quand le travail ne donne pas, élèvent, au contraire, même démesurément, leurs prétentions lorsque se présente, et c'est le cas aujourd'hui, en raison de l'Exposition de 1900, une énorme quantité de travail à faire en un temps très limité.

C'est naturel, c'est une loi humaine et sociale, la loi de l'offre et de la demande comme l'appellent les économistes.

Elle ne s'applique pour ainsi dire pas aux travailleurs des chemins de fer ; vous avez bien lieu, Messieurs, de vous en féliciter et de préférer à ces oscillations et à ces incertitudes votre situation permanente et sûre. — Le présent assuré, le lendemain garanti ; des appointements croissant plus ou moins vite avec l'ancienneté des services ; — en cas d'accidents ou de maladie, un salaire, intégral ou partiel, avec les secours médicaux ; un congé annuel pendant lequel vous et vos familles pouvez gratuitement voyager sur tous les réseaux ; enfin, au bout de votre carrière, une retraite assurée reversible, après vous, sur la compagne de votre vie.

A vous assurer cette somme d'avantages enviables et enviés, la Compagnie affecte, vous le savez, chaque année 13 à 14 millions.

Voilà, Messieurs, les droits et les avantages que nous vous avons spontanément assurés et qui font de vous, sans exagération, des privilégiés dans le monde du travail.

J'oubliais un dernier, l'exonération, à partir de 23 ans, des charges du service militaire auxquelles sont soumis jusqu'à 40 ans tous les autres citoyens français. — Voilà ce que, dans l'intérêt de la défense du pays, nous vous avons aidés à obtenir de la prévoyance du législateur.

Mais, parallèlement à ces droits qu'il vous a donnés, le pays a les siens ; il attend et exige de vous le dévouement à vos obligations, le respect de la hiérarchie, la discipline, la fidélité au drapeau.

Ces devoirs et ces vertus, vous tous, Messieurs, qui m'entourez ici, les connaissez et les pratiquez, votre association fraternelle vous a rompus à la pratique de la sagesse, de l'épargne, de la discipline ; ce n'est pas pour vous que je parle, c'est au delà de cette enceinte que mes paroles s'adressent, à ceux qui, moins prévoyants et moins sages, n'en font pas partie. J'espère que la grâce les touchera et je compte non seulement sur la prospérité bien assurée de votre association, mais sur l'accroissement de son influence, sur l'élargissement de son rayon d'action et sur le maintien de ses traditions de concorde et d'union.

CONFÉRENCE EUROPÉENNE
DES HORAIRES

Nice, 7 décembre 1898

Messieurs,

Je remercie les orateurs qui m'ont précédé d'avoir, dans cette réunion des représentants de peuples si divers, porté d'abord la santé de ceux qui, pour nous tous, de près comme de loin, à l'intérieur comme à l'extérieur, représentent et personnifient ce que nous avons de plus cher : la patrie.

Nos patries, Messieurs, nous les aimons d'un amour intense et nécessairement exclusif. Si nous nous efforçons, c'est le but essentiel de nos conférences, d'en abaisser les frontières pour faciliter les échanges et rendre plus fréquentes les relations internationales, nous ne voulons pas du moins les supprimer. Ce n'est pas nous qui partirons d'une généreuse utopie pour arriver à l'internationalisme, ce n'est pas nous qui ferons cause commune avec ces égarés que le bon sens populaire a flétris du nom de sans-patrie. Nous voulons résolument conserver le souvenir des aïeux, les coutumes et les traditions de nos pays divers, leurs légendes et leurs chants populaires, leurs gloires comme leurs tristesses, leurs triomphes qui exaltent et enivrent, parfois à l'excès, comme leurs douleurs qui trempent et mûrissent.

C'est tout cela cependant, Messieurs, que nous avons la prétention de vous faire oublier, un moment seulement, en vous appelant dans ce pays merveilleux, dans ce coin du Paradis retrouvé, bien fait pour les réunions internationales puisqu'il est l'habituel rendez-vous de la société de tous les pays.

C'est cependant une singulière contradiction que de choisir comme centre de sérieuses occupations ce qui serait si naturellement le temple du *dolce far niente*, de vous convier à travailler là où il est si doux de ne rien faire, à compulser vos horaires et vos graphiques dans ce palais de la Jetée-Promenade, qui, un jour, a surgi du sein des flots, comme Vénus elle-même, de ces flots qui caressaient les rives de l'Italie et de la Grèce mythologique. Et pourtant vous avez travaillé ! sur des tables trop rares et trop étroites, dans ces salles orientales d'où vous entendez le murmure des vagues de notre mer d'azur, se brisant, s'étalant plutôt, car vous avez pu voir qu'à Nice elles ne se brisent pas, sur la grève paresseuse et où, par vos fenêtres ouvertes, la brise de décembre, plus rude dans vos pays du Nord, vous apportait les senteurs virginales de l'oranger.

Kennst du das Land wo die zitronen bluthen

s'écriait votre immortel Gœthe ! Nous avons voulu réaliser pour vous la persistante rêverie de la pauvre Mignon.

Mais, dans ce doux pays, tout n'est pas aussi innocent; il ne se contente pas d'offrir aux constitutions fatigués le repos au milieu des fleurs, victorieuses de l'hiver, et aux heureux de la vie les jouissances d'un éternel printemps. A ceux qui ne se contentent pas de la contemplation de son harmonieuse nature, il offre aussi des émotions plus fortes. Nous vous donnerons, Messieurs, l'occasion de les goûter, si le cœur vous en dit ; mais vous remarquerez que nous ne vous conduirons à Monte-Carlo qu'à la fin de vos travaux, pour être plus sûrs de ne les pas troubler. Nous sommes d'ailleurs assurés que si vous en revenez... soulagés, vous trouverez, du moins, dans vos cartes de légitimation, le moyen de confortablement regagner vos demeures.

En dehors de vos réunions qui, deux fois par an, sillonnent l'Europe, les chemins de fer en comptent une autre à laquelle, comme à la vôtre, nous donnons rendez-vous à Paris en 1900. Elle ne siège que tous les trois ans et son programme, au lieu de se limiter, comme le vôtre, au règlement des horaires, s'étend à toutes les questions qui se posent dans nos divers services de construction et d'exploitation. Le Congrès international des chemins de fer a tenu déjà ses assises à Bruxelles, son lieu de naissance, à Turin, à Paris, à Pétersbourg et à Londres. Au milieu d'ingénieurs, nous pouvons le dire, du monde entier, nous avons eu le regret de voir inoccupée la place d'un grand pays qui, en raison du développement de ses chemins de fer, et de ses industries métallurgique, minière, mécanique et chimique, apporterait à nos discussions un précieux contingent de savoir et d'expérience. Que MM. von Misany et Schneider veuillent bien lui dire qu'à Paris, en 1900, comme à Nice aujourd'hui, ses ingénieurs seraient les fort bien venus s'ils voulaient, à leur Verein intérieur, ajouter un Verein international.

C'est dans l'espoir de cette union plus complète que je lève ma coupe pleine de ce vin doublement français et par son origine et parce qu'il reflète si bien notre caractère national, clair, pétillant, généreux... et léger, à la santé des représentants des chemins de fer de toute l'Europe, groupés ce soir autour de notre table hospitalière.

CONGRÈS

DES

SOCIÉTÉS COOPÉRATIVES

Alger, 5 mai 1899

Mes chers amis,

Votre nouveau directeur, M. Bachy, a bien fait de me remercier de l'avoir envoyé parmi vous. Il peut, en effet, m'être reconnaissant de lui avoir fourni l'occasion de servir la Compagnie dans ce pays adorable qu'on ne peut voir sans l'aimer, qu'on ne peut avoir habité sans en conserver à jamais un impérissable souvenir, et aussi de l'avoir mis à la tête d'un personnel dont il a pu apprécier déjà, non sans surprise peut-être, et dont il constatera chaque jour davantage le dévouement, la fidélité au devoir, la résistance aux épreuves.

Il m'a dit que, par votre discipline, votre endurance, par l'élégance même de votre extérieur, vous lui semblez les émules de vos frères de France. Il y a longtemps que j'en suis convaincu, et je leur disais à eux-mêmes l'année dernière, à Marseille.

Vous êtes, en effet, mes amis, les dignes fils de ces vaillants soldats, bientôt nos ancêtres, dont les armes, de 1830 à 1860, ont conquis à la France cet admirable domaine. Vous êtes les frères et les neveux de ceux qui, depuis 1860, se sont voués à l'œuvre moins éclatante, mais aussi difficile, d'utiliser et de mettre en valeur la terre conquise et pacifiée. Dans la vie civile, vous avez conservé, dit-on, quelques traces des habitudes militaires originelles, — vous n'avez pas renoncé au champoreau, à l'absinthe ! Il faut bien remplacer les éléments enlevés par l'évaporation ; vous portez des pantalons flottants ; l'air et le soleil sont parfois si chauds ; vos vestes sont moins étroitement ajustées que des vêtements de parade, ce doit être pour ne pas comprimer les battements de vos cœurs ardents et généreux.

En faisant, devant vous, votre éloge à vos camarades de France, je ne crains pas de forcer la note, j'écoute et rappelle mes souvenirs, et parmi vos qualités, je le vois ce soir avec émotion et reconnaissance, brille la religion du souvenir. Vous aimez qui vous aime. Merci.

Il y a douze ans, si je compte bien, que je n'étais venu parmi vous : resterai-je aussi longtemps avant de vous faire une nouvelle visite (en supposant que le courant d'air qui depuis une heure me rafraîchit les épaules m'en laisse la possibilité) ! Non, je l'espère ; j'y trouverais peut-être trop peu de mes contemporains de la première heure. Et cependant, à espacer ainsi ses visites, on gagne de mieux constater le progrès accompli, et, depuis ces douze dernières années, il crève les yeux. Je regrette bien un peu mon vieil Alger, plus familièrement enserré dans ses étroites murailles. Elles ont éclaté, et une ville nouvelle, élégante et baignée de lumière, a remplacé les masures de l'Agha et les villas clairsemées de Mustapha. On ne voit plus de palmiers nains dans la Mitidja défrichée d'un bout à l'autre et assainie ; les fabriques de crin végétal se sont fermées et pour cause ; la fortune est venue couronner les efforts des colons, et j'aperçois chez eux une légitime fierté de leurs succès viticoles, un certain dédain de nos routines françaises, auxquelles vous opposez et donnez en exemple votre récente expérience, vos procédés et vos méthodes.

J'ai connu l'Algérie encore à son époque héroïque, à l'époque si lointaine de ce qu'on appelait alors le régime du sabre, régime, au fond doux et paterne, que certains aujourd'hui regrettent, tutelle bienveillante, qui pensait et agissait pour tous, mais tutelle cependant dont, devenus majeurs, vous avez voulu vous affranchir en pensant, agissant, gouvernant vous-mêmes. parfois peut-être, et c'est inévitable, avec un peu d'exubérance.

De tutelle, en ce qui vous touche plus spécialement, notre Compagnie n'en a jamais exercé qu'une assez lointaine. Nous n'avons jamais eu la prétention d'administrer de Paris nos lignes algériennes ; la Compagnie s'est fait représenter ici par des délégués responsables dont elle suivait et contrôlait de haut et de loin l'administration libre et autonome (l'exemple eût peut-être été utilement suivi sur d'autres théâtres).

Plusieurs m'ont succédé au milieu de vous, chacun s'efforçant de réaliser un perfectionnement, de marquer son passage, de laisser un souvenir. Je souhaite à M. Bachy, si heureux de revoir un pays où a débuté sa carrière d'ingénieur, d'y rester longtemps à votre tête.

A peine arrivé, il s'est enquis de vos désirs, et m'en a déjà fait connaître deux :

Vous souhaiteriez, m'a-t-il dit, que, pour les plus vieux d'entre vous, qui reçoivent la médaille du travail, le ruban tricolore fût arrosé d'une petite allocation annuelle. Ce serait une innovation que ne pratique, contrairement à ce que vous pensez, aucune des administrations publiques. Le faire en Algérie, nous entraînerait à le faire en France, cela deviendrait une question budgétaire au petit pied, et ne serait-il pas à craindre, peut-être, que, retenue par cette considération, la Compagnie ne fît moins d'efforts auprès des pouvoirs publics pour vous obtenir d'eux cette récompense honorifique de longs et fidèles services ?

Vous voudriez aussi que les conditions de la retraite, que j'ai rendues déjà meilleures pour vous que pour vos camarades de France, fussent améliorées encore. C'est un désir bien naturel, exprimé dans d'excellents termes, dans une pétition qui a recueilli 483 signatures, si naturel, que je m'étonne qu'elle n'ait pas été signée par l'intégralité d'entre vous. Vous êtes trop épuisés par le climat, dites-vous, pour atteindre l'âge de 55 ans, fixé pour la retraite de droit. En regardant autour de moi, je ne puis guère me défendre d'un certain scepticisme. Je vous demande la permission de ne pas vous répondre aujourd'hui, surtout en présence de vos camarades de France, qui, déjà peut-être, vous envient depuis qu'ils vous connaissent de plus près.

Je tiens en général plus que je ne promets, c'est une raison pour que j'hésite à promettre à la légère. Vous savez à quel point j'aime l'Algérie et les Algériens, et combien mes sentiments sont partagés par le président de notre conseil d'administration, M. Tirman, qui a exercé pendant trop longtemps le Gouvernement général, pour ne pas avoir conservé de ce radieux pays un précieux et fidèle souvenir.

Je salue, Messieurs, notre grande famille P.-L.-M., et, plus spécialement, la petite branche algérienne. Vos camarades de France ne m'en voudront pas si c'est à vous surtout, mes amis, que je m'adresse ici, car de même que parmi ses nombreux enfants, Jacob préférait le dernier né, vous ne vous étonnerez pas que j'appelle mes Benjamins, les derniers venus dans notre grande agglomération, et les compagnons de mes premières armes dans la Compagnie.

CONGRÈS
DES
SOCIÉTÉS COOPÉRATIVES

Alger, 7 mai 1899

Messieurs,

Si je me suis rendu avec empressement, l'année dernière, à l'invitation que vous m'avez adressée d'assister à votre banquet de Marseille, c'est avec plus de plaisir encore et avec une sorte de reconnaissance spéciale que j'ai accepté l'idée de me réunir à vous au delà de la Méditerranée, dans ce merveilleux pays d'Alger, que vous êtes si heureux d'avoir rapidement entrevu, et où le soleil, vous épargnant, cette année, ses morsures parfois cuisantes, ne vous a fait connaître que ses discrètes caresses.

Ce n'est pas pour étudier les besoins généraux du pays que vous avez traversé la Méditerranée, vous avez laissé ce soin aux caravanes parlementaires trop nombreuses d'ordinaire, pour atteindre le but proclamé de leurs déplacements ; votre but est plus spécial, plus défini ; vous êtes venus en plus petit nombre, ouvriers spécialistes de l'œuvre coopérative, pour échanger vos idées, constater les progrès accomplis par votre sœur d'Alger sous l'égide de votre Fédération, pour en préparer de nouveaux par l'unification et la vulgarisation de vos méthodes. Dans ce pays enchanteur où le farniente serait si doux, au milieu des distractions locales que tous vous ont offertes à l'envi, le travail était difficile et méritoire. Il vous est trop familier pour que vous n'ayez pas, malgré tout, rempli consciencieusement votre utile tâche et épuisé le programme si complet que vous vous étiez tracé.

Je n'ai plus à applaudir à vos efforts, aujourd'hui partout couronnés de succès dont votre Président vous rappelait tout à l'heure l'importance par des chiffres éloquents et dont vous avez le droit d'être fiers parce qu'ils sont votre œuvre et beaucoup la sienne. Je n'ai plus à louer votre féconde initiative. Tout au plus me permettrai-je de vous rappeler un desideratum que je vous ai souvent exprimé, une vieille querelle que, depuis longtemps, j'ai cherchée au Président de votre Fédération. La grande question qui se pose dans le monde du travail est celle de la participation des ouvriers aux bénéfices du patron (du moins quand il y a bénéfice, parce que, quand il y a perte, il n'est naturellement jamais question de partage); dans vos associations coopératives, vous le résolvez à votre façon : ouvriers et patrons tout à la fois, vous réalisez des bénéfices, et, simplement, vous les répartissez entre vous à la fin de chaque année, sauf un très léger prélèvement pour constituer un fonds de réserve. Est-ce la meilleure méthode ? Je ne puis le penser et je voudrais vous voir réserver intégralement, ou à peu près, ces bénéfices, les verser au crédit des participants, à une caisse d'épargne intangible, à une Compagnie d'assurances sur la vie, à la Caisse nationale de la vieillesse, où vous voudrez, en un mot, là où tous seraient heureux de les retrouver le jour où sonnera l'heure de la retraite. Réfléchissez-y ; je ne crois pas vous donner un mauvais conseil. Jouir de suite du résultat de votre sagesse est bien ; mieux encore serait de l'économiser et de le placer en vue de l'avenir. (*Vive approbation.*)

Et, puisque je parle de retraite, me permettrez-vous, à propos de la pétition dont je vous parlais hier, de faire une querelle plus personnelle à certains de ceux dont j'ai plaisir à voir autour de moi les riantes figures. En Algérie, dit la pétition, on est vieux et usé à 50 ans ! et quelles sont les premières signatures que je vois à l'appui de cette affirmation ? Celle de mon vieil ami Chabert Moreau, que j'ai contristé hier bien involontairement en ne le reconnaissant pas tout d'abord, tant a été léger pour lui le poids des années (*rires et applaudissements*); celle du premier vice-président de la Coopérative d'Alger, M. Bel, que le climat n'a pas l'air de beaucoup affaiblir et dont les soucis, dans la conduite d'un important dépôt, n'ont pas diminué le rabelaisien embonpoint (*nouveaux rires et vifs applaudissements*); celle de son sous-chef Gleichauff, dont la bonne figure flamande, fraîche et rose, jure un peu avec sa désolante affirmation. A ses côtés, je vois, avec un air de vaillance que nous sommes heureux de constater, son père, un de nos vieux serviteurs qui a dirigé jusque bien après ses 55 ans révolus, nos ateliers d'Alger et auquel je donne rendez-vous à notre prochaine réunion. (*Applaudissements répétés.*)

Mais assez de querelles ; un vœu maintenant que je vous exprime. A peine débarqué, j'ai voulu parcourir notre ligne entre Alger et Oran. Je célébrais hier les progrès de la Mitidja ; singulièrement plus lents sont ceux de la grande plaine du Chéliff. En la traversant deux fois, si j'ai été frappé par la tenue correcte, élégante même de nos agents qui y résident, j'ai songé une fois de plus aux conditions dures, trop souvent, de leur isolement au milieu des indigènes, aux ressources limitées qu'ils trouvent dans les villages, voire dans les petites villes, aux difficultés de leurs approvisionnements et je me suis demandé comment il ne s'était pas trouvé encore parmi eux des apôtres assez audacieux pour y fonder une société coopérative. Dans aucune partie de notre vaste réseau une telle société ne serait plus justifiée et ne rendrait de plus utiles services. A l'œuvre donc, Messieurs, je vous y convie et si le concours de la Compagnie est nécessaire pour féconder vos initiatives et aider vos débuts, je vous le promets aussi large qu'il sera nécessaire.

A mes félicitations à votre Fédération, à la Coopérative d'Alger, laissez-moi donc joindre l'espoir de la création de celle d'Oran.

RÉUNION
DE
L'ASSOCIATION FRATERNELLE

Paris, 11 novembre 1899

Mesdames, Messieurs,

Quand j'ai prié votre Président, M. Roussin, qui venait m'offrir la présidence de ce banquet, de ne pas me river à perpétuité à ce fauteuil que j'ai déjà plusieurs fois occupé, j'avais une idée de derrière la tête. J'avais rêvé le bonheur de ces dilettanti qui, après un bon dîner, vont au théâtre s'asseoir sur un bon siège de velours capitonné sans autre préoccupation que de savourer de la bonne musique. — C'était un rêve puisque, malgré tout, après un bon dîner pendant lequel je me suis abreuvé de flots d'harmonie, auxquels se sont ajoutés des flots d'éloquence, me voici finalement debout devant vous et prenant à mon tour la parole. J'y ai été trois fois provoqué et je suis de ceux qui n'aiment pas à recevoir des provocations sans les relever.

Si j'ai exprimé le désir que la présidence de la fête fût confiée à l'un de nos chefs de service, c'est que j'ai désiré qu'ils connussent à leur tour la joie de se trouver au milieu de vous en hôtes et en amis plutôt qu'en chefs, sur le terrain de l'amitié familiale plutôt que sur celui de l'habituelle hiérarchie. — Malgré tout, mon cher Baudry, vous n'avez pas cru pouvoir vous dispenser de parler devoir et discipline et vous vous en êtes presque excusé ; ce n'était pas la peine. Ces messieurs sont dès longtemps familiarisés avec ces idées. Ce sont des laborieux qui pratiquent entre eux la discipline avec une sévérité bien autre que celle que nous pratiquons dans le service ; ils savent par expérience que c'est à cette discipline seule qu'ils doivent d'avoir amené leur société fraternelle à ce haut degré de prospérité dont ils ont bien raison d'être fiers.

Si vous étiez jamais tentés, Messieurs, de l'oublier vis-à-vis de notre Compagnie, si vous étiez un jour émus par ces excitations malsaines qui soufflent parfois du dehors surtout dans nos temps troublés et qui n'ont jamais eu prise sur vous, je sais bien à qui je m'adresserais pour vous ramener. — C'est à vous, Mesdames, dont chacun est heureux de voir le nombre s'augmenter d'année en année dans ces réunions, à vous dont la douceur réfléchie et la sagesse font la joie et la vie du foyer. Dans le ménage ce n'est pas vous, dit-on généralement, qui portez les culottes, ou du moins si vous en portez vous les dissimulez discrètement ; et vous avez raison puisque de cette partie du costume, comme de la barbe, l'orgueil masculin a fait le symbole de la puissance. Mais nous savons bien à quoi nous en tenir au fond et nous sommes trop heureux de nous laisser guider par votre prévoyante et instinctive prudence, sans en avoir l'air bien entendu, pour sauver les apparences.

C'est donc en votre honneur que je me lève, c'est vous que j'invoque, votre influence douce et pénétrante et vos charmes qui en sont l'origine légitime et toute-puissante.

RÉUNION
DE
L'ASSOCIATION FRATERNELLE

Nevers, 2 décembre 1889

Mes amis,

Il y a peu de jours, à Paris, quand je présidais la fête annuelle de la section parisienne de votre Association fraternelle, on remerciait, comme votre excellent président vient de le faire aujourd'hui, les membres honoraires et de leur contribution pécuniaire et de leur sympathie pour vous. De leur modeste contribution matérielle, ne parlons pas, elle est sans importance pour la société de capitalistes que vous êtes devenus, elle a d'ailleurs, pour moi du moins, je le vois, une contre-partie qui en diminue encore la valeur... on est nourri. Quant à la sympathie, c'est une autre affaire, elle est vivace, profonde, justifiée, et je voudrais la rendre de plus en plus active.

Si vous avez atteint la fortune et l'indépendance, c'est à vous seuls que vous les devez ; à votre épargne, à votre travail, à votre sévère gestion, à la discipline que vous maintenez parmi vous, plus sévère assurément que celle que nous-mêmes exigeons de vous dans le service. Grâce à elle, nous avons, par un commun travail, amené notre compagnie à un degré satisfaisant de considération. Grâce à elle aussi vous avez amené votre association à la richesse.

Dans la vie, d'ailleurs, les devoirs sont réciproques ; vous connaissez assez les vôtres vis-à-vis de la compagnie, pour que nous n'ayons pas besoin de vous les rappeler. Nous savons aussi quels sont les nôtres vis-à-vis de vous, et nous nous efforçons de les remplir ? Y sommes-nous parvenus complètement ? Je serais presque tenté de le croire, si j'en juge par ce qui se passe en ce moment dans une partie, la plus exotique mais non la moins française de notre réseau. On a pensé qu'il était question pour les convenances gouvernementales, de nous enlever, pour en confier l'exploitation à des compagnies moins nombreuses, notre réseau algérien. Notre personnel s'en est ému et par ses protestations, par l'énumération aux pouvoirs publics des avantages d'ordre divers que nous lui assurons et que sont loin d'assurer, au même degré, les compagnies auxquelles ils craignaient qu'on voulût les livrer, ils nous ont montré que s'ils les avaient reçues en silence, ils en connaissaient du moins à merveille le détail et l'importance.

Dans cette voie, il ne faut pas s'arrêter et nous allons réaliser à bref délai une amélioration qui, depuis longtemps, me tenait à cœur, devant laquelle nous hésitions un peu en raison de l'importance des sacrifices qu'elle représentait et que l'impulsion d'un ministre jeune et animé de nos sentiments nous a déterminés à réaliser. Un certain nombre d'entre vous, les hommes de bureau, ont le privilège de jouir à peu près régulièrement d'un repos hebdomadaire ; beaucoup d'autres, dont le service est au moins aussi pénible, dans les gares, dans les trains, sur les machines, n'ont pas le même privilège, et, en dehors de leurs congés annuels, sont tous les jours sur la brèche, occupés sans trêve ni relâche à satisfaire les exigences, bien naturelles d'ailleurs, du public, qui est en somme notre maître à tous. Dans peu de temps, dès que nous aurons pu former les nouvelles équipes de personnel qui deviennent nécessaires, nous assurerons à tous les agents dont les fonctions intéressent directement la sécurité, agents des gares, conducteurs, mécaniciens, chauffeurs, chaque mois au moins un jour de repos complet, après lequel ils reprendront, plus dispos, leur tâche quotidienne.

Dans un autre ordre d'idées, nous avons réalisé depuis quelques mois une réforme à laquelle je songeais depuis longtemps et dont je remercie mon voisin, M. Baudry, ingénieur en chef du matériel et de la traction, de m'avoir proposé la réalisation. Dans les familles, vous en avez tous, ou vous en aurez, on est forcé de recourir, pour corriger les enfants indociles, à des corrections manuelles. Dans l'armée, on a d'autres moyens, la salle de police, la prison, pour inculquer et maintenir ces sentiments de sévère obéissance, sans lesquels, avec d'indociles agglomérations d'hommes, on serait impuissant à assurer l'ordre, la vie même de la nation. Nous n'avons, nous, ni les corrections manuelles, ni les peines corporelles, et nous avons cru pendant longtemps indispensable de recourir aux châtiments pécuniaires, à des amendes plus ou moins proportionnées aux fautes, mais qui, légères ou lourdes, avaient l'inconvénient pour les petits ménages qui ne connaissent pas très bien le superflu, d'en réduire les ressources et de frapper, avec l'agent fautif, sa femme et ses enfants sûrement innocents. Nous y avons renoncé, comptant que ce qui était justifié ou nécessaire dans l'enfance de notre compagnie n'était plus indispensable dans son âge mûr et que des avertissements ou des réprimandes (suivis de l'exclusion pour les incorrigibles) suffiraient pour ramener à la raison des hommes aussi imbus que vous l'êtes du sentiment du devoir. J'ai la confiance que vous ne vous donnerez pas l'occasion de le regretter.

Mais que parlé-je de punitions et de réprimandes dans le milieu si sage où j'ai le plaisir de me trouver ce soir, ce n'est que de récompenses qu'il faut parler et si je n'en apporte qu'une, je suis sûr, au moins, de la bien placer.

Vous vous rappelez qu'aux jours sombres de notre histoire, dans cette cour des Adieux du palais de Fontainebleau, Napoléon, ne pouvant embrasser tous ses fidèles grenadiers, voulut du moins embrasser leur général. J'ai le même désir, mais le même embarras que lui, et comme lui je m'adresse à votre digne président, vieil enfant de la balle, qui, depuis l'âge de quinze ans, sert la compagnie avec le même dévouement qu'il dirige ici votre association. Et en vous demandant, monsieur le Préfet, pour une fois, la permission d'empiéter sur les attributions de l'autorité, à côté de la médaille de l'association, à côté de cette locomotive entourée de votre belle devise : « Honneur, travail, probité », au nom et par délégation du ministre, je place cette médaille du travail qui se réclame de la même devise et qui, avec son ruban tricolore, sera pour lui la récompense d'une longue carrière, et du devoir simplement et fidèlement accompli.

CONGRÈS
DES
SOCIÉTÉS COOPÉRATIVES

Besançon, mai 1900

Monsieur le Maire,

Ce m'est un plaisir singulier, une sorte de pèlerinage, que de revenir aujourd'hui dans cette vieille cité bisontine que je quittais, il y a quelque cinquante ans, pour me présenter à l'Ecole polytechnique. Parvenu au sommet, c'est avec bonheur que j'envisage le chemin parcouru de l'enfance à l'âge plus que mûr.

Vous avez bien voulu m'entretenir de quelques questions locales. Je ne doute pas que nous ne puissions, à bref délai, vous donner pleine satisfaction si vous voulez bien nous aider. Vous m'avez demandé d'ouvrir à un plus grand nombre de marchandises notre gare des Prés-de-Vaux. C'est peut-être plus facile que vous ne le croyez. On fait volontiers aux chemins de fer une réputation d'hostilité systématique contre les voies navigables. Nous n'avons, nous, aucun système, surtout aucune hostilité, je vous l'assure, une rivalité simplement, rivalité loyale et ouverte dans laquelle le souci des intérêts privés doit et finit toujours par se concilier avec le souci supérieur de l'intérêt public. Je suis donc tout à votre disposition dès le jour où l'Etat qui nous a concédé la ligne et nous a autorisés à la construire en grande partie à ses frais voudra bien considérer comme un complément des travaux à sa charge les quais de transbordement nécessaires. Vous me prenez au dépourvu en me parlant de voitures directes en correspondance à Dijon avec un de nos express sur Paris. J'ai peine à croire que nous n'ayons jamais résolu de problèmes plus difficiles.

Messieurs, vous avez conservé, je le vois, un vivant souvenir de votre congrès de l'année dernière tenu dans ce merveilleux pays d'Algérie. Je l'ai conservé comme vous et je suis heureux de saluer ici les représentants de nos amis d'Algérie qui vous ont ménagé un si touchant et chaleureux accueil.

Depuis cette époque, un orage menaçant a passé sur leurs têtes : en vrais Gaulois, ils l'ont reçu sur la pointe de leurs lances appliquant la plus sûre des maximes, celle que dans vos sociétés vous mettez tous les jours en pratique : « Aide-toi, le Ciel t'aidera. »

Le Gouvernement avait pensé à détacher de notre vieux tronc la branche qui s'épanouit là-bas, de l'autre côté de la mer azurée. C'était son droit incontestable, mais l'épreuve a eu du bon et j'en ai tiré, pour ma part, un double enseignement dont le pays d'un côté, nos agents de l'autre ont été les protagonistes.

En Algérie comme en France (et c'est moins étonnant dans une région si longtemps soumise à la domination de la Turquie), on nous prend volontiers pour *Tête de Turc* et on ne nous ménage pas les critiques. Mais lorsqu'il a été question de nous faire disparaître de ce pays où nous avons fait circuler, il y a quarante ans, la première locomotive, on a réfléchi, on s'est ému sérieusement. Si l'Etat veut reprendre et exploiter directement toutes les lignes algériennes, a dit le public, par l'organe de toutes ses assemblées délibérantes, s'il en veut unifier les méthodes et les tarifs, nous l'acceptons volontiers ; mais s'il en veut confier l'exploitation à l'une des compagnies rachetées, nous déclarons sans hésiter que c'est le P.-L.-M. qu'il faut choisir, le P.-L.-M. que nous voyons à l'œuvre, le P.-L.-M. que nous aimons, le P.-L.-M. de France qui nous unit et nous relie à la Patrie. C'est à vos camarades d'Algérie que nous devons cette unanime manifestation. Ils ont su s'y faire aimer et par suite nous faire aimer. C'est un exemple à méditer et à suivre.

Quant à eux, les circonstances les ont amenés à faire leur examen de conscience et quand ils se sont vus menacés de passer sous une autre direction, ils ont découvert qu'ils n'étaient pas si malheureux qu'ils se plaisent parfois à le dire. Ils ont demandé avec une respectueuse fermeté qu'on leur garantît tous les avantages que nous leur assurons et ces avantages ils les ont énumérés avec une précision, une élégance telles qu'à Paris on n'a pas douté que leur œuvre fût mon œuvre. J'en ai été flatté car, si je m'en étais mêlé, je n'aurais fait ou dit ni plus ni mieux.

Pleins des souvenirs encore vivants de la dernière fête coopérative, ils ont voulu intéresser à leur cause leurs nouveaux amis de France et dans un élan de fraternelle solidarité, la présidence de votre fédération a pris feu, un feu sur lequel j'ai dû jeter quelques gouttes d'eau parce qu'on allait marcher quelque peu sur les platebandes de la politique. J'ai contristé un peu votre cher président. Il ne m'en veut pas, j'en suis sûr, je n'en veux pour preuve que les paroles qu'il vient de m'adresser.

L'orage est-il conjuré ? Je l'espère et le crois. S'il devait un jour éclater en France comme le rêvent certains novateurs impatients de manger en herbe un blé qui, dans cinquante ans, sera tout naturellement leur bien, nous verrions, j'en ai la confiance, se produire le même mouvement en faveur de ces compagnies, dont on affirme couramment, que l'on a cent raisons de se plaindre. Que dis-je ? nous le voyons depuis quelques mois et la levée de boucliers de toutes les chambres de commerce de France contre les propositions de rachat prématuré est bien faite, non pas assurément pour nous causer de l'orgueil, mais pour nous inspirer le violent désir de répondre par l'amélioration continue de nos services à la confiance, aux espérances et aux désirs du pays.

C'est sur vous que je compte pour y arriver : un peu sur vous, Messieurs de la Voie, qui avez avec le public des rapports de nature technique, mais je m'adresse essentiellement aux agents de tout grade de l'Exploitation, mêlés au public à tous les instants de leur service, recevant l'exposé des désirs, des réclamations souvent fondées du commerce, auquel, nous devons tous nous efforcer de satisfaire. Depuis trente ans, en Algérie comme en France, je vous le demande à tous en m'efforçant de prêcher d'exemple. Vos applaudissements me prouvent que vous m'avez compris. Agissez donc.

RÉUNION
DE
L'ASSOCIATION FRATERNELLE

Clermont, 15 septembre 1900

Mes amis, je dois d'abord vous remercier des félicitations que, par la bouche de votre cher président, vous avez bien voulu m'adresser. Il a associé vos joies à mes joies ; c'est qu'il sait que depuis longtemps j'associe mes peines aux vôtres, que vos travaux sont mes travaux ; et c'est là, sans doute, l'explication de cette sympathie que vous voulez bien me témoigner aujourd'hui et que, vous pouvez en être assurés, je vous rends avec usure.

Je n'en suis plus à vous féliciter du remarquable succès de votre constance et de vos efforts ; vous savez à quoi vous en tenir, et vous pouvez, en contemplant votre œuvre, éprouver ce sentiment, si mauvais en général, mais si doux quand il est légitime : le contentement de soi-même. Vous êtes restés remarquablement fidèles au double programme que s'était tracé votre fondateur Burger, dont le nom doit toujours être rappelé dans vos fêtes de famille : améliorer les retraites et consacrer par l'épargne, par le sentiment de la propriété, par l'esprit de conservation qui en est la conséquence, l'indissoluble union des petits et des grands, des employés et des chefs. Les excitations ne lui ont pas manqué pour le faire dévier de son programme, pour transformer en trésor de guerre, les ressources qui, dans son esprit, devaient rester un instrument de concorde et de paix. Elles ne vous ont pas manqué non plus ; c'est votre mérite d'en avoir su discerner les funestes conséquences, et, de cela, j'ai grand plaisir à vous féliciter.

Mais n'y a-t-il rien à faire de plus ou de mieux, maintenant que vous êtes si fiers, et avec tant de raison, d'être devenus des capitalistes, maintenant qu'un des buts poursuivis par Burger est rempli et que tous les employés et agents de tout ordre ont le bénéfice d'une retraite qui leur assure le pain des vieux jours ; à ce pain, vous avez ajouté un peu de dessert, dessert d'autant meilleur que vous ne le devez qu'à vous-mêmes.

Mais ne serait-il pas bon aussi de songer, aujourd'hui que vous êtes riches, à d'autres qu'à vous ? et n'est-ce pas un des privilèges les plus précieux de la richesse acquise, et péniblement acquise, que celui de secourir l'infortune ? Or, elle est à votre porte, elle y frappe tous les jours, et vous êtes obligés, par suite de l'impuissance de vos statuts, de rester sourds à son appel.

Je veux parler tout d'abord de nos orphelins, dont la situation est aussi intéressante qu'elle est précaire aujourd'hui, de ces enfants qui perdent tout, le jour où ils perdent leur père, le gagne-pain de la famille et qui, lorsqu'ils ont le malheur, plus grand encore à leur âge, de perdre leur mère, sont pour le père, empêché par son travail de s'occuper d'eux, un sujet d'embarras et de cruels soucis. N'est-ce pas là une situation qui doit appeler votre attention comme elle a depuis longtemps appelé la nôtre ?

Toutes les Compagnies de chemins de fer entretiennent des orphelins ; j'en ai 200 pour ma part, mais qu'est-ce que cela ? et n'est-ce pas à vous qu'il appartient, par une nouvelle application du principe fécond de la mutualité, de veiller sur ces enfants et de préparer leur avenir ? Vous le faites déjà et deux sociétés se sont fondées parmi vous, l'Orphelinat Fraternel et l'Orphelinat des Chemins de fer.

Vous êtes dans la bonne voie assurément ; vous êtes mieux placés que nous pour choisir des maisons d'orphelinat à votre portée, mieux que nous surtout vous pouvez trouver des familles qui accueillent nos orphelins ; or, j'estime que, quel que soit le dévouement des directeurs de nos maisons, de nos directrices d'asiles, alors même qu'ils sont inspirés et soutenus par l'esprit de dévouement et par leurs vœux de consacrer leur vie entière au soulagement de la souffrance, leur action sur l'enfant, sur un garçon tout au moins, ne vaut pas celle de la famille, même d'une famille adoptive, qui l'élève avec les siens propres, le fait vivre dans le milieu qui était le sien, dans l'atmosphère du métier que son père a pratiqué et qu'il pratiquera sans doute un jour lui-même. C'est là la véritable solution ; allez donc et marchez sans crainte.

« Mais nous le faisons, m'avez-vous dit tout à l'heure. Nous élevons plus de 100 orphelins ; c'est tout ce que permettent nos ressources, malheureusement limitées. » Hommes de peu de foi, serais-je tenté de vous dire, qui méconnaissez la puissance et l'inévitable contagion de la charité ! de la charité qui fait des miracles et qui, par un divin privilège, se multiplie et se féconde elle-même. N'hésitez pas devant des sacrifices nouveaux, la Providence y pourvoira et la Providence, dans l'espèce, ce pourrait être notre Compagnie, car s'il ne fallait, pour vous aider, qu'obtenir d'elle un concours sérieux, dès à présent vous pourriez absolument compter sur moi pour le lui demander.

Il est aussi, à l'autre extrémité de la carrière, une infortune qui vous préoccupe, je le sais, qui me préoccupe aussi depuis longtemps, et qu'il serait digne de nous de soulager en assurant à ceux de nos retraités qui n'ont plus du tout de famille, cela arrive à cet âge, une maison de retraite où moyennant l'abandon d'une partie de leur pension, ils pourraient trouver avec l'existence matérielle rendue plus facile par l'économie que procure toujours la vie en commun, les soins que nécessitent les inévitables infirmités de la vieillesse. J'y songe comme vous et plus j'y réfléchis plus je me suis convaincu qu'une institution de ce genre ne peut être fondée ni gérée par la Compagnie qui serait accusée, c'est trop humain pour n'être pas fatal, de spéculer sur ses pensionnaires ! La gestion par vos soins échapperait à cet inconvénient inévitable et s'il vous faut l'aide de la Compagnie, je n'hésite pas à vous promettre de la lui demander.

Mais pour réaliser ces deux objectifs, inégalement urgents d'ailleurs, ne pourriez-vous aussi compter sur l'aide et le concours de votre association fraternelle ?

Ce n'est pas dans nos statuts, dites-vous, et nos ressources suffisent à peine à nos charges ; mais des statuts se peuvent élargir et serait-il anormal d'espérer que votre association, riche aujourd'hui de 25 millions, dont le capital s'accroît chaque année de près de deux millions, ne se contentât plus de rester toujours la tirelire où chacun puise, en son temps, en proportion de ce qu'il y a mis et qu'elle consacrât une partie de ses revenus à se constituer un budget de charité.

La fourmi à laquelle vous aimez à être comparés, « La Fourmi n'est pas prêteuse », a dit ce bon Lafontaine. Mais si de la fourmi, nous admirons tous la prévoyance et le travail, nous ne pouvons pas non plus nous empêcher d'être frappés de son égoïsme en la voyant refuser à l'imprévoyante chanteuse qu'était la Cigale.

> Un peu de grain pour subsister
> Jusqu'à la saison nouvelle.

Ne pensez-vous pas qu'une impression de cette nature pourrait être formulée ou ressentie, si, économe et laborieuse comme la fourmi, votre association se maintenait dans son caractère initial de Caisse mutuelle de prévoyance et si elle ne cherchait le moyen d'assister je ne dirai pas les insouciants et les prodigues, mais à l'aube de la vie les orphelins de vos camarades, vos camarades eux-mêmes à leur déclin? Il y a là, il me semble, un but élevé à atteindre, un résultat important à réaliser.

Et vous êtes forcés de le rechercher, vous y êtes forcés par le nom même que vous vous êtes donné : « Association fraternelle. » Est-ce de la fraternité vraie, celle qui se borne à faire des placements intelligents, mais qui ne se complète pas par la compassion et la charité ? Et ne serez-vous pas tentés un jour, et je voudrais que ce jour fût prochain, d'ajouter à votre couronne déjà si belle un nouveau fleuron ? Vous y êtes obligés par les sentiments de solidarité que vous avez tous les uns pour les autres et dont vous regrettez, j'en suis sûr, que vos statuts trop étroits ne vous permettent pas d'assurer l'entier développement. Il est nécessaire, ce me semble, et je suis certain d'être d'accord avec vous, que vous élargissiez sur ce terrain vos moyens d'action ; c'est un vœu que j'exprime de tout mon cœur en vous conviant tous, mes amis, à donner à l'épargne son complément naturel et indispensable : la charité.

RÉUNION
DE
L'ASSOCIATION FRATERNELLE

Paris, 10 novembre 1900

Mesdames, mes bons amis,

Après le discours que vous venez d'entendre, la meilleure partie de ma tâche est accomplie, disait tout à l'heure mon voisin, votre Président. J'en voudrais bien dire autant, mais je ne le puis, et parler après un maître de la parole tel que M. Millerand est un honneur singulièrement dangereux. Mais au Parlement il est de principe qu'il convient toujours de répondre à un ministre, *a fortiori*, à deux ministres qui viennent de parler ; mais je n'ai pas à leur répondre, je ne puis que les remercier des bonnes paroles qu'ils vous ont adressées, remercier surtout M. Baudin, ministre des Travaux publics, qui est le juge, le témoin et le meilleur appréciateur de nos efforts à tous.

Dans un autre ordre d'idées, je dois remercier aussi votre Président qui a bien voulu conserver le souvenir des quelques paroles que j'ai adressées à vos camarades et d'une idée que j'ai semée à Clermont, au banquet de la section d'Auvergne de votre Association fraternelle.

Plus heureux, je le vois, que le semeur de l'évangile, ma graine n'a pas été, sitôt répandue, dévorée par les passereaux ; j'espère qu'elle germera et qu'elle ne sera pas, comme celle du second semeur, étouffée dans les ronces et les épines et qu'elle portera des fruits. Je compte pour cela sur votre amour de la solidarité, sur la fraternité qui est la devise même de votre Association.

L'idée qui m'est chère est, je crois, juste et bonne, mais je ne me dissimule pas qu'elle a un vice originel bien grave assurément, c'est qu'elle émane du Directeur de la Compagnie. Vous lui êtes sympathique, je le sais, et vous avez raison, car, en dehors de ma famille, vous êtes, en même temps que ma préoccupation la plus constante, ma plus profonde affection. Mais vous êtes si jaloux, et à bon droit, de votre indépendance et de vos initiatives que je suis presque tenté de vous dire : « Oubliez-en l'origine. Supposez qu'elle émane de vous seuls et réalisez-la. » Et, au fond, c'est bien un peu la vérité, car ce n'est qu'en voyant les deux orphelinats existant et dont l'idée est bien exclusivement vôtre, que la pensée m'est venue de vous convier à un effort plus général et mieux ordonné pour soulager de poignantes et trop nombreuses détresses. (*Applaudissements.*)

Les deux buts que certains d'entre vous ont déjà proposés à votre ambition ne sont pas également urgents, ne sont pas également difficiles à remplir et à atteindre. La maison de retraite peut attendre, car tous nos retraités, même les plus modestes, même ceux qui ont le malheur de ne plus avoir de famille, trouvent à vivre cependant. La gestion de cette maison ne me paraît pas d'ailleurs autrement difficile, car elle trouvera une partie de ses ressources dans la partie de leur pension que lui abandonneront ceux qu'elle recueillera.

Ce qui est plus pressant, c'est de venir en aide aux orphelins qui sont là et attendent et dont chaque jour augmente le nombre. Ils n'ont pas de pension leur permettant, somme toute, de vivre modestement, ils ne peuvent contribuer pour une part à l'entreprise que vous formerez, car ils sont, eux, malheureusement sans ressources, et ils sont nombreux.

Mais que faut-il pour en créer, si votre grande et utile Association veut adopter l'idée et la proposer à ses adhérents ? Votre président me disait tout à l'heure que sur les 100,000 membres que comprend votre Association, vous êtes 60,000 versant une cotisation ; supposez que, sous les auspices de votre Association, chacun d'eux veuille s'imposer un sacrifice bien minime : 50 centimes par mois, 6 francs par an ; avec 60,000 agents vous aurez une rente annuelle de 360,000 francs, et si vous arrivez, comme ceux d'entre vous qui dirigent vos orphelinats actuels, à entretenir un enfant à raison de 200 fr. par an, c'est 1,800 enfants que vous auriez tirés de la misère, du besoin et de l'abandon, alors que vous arrivez aujourd'hui péniblement à en entretenir 200 au plus, ou dans les orphelinats, ou dans les familles auxquelles vous les confiez. Et si vous obteniez des Compagnies, et en ce qui concerne la nôtre, je m'y emploierai, pour ma part, dans la limite de mes forces, qu'elles consentissent à subventionner votre entreprise, à prendre à leur charge une partie des frais que vous vous imposeriez, ce n'est plus 1,800 orphelins que vous auriez sauvés, c'est plus de 3,000 et vous auriez assuré la réussite de votre œuvre, car s'il y a, comme je le crains, un plus grand nombre d'orphelins à sauver, le succès de la première partie de votre entreprise garantirait à coup sûr son développement ultérieur. *(Applaudissements.)*

Mais votre tâche est déjà bien grande et bien lourd, me disait aussi votre Président ; si vous reculiez devant ce souci nouveau, vous me permettrez de vous indiquer une catégorie toute nouvelle de collaborateurs, à laquelle vous n'avez pas songé jusqu'à présent et qui est, ici, si gracieusement représentée : faites appel au concours dévoué de vos femmes, qui s'abstiennent beaucoup trop de participer à vos œuvres d'assistance et de bienfaisance. Les femmes — chacun sait cela — sont meilleures que nous, elles sont la joie du foyer et l'âme de la famille, elles sont, sauf des exceptions que je ne veux pas connaître, la source de la prévoyance et de l'épargne, et, en matière de charité, surtout quand il s'agit d'assistance maternelle, elles ont dans le cœur des trésors de tendresse que vous seriez bien coupables de laisser stériles.

Vous en faut-il un exemple bien actuel ? Voyez et prenez celui de la plus charmante et de la plus gracieuse de nos artistes parisiennes, de Mᵐᵉ Sans-Gêne, de Réjane, qui elle aussi fait appel à la charité en faveur de l'Orphelinat des Arts et qui a réussi en trois jours à recueillir 50,000 francs qui, sans doute, ne resteront pas sans successeurs ? Dans quels termes fait-elle cet appel ? Ecoutez, je ne dirais pas aussi bien :

« Partis de rien (ce n'est heureusement pas votre cas, Mesdames), partis de rien, l'on a pu faire une œuvre divine vers laquelle l'artiste qui meurt malheureux, laissant derrière lui une fille en larmes, tend les bras avec confiance. Avant de s'endormir dans la mort, il sait maintenant, le pauvre être, que son orpheline a un refuge où elle peut entrer sans formalités déplaisantes, où tout est gratuit, où elle sera élevée, instruite et aimée avec la plus tendre et la plus persévérante affection. »

Ce que font ces cigales imprévoyantes, que sont trop souvent les artistes, ne le ferez-vous donc pas, Mesdames ? J'ai la confiance qu'aussi bien et mieux qu'elles, le jour où vous le voudrez, le jour où vous y serez conviées par vos maris, vous leur donnerez un concours aussi efficace qu'intelligent et fructueux.

Dans ces conditions, Messieurs, en vous remerciant du souvenir que vous avez gardé des conseils que je me suis permis de vous donner à Clermont, laissez-moi espérer que vous n'oublierez pas celui que je vous donne aujourd'hui de faire appel aux femmes qui vous entourent et vous aiment. C'est à elles que je fais appel pour les orphelins qu'elles prendront sous leur égide. *(Vifs applaudissements.)*

UNION CENTRALE
DES
OFFICIERS RETRAITÉS

Paris, 20 novembre 1900

Mon général,

Je ne sais vraiment comment vous remercier de vos gracieuses paroles et je demeure confus autant de l'exagération de votre gratitude que de la place privilégiée que vous m'avez faite au milieu de mes collègues des grandes compagnies de chemins de fer. Pour l'armée, notre force et notre espérance, nous avons tous les mêmes sentiments de respect et d'amour, nous la servons tous avec le même dévouement dans la sphère, qui a son importance, de la commission militaire supérieure des chemins de fer ; j'ai cependant sur eux un privilège que je revendique : je l'aime depuis plus longtemps et d'une affection plus filiale.

Aussi loin que mes souvenirs d'enfance me permettent de me reporter, à Quimper en 1839, je me revois, soldat de 7 ans, affublé d'un pantalon rouge, d'un habit à queue de morue et d'un petit shako rouge, enfant de troupe au 37ᵉ d'infanterie de ligne où mon père était capitaine. Les garnisons étaient moins stables qu'aujourd'hui, on changeait tous les dix-huit mois. C'était charmant, pour les enfants, d'aller de Quimper à Bayonne, à Montauban et à Laval ; ce l'était moins pour un capitaine chargé de famille, alors qu'on n'avait pas et, pour cause, de réduction sur les chemins de fer. A l'heure de la retraite, en 1845, la liberté augmentait, mais les ressources se faisaient plus modestes. Boursier de l'Etat au lycée de Dijon, plus tard à l'Ecole polytechnique, j'ai contracté vis-à-vis de l'armée, vis-à-vis de l'Etat, une double dette : la dette matérielle, je l'ai payée, ce m'est devenu heureusement facile ; la dette morale, je n'espère jamais pouvoir l'acquitter.

Vous ne vous étonnerez pas après cela si, lorsque vous faites appel à nous pour soulager les peines héroïquement supportées, pour faciliter les déplacements des familles d'officiers changeant de garnison, ou de vos plus modestes retraités, je me fais avec ardeur votre avocat, avocat d'une cause gagnée d'avance, d'ailleurs, auprès de mes collègues.

Vous avez bien voulu me féliciter de la haute distinction qui vient de m'être accordée. Dans votre bouche, mon général, dans ce milieu si compétent en matière d'honneur, ces félicitations me sont particulièrement précieuses. Le fondateur de la Légion d'honneur dont vous faites tous partie, Napoléon, a voulu, par une de ces hautes pensées qui lui étaient familières, que le même ruban à la boutonnière, que les mêmes insignes sur la poitrine récompensassent les services divers rendus au pays. Mais devant vos croix nous nous inclinons ; nous ne gagnons les nôtres que par l'intelligence et le pacifique travail ; vous les gagnez en plus, Messieurs, en exposant votre vie sans compter, pour la défense et la gloire de la patrie. Que vaudrions-nous si nous ne nous inspirions dans nos œuvres de paix, de l'esprit de discipline et d'abnégation dont chaque jour vous nous donnez l'exemple consolant et salutaire ?

A vous, mon général, à tous les officiers qui nous entourent, à l'armée.

ASSOCIATION FRATERNELLE

ET

SOCIÉTÉS COOPÉRATIVES et de SECOURS MUTUELS

A L'OCCASION DE LA REMISE PAR ELLES

DES INSIGNES DE GRAND OFFICIER DE LA LÉGION D'HONNEUR

Novembre 1900

Mes amis,

Remis maintenant du trouble que m'a causé il y a une heure votre démarche, je vous propose tout d'abord de porter la santé du criminel auteur de cette conspiration.

Et puisque j'ai été assez heureux, en escomptant la compressibilité de la matière, pour vous réunir tous chez moi, à ma table de famille, qui n'a jamais compté 83 convives, permettez-moi de vous convier à boire aux deux Benjamins de ma double famille : à mon petit-fils d'abord, un futur P.-L.-M. sans doute, comme son père et son grand-père, à ce gentil bambin aux blondes boucles qui ne connaît encore ni les soucis ni les chagrins durables. Ensuite, à la dernière venue dans le groupe de nos sociétés coopératives, et non la moins utile, dans une région trop éprouvée d'habitude par la sécheresse, en ce moment par de terribles inondations, à la Coopérative d'Oran. Elle est bien notre fille à tous, car nous l'avons conçue ensemble au dîner qui nous réunissait, il y a un an, dans nos ateliers d'Alger et ensemble nous avons bu à sa naissance prochaine qui, en effet, ne s'est pas fait attendre.

J'accepte volontiers, mon cher président, votre horoscope de longue vie et je suis heureux que vous me donniez l'occasion de remercier avec vous nos retraités que j'allais oublier. Ce sont les ancêtres de la famille; ils n'ont pas l'air de se porter trop mal, et mon voisin le mécanicien, si vert avec ses 74 ans, le chauffeur de 80 ans dont il me parle, montrent qu'il ne faut pas admettre sans réserves la légende des fatigues excessives de leur métier.

Quant à vous, mon ami, qui possédez et arrangez votre Victor Hugo, que deviendrait la France, avez-vous dit, si Paris périssait ? Que deviendrait le P.-L.-M. si je disparaissais ! — Je puis vous rassurer. Paris, dont la devise est : *Fluctuat nec mergitur*, ne périra pas. Je n'en dirai pas autant de moi, assurément, mais notre compagnie ne périra pas davantage, car en prévision du moment où, d'une façon quelconque, je cesserai d'être à sa tête, mes précautions sont prises et bien qu'elles aient été deux fois déjouées par la mort prématurée de ceux que j'élevais pour me remplacer, vous pouvez être assuré que tout est prêt pour qu'à la compagnie on ne s'aperçoive pas de ma disparition. Avec toutes les affections qui m'entourent je ne désire pas qu'elle soit trop prochaine.

CONGRÈS
DES
SOCIÉTÉS COOPÉRATIVES

Nice, 4 mai 1901

Mesdames, Messieurs,

Votre président m'a joué un vilain tour quand il m'a demandé de prendre la parole le dernier, sous prétexte que je pourrais, en une seule fois, répondre aux vœux qui me seraient exprimés. On n'en a formulé qu'un seul auquel il me sera facile de répondre ; ce qui l'est moins, c'est de parler après les maîtres que vous venez d'entendre, après les sentiments qu'ont bien voulu m'exprimer MM. Lairolle et Grassin et qui me couvriraient de confusion, si je ne savais qu'ils sont avocats, et qu'aux avocats l'exagération est familière... même quand ils sont méridionaux.

M. Lairolle m'a exprimé le vœu que la compagnie facilitât la réalisation du désir général de nos employés de Nice d'avoir des maisons à eux. Je le comprends à merveille, car s'ils sont un objet d'envie pour leurs camarades moins favorisés par leurs résidences, la médaille, je le sais, a un revers ; pour les appointements modestes, la vie est singulièrement difficile dans ce paradis où, chaque hiver, se donnent rendez-vous les riches désœuvrés de l'Europe entière. Le concours que vous me demandez, nous l'avons déjà donné à Laroche, à Oullins, à Villeneuve-Saint-Georges ; nous le donnerons ici. Les terrains que nous possédons, en effet, près de la gare, seront bientôt absorbés par les agrandissements qu'un avenir prochain rendra sans doute inévitables, mais il y en a d'autres. Vous avez vu ce matin, Messieurs, Monte-Carlo et Monaco, cet exemple unique au monde d'un État souverain formé par une seule ville, et cette ville si couverte de constructions qu'elle n'a plus ni jardins ni terrains à bâtir. Ce n'est pas encore le cas ici. Cherchez des terrains moins voisins de la gare, moins chers et, pour permettre de les payer et d'y bâtir, comptez sur tout mon appui auprès de notre conseil, pour qu'il vous consente les avances nécessaires.

Vous m'avez remercié, Monsieur le maire, d'avoir fait ce long voyage pour me retrouver au milieu de ces Messieurs. Je le leur avais promis dans une circonstance qui, de longtemps, ne sortira pas de ma mémoire, quand, il y a quelques mois, j'ai eu le plaisir de recevoir un très grand nombre d'entre eux à mon foyer, et chose promise chose due.

J'avais d'ailleurs, Messieurs, besoin d'avoir avec vous une explication. Vous vous êtes grandement émus, m'a-t-on dit, d'une de mes circulaires menaçant de supprimer les allocations de la compagnie à celles de vos sociétés qui vendraient des alcools. Vous avez craint d'abord que cela n'entraînât une notable réduction de vos affaires, et, plus encore sans doute, vous avez craint une intervention de ma part dans votre gestion. Rien n'est plus éloigné de ma pensée; je vous ai trop souvent félicité de votre initiative pour que je songe à me mêler de vos affaires. Les miennes me suffisent.

En toute circulaire il faut voir la lettre et l'esprit. Parlons de l'esprit, puisque aussi bien c'est d'alcool qu'il s'agit.

Je désire, je ne m'en cache pas, que vous m'aidiez dans la lutte que tous ceux qui se préoccupent de l'avenir de notre race française entreprennent contre l'abus de l'alcool et surtout des spiritueux empoisonnés par des huiles essentielles, plus dangereux encore.

Est-ce à dire qu'il faille renoncer à tout et ne boire que de l'eau ? Je suis trop Bourguignon pour vous donner un pareil conseil et d'abord pour le suivre.

Le vin d'ailleurs, comme le pain, est d'origine presque divine. Le blé nous a été donné par Cérès la blonde, fille de Jupiter, — les médecins n'y ont pas encore découvert de microbes pathogènes ; cela viendra peut-être ; en attendant, mangeons du pain : — le vin par le patriarche Noé. Il en a usé même, une fois au moins, avec excès. Un de ses fils, Cham, eut l'inconvenance de rire de sa nudité et c'est, dit l'Ecriture, en punition de cette irrévérence que sa race, la race nègre, fut affligée d'un teint qui l'empêche à jamais de rougir. Je suis fondé à croire d'ailleurs que Noé n'abusa pas, car il vécut cinq ou six cents ans, suivant l'habitude de ce temps, que nous avons laissé tomber en désuétude. C'est sans doute qu'il se bornait au pur jus de la treille et que l'art du distillateur n'avait pas encore extrait du vin l'alcool, des plantes odorantes ces huiles essentielles néfastes et homicides, qui permettent d'employer les alcools de toute provenance en en masquant le mauvais goût, à confectionner les apéritifs, les bitters, surtout l'absinthe.

C'est à cette drogue maudite que je fais la guerre. On frémit quand on pense aux maux qu'elle a causés. Votre Président, un vieil Africain, ne me contredira pas. Je l'ai proscrite de vos buvettes, je voudrais vous la voir proscrire de vos magasins et ce n'est pas facile, car il faut bien reconnaître qu'elle est délicieuse.

On a, pour y arriver, cherché des illusions ou des succédanés : vous avez lu dans un petit livre de Jules Noriac l'histoire de ce major du 101ᵉ régiment, trop zélé sectateur de la Déesse aux yeux verts, et que sa femme avait affublé de lunettes vertes pour lui faire illusion sur l'orgeat inoffensif qu'elle lui offrait. Dans un autre ordre d'idées, pensant qu'on ne peut avoir toujours des lunettes vertes, même en Afrique, l'un de nos médecins, de Boufarick, avait eu l'idée de fabriquer avec de l'eucalyptus une liqueur innocente, verte aussi, devenant, elle aussi, opaline, détestable d'ailleurs, qu'il avait baptisée l'Eucalypsinthe.

Mais il ne s'agit ni de rimes, ni d'enfantines illusions ; c'est à la volonté seule qu'il faut faire appel. Pour qu'elle soit efficace, il vous faut d'abord la conviction de l'étendue du mal ; à cet effet, je vais faire distribuer dans nos services, envoyer à toutes vos sociétés, 5,000 exemplaires d'une petite brochure de M. Baudrillart dont la lecture est singulièrement instructive. On y voit que, dans les onze dernières années, la consommation de l'absinthe a triplé, que la France boit, à elle seule, plus d'absinthe que le monde entier. C'est là une supériorité dont il n'y a pas lieu d'être fier pour notre pays.

J'ai retenu de vos paroles, Monsieur le maire, que ces Messieurs voulaient s'intéresser directement au sort des orphelins de ceux de leurs camarades qui leur ont été trop tôt ravis. Sur ce point, Messieurs, je n'ai que des éloges à vous adresser, car il n'est pas de question qui me tienne plus au cœur. J'ai, avec vous, mon cher Président, une vieille querelle ; au lieu de voir vos sociétaires se distribuer chaque année le bénéfice de leur prudente gestion, je voudrais, vous le savez, les voir le placer en vue de l'avenir. Mais si vous en affectez une partie à la charité, je ne dis plus rien, la charité est le plus sûr et le meilleur des placements et pour ce monde et pour l'autre.

En voulez-vous une preuve ? Laissez-moi clore la série des discours si sérieux que vous venez d'entendre par une historiette un peu badine, à sa place au dessert, et qui me revient en tête ; c'est une poésie de ce chansonnier qui charmait notre jeunesse et dont vous ne chantez plus guère aujourd'hui les refrains. Une des plus jolies pièces de Béranger a pour titre : *Les Deux Sœurs de charité*.

Deux jeunes femmes, après leur mort, se présentent ensemble à la porte du paradis confiée à la garde du bon saint Pierre ; l'une est une sœur de Saint-Vincent-de-Paul, l'autre une danseuse... « qu'on regrettait à l'Opéra ». La première porte un costume qui parle pour elle. La seconde sent bien que le sien est un peu court pour lui servir de passeport ; elle repasse ses œuvres et ce qu'elle trouve de mieux, c'est d'avoir, dans une pensée égalitaire et démocratique sans doute, gazée d'ailleurs, Mesdames :

> Fait savourer à l'indigence
> La coupe où s'enivraient les rois.

Le bon saint Pierre, — tous ceux d'entre vous qui ont lu le charmant roman de Sienkiewicz *Quo Vadis* le savent, — avait, dès sa vie terrestre, des trésors d'indulgence et de tolérance. Il écoute, hésite un peu, et puis, s'il faut en croire le chansonnier :

> Entrez, entrez, ô pauvres femmes,
> Répond le portier des élus ;
> La charité remplit vos âmes.
> Mon Dieu n'exige rien de plus ;
> On est admis dans son empire
> Pourvu qu'on ait séché des pleurs,
> Sous la couronne du martyre
> Ou sous des couronnes de fleurs.

Est-ce d'une orthodoxie très pure ? Je ne m'en porterais pas garant. Il y a d'ailleurs fleurs et fleurs, nulle part mieux qu'à Nice on ne le peut voir, inégalement pures, inégalement embaumées. Si vos femmes, Messieurs, choisissent pour seconder vos œuvres de charité, celle qui exhale le plus pur parfum, cela vaudra mieux pour elles, aussi pour vous, que la voie plus chanceuse qui, s'il faut en croire Béranger, a réussi à son héroïne.

RÉUNION
DE
L'ASSOCIATION FRATERNELLE

Marseille, 8 septembre 1901

Messieurs,

J'espérais avoir, cette fois, la bonne fortune de m'asseoir en amateur à cette table d'amis, n'ayant qu'à écouter le discours de M. Dervillé, qui avait accepté de présider cette fête. Un malheur n'arrive jamais seul ; au dernier moment, je suis, comme vous, privé d'entendre sa parole aimable et élégante et je dois, à sa place, vous dire ce que mieux il vous aurait dit. Si la forme est moins bonne, le fond du moins est le même, car ce que je pense de vous, il le pense, et il partage mes sentiments pour l'œuvre que vous avez entreprise et qui vogue maintenant à pleines voiles. — A pleines voiles ! le mot me vient naturellement à la bouche ici, à côté des navires qui remplissent vos bassins, mais il est plus exact de dire, dans un langage qui nous est plus familier « *à grande vitesse* », car les navires connaissent parfois les lourdes torpeurs des calmes plats que vous ignorez, vous, dans votre progression continue; votre moteur, c'est vous-même et vous l'alimentez avec une sagesse et une énergie dont je ne saurais trop vous féliciter.

C'est que vous n'êtes pas, Messieurs, des idéologues, c'est que vous ne voulez pas tout changer dans les lois qui régissent l'humanité et la société. Sans trouver que tout soit pour le mieux dans le meilleur des mondes, vous ne croyez pas que tout soit pour le pire : vous cherchez à tirer le meilleur parti d'une situation, en somme passable, et, sans attendre d'une démolition générale un bonheur problématique, vous le cherchez dans l'application du vieux proverbe : Aide-toi, le ciel t'aidera.

Vous êtes et vous resterez des hommes pratiques, des hommes d'action, des hommes sages : des hommes pratiques discernant et repoussant les rêves et les chimères ; des hommes d'action comptant sur vous autant et plus que sur l'État ou sur la Providence ; des hommes sages qui, regardant en haut et aspirant (ce n'est pas défendu, au contraire), à atteindre le mieux, regardez aussi en bas, sûrs d'y voir de moins heureux et de plus pauvres, écartant enfin de vous ce qui, dans notre pauvre humanité, fait et crée le malheur, c'est-à-dire la jalousie et l'envie.

La suppression du malheur, c'est là, Messieurs, toute la question sociale. Chacun prétend la résoudre à sa façon. Le socialisme ou le collectivisme, comme vous voudrez, car je ne sais pas bien où finit l'un, où commence l'autre, la veut résoudre par le droit au travail et la suppression de la richesse; pour supprimer la pauvreté, il condamne l'épargne, qui produit le capital, la propriété, qui produit l'inégalité.

L'inégalité, mais c'est là, Messieurs, la première des lois naturelles. Si elle pouvait un moment disparaître, elle renaîtrait aussitôt du fait des différences mêmes de notre nature humaine sous le rapport de l'intelligence, de la force physique, de l'énergie morale et, vous le savez mieux que personne, de l'habileté professionnelle. C'est pour moi la plus juste des lois naturelles, et je puis bien ajouter, la plus française, car nous adorons et proclamons l'égalité, nous l'inscrivons dans notre devise républicaine, sur nos monnaies, sur le fronton de nos monuments ; nous en avons fait la base même de notre système politique de suffrage (entre nous, je ne sais pas si c'est ce que nous avons fait de mieux) ; mais nous la détesterions si elle prétendait, dans je ne sais quel système de nivellement général par en bas, empêcher ceux qui ont l'intelligence et l'amour du travail de dépasser ceux qui sont moins bien doués ou moins énergiques.

La suppression de la richesse, la suppression du capital par la proscription de l'épargne, je n'ai pas peur, Messieurs, que vous vous laissiez bercer par de semblables rêveries. L'épargne, mais c'est la loi par excellence, c'est le fondement même, l'essence et la raison d'être de votre société. Vous savez et proclamez que sur le salaire de l'âge mûr, il faut prélever une part et la mettre de côté en prévision des nécessités inéluctables de la vieillesse ; vous montrez par votre exemple de tous les jours que, quelque modeste que soit ce salaire, quelque lourdes que soient vos charges de famille, il est toujours possible, sinon facile, quand on le veut fermement, de remplir ce devoir nécessaire.

Mais que vais-je parler de devoir ! C'est un mot bien démodé pour les novateurs qui ne nous parlent aujourd'hui que de nos droits. C'est que nous avons malheureusement désappris ce que, dans un mot charmant, M. Jaurès a appelé « la vieille chanson qui berçait l'humanité ». Il est encore temps de la rapprendre, ce ne serait pas le plus mal. Elle nous disait, avec la foi, que la souffrance est la loi de l'homme sur la terre, que le travail y est son lot et son devoir. — Les novateurs ont changé tout cela, c'est le droit au travail que proclament les théories sociales, comme s'il pouvait exister autre chose que le droit à la liberté du travail. Droit à ce qu'on ne m'empêche pas de travailler pour vivre, à la bonne heure, mais droit d'exiger qu'on me fasse vivre, ah non ! ce serait vraiment trop commode !

Contraste singulier d'ailleurs, pour le dire en passant, entre la théorie et la pratique. On se réclame du droit au travail et, en réalité, c'est le droit au repos qu'on réglemente et dans des conditions de minuties telles, vous ne me démentirez pas, mécaniciens et agents des trains qui m'écoutez, que nous ne pouvons vous ramener à votre résidence et vous faire reposer dans votre famille aussi souvent que nous le voudrions avec vous, aussi souvent que nous le faisions, en vous demandant dans ce but un *coup de collier* quand nous n'étions pas enserrés dans une aussi étroite réglementation.

Surannées aussi, je le sais, tendent à devenir d'autres expressions. Autrefois, dans toutes les industries, le *patron* empruntait à l'origine même de son nom un peu du caractère paternel. Il ne faut plus aujourd'hui de ces relations quasi familiales, et le langage nouveau ne parle plus que de collaboration, de contrats de travail. A la bonne heure, et je n'y contredis nullement, à la seule condition qu'on n'oublie pas que tout contrat engage également les deux parties et que, dans toute association industrielle, à la douce fermeté de celui qui dirige doivent répondre, c'est la loi vitale, l'obéissance et la discipline des autres.

Mieux que personne, vous le savez, Messieurs, vous qui reconnaissez dans votre Association des chefs autrement exigeants vis-à-vis de vous que nous ne le sommes nous-mêmes. Aussi, vous et moi mourrons, je le crois, dans l'impénitence finale.

En ce qui me concerne, l'autorité dont je suis investi ne perdra pas le caractère bienveillant que vous lui reconnaissiez tout à l'heure, mon cher Président. Vous souhaitez que je l'exerce longtemps encore ; vous m'en rendez l'exercice si facile que le vœu n'est pas pour me déplaire. En ce moment même, j'étudie quelques améliorations dont je voudrais faire profiter un grand nombre d'entre vous.

Dans le service des bureaux, j'ai souvent réfléchi aux difficultés que nos tout jeunes débutants rencontraient pour s'instruire et pour vivre, surtout dans les très grandes villes, quand ils n'y ont pas leurs familles. Ils s'instruisent en interrogeant leurs anciens, qui leur répondent plus ou moins patiemment et leur apprennent les procédés, plus ou moins corrects, qu'ils pratiquent eux-mêmes. Le soir venu, il faut éclairer, chauffer sa modeste chambrette ; je voudrais leur donner, comme disent les soldats à l'étape, droit au feu et à la chandelle, leur offrir une sorte de cercle, pas catholique, rassurez-vous, je ne veux pas plus toucher à la religion qu'à la politique, un lieu de réunion où ils pourraient se procurer une table frugale, mais saine et qui leur offrirait, avec des distractions et des jeux honnêtes, le moyen de travailler et de s'instruire, et je suis bien sûr que, pour arriver à ce dernier résultat, je ne ferais pas en vain appel au dévouement professoral de quelques-uns de leurs anciens.

Dans une autre direction, je suis frappé des inconvénients qui résultent pour le personnel des trains, mécaniciens et conducteurs, du séjour souvent inutilement long, je le disais tout à l'heure, qu'ils font dans leurs lieux de repos, en dehors de leurs familles ; nous en avons beaucoup amélioré, dans ces derniers temps, l'hygiène et le confort ; les lits munis de draps blancs appellent avant le sommeil une toilette moins sommaire et assurent un repos plus réparateur. A leur réveil, ils ont, trop souvent, du temps encore disponible ; ils ne peuvent guère le passer assis sur leur lit ou sur les bancs de leurs réfectoires et vont chercher dans les cafés du voisinage, ou ailleurs, une atmosphère plus impure à coup sûr, sous tous les rapports, que celle des locaux qu'ils ont quittés. M'en voudrez-vous, Mesdames, si j'essaie d'enlever vos maris à cette tentation assez naturelle et parfois si dangereuse dans ses conséquences ? A côté de chaque dépôt, de chaque réserve de conducteurs, je voudrais un lieu de *repos éveillé* où ils trouveraient une bibliothèque, des jeux de dames (inoffensives celles-là), de dominos, de jacquet pour les jours pluvieux et, au dehors, pour les beaux jours, des jeux de quilles, des jeux de boule, si en honneur dans vos régions ensoleillées du Midi.

Voilà ce que je complote et j'y vois, vous aussi sans doute, l'accomplissement du devoir patronal.

Quant à vous, dignes fils et héritiers de Burger, vous qui, en suivant ses conseils et restant fidèles à sa doctrine, êtes devenus capitalistes et qui avez le bon goût de n'en pas rougir, vous n'oublierez jamais, j'en suis sûr, qu'il a voulu faire de votre Association une œuvre de paix et non une arme de combat, un instrument de bienfaisance et de concorde et non une machine de guerre, civile ou extérieure. Dès l'origine, alors qu'il n'était entouré que d'un bien maigre troupeau, il s'est trouvé en butte aux sollicitations des entrepreneurs de discorde ; elles ne vous manquent pas, aujourd'hui que vous êtes revêtus d'une riche toison, et les loups ravisseurs rôdent autour de vos 26 millions accumulés. Mais je suis tranquille, vous ne compromettrez pas l'œuvre de tant de patiente sagesse et de régulières épargnes ; j'en ai pour garant le sentiment le plus fort chez l'homme, surtout quand il possède, le sentiment de la propriété.

RÉUNION
DE
L'ASSOCIATION FRATERNELLE

Paris, 9 novembre 1901

Mesdames, mes amis,

Je comptais bien ne pas parler ce soir. Quand le fauteuil de la présidence est occupé par un des maîtres de la tribune, le mieux est d'écouter. J'avais compté sans les compliments hyperboliques qu'a bien voulu m'adresser M. Cazalbou ; mais puisque La Fontaine, Beaumarchais et Musset il y a, je cède à la prière que m'adresse M. Millerand ; avant lui je puis parler, après lui j'aurais plus d'une raison de me taire.

Aussi bien, est-ce à vous, Monsieur le Ministre, que je veux adresser non pas une interpellation ou une question, ni l'une ni l'autre n'embarrassent votre éloquence, mais une prière seulement que vous pouvez mieux qu'un autre exaucer.

Vous voyez l'air de contentement qui règne ici sur tous les visages, la singulière cordialité de cette réunion où tous les rangs sont confondus, du plus élevé en grade de notre grande famille jusqu'à ses membres les plus modestes. Vous semble-t-il y voir une collection de victimes telle que la dépeignaient hier même plusieurs députés, à la tribune de la Chambre ? Qu'il me soit permis de vous dire, devant leurs clients, que leur sollicitude s'égare. Sans doute, ils travaillent et beaucoup, mais gaîment, et dans cet assaut de labeurs, leurs chefs si exigeants, dit-on, ont la prétention de prêcher d'exemple. Dites-le, Monsieur le Ministre, à leurs avocats d'office qui se plaisent à faire un si noir tableau de leurs travaux et de leurs souffrances. En voyez-vous les traces sur leurs visages gais, francs et confiants ? Vous les connaissez d'ailleurs aussi bien que moi, vous, l'élu de leurs suffrages.

Je me permettais ici même, il y a quelques années, de dire à tous ceux d'entre eux qui ont l'honneur, parfois difficile, de commander aux autres, à un degré quelconque de la hiérarchie, combien il importe de savoir commander pour obtenir l'obéissance et la discipline nécessaires partout, plus qu'ailleurs indispensables à la bonne marche de nos affaires. Je le leur répète en votre présence. Pour diriger des animaux de race, des chevaux de sang (la comparaison n'a rien qui les puisse désobliger), il faut, avec beaucoup de fermeté, beaucoup de souplesse et de douceur. C'est par là, ils le savent bien, et par une discipline sévère comme le sentiment du devoir, qu'ils ont rendu leur association grande et forte.

Ce que nous prêchons, nous le pratiquons comme ils le pratiquent dans l'administration de leurs propres affaires, et ce n'est pas sérieusement qu'on nous accuse de vouloir les surmener, les malmener, les asservir. A force de l'entendre répéter, ils n'auraient qu'à le croire ! Le résultat le plus sûr, si l'on arrivait à diminuer la confiance et l'union qui règnent entre nous, serait d'affaiblir la puissance d'un organisme qui fait, je ne crains pas de le dire, honneur à notre pays, qui a depuis longtemps fait ses preuves dans les œuvres de la paix, qui les ferait de nouveau dans la guerre, s'il fallait un jour soutenir la gloire ou défendre l'intégrité de la patrie.

J'affirme avec confiance le maintien entre nous de la concorde et de l'union.

RÉUNION
DE
L'ASSOCIATION FRATERNELLE

Saint-Germain-des-Fossés, 10 février 1902

Mes amis,

Si toutes les personnes dont le nom a été prononcé dans les discours que vous venez d'entendre doivent y répondre, j'ai, vous le reconnaîtrez, un droit incontestable à prendre la parole. Aussi bien, dois-je vous remercier de l'invitation que vous m'avez adressée ; si je devais accepter celles de toutes les sociétés, sœurs de la vôtre, dont j'ai eu la joie de recevoir les représentants à mon foyer familial, le jour où vous m'avez donné une preuve éclatante de votre sympathie, j'aurais, comme on dit vulgairement, du pain sur la planche. La perspective, d'ailleurs, n'a rien qui m'effraie. J'ai accepté la vôtre, on vient de vous le dire, avec un grand empressement parce qu'en dehors du plaisir que j'ai toujours à me rapprocher de vous, je tenais spécialement à féliciter votre Coopérative, l'une des plus anciennes, des plus fécondes du réseau, de sa sagesse et de son initiative. C'est à elle que vous devez la prospérité dont témoigne l'importante construction que nous venons de visiter ensemble et dont votre Président se félicitait tout à l'heure en prêtant à vos ménagères cette naïve exclamation :
« Ma chère, on est bien chez nous ! »

Chez vous, vous l'êtes ici plus qu'ailleurs ; le personnel de la Compagnie forme presque la moitié de la population. C'est vous qui d'un village avez fait une petite ville et vous l'aimez au point d'y rester en quittant le service ; vous consacrez vos économies (ce qui prouve que vous en avez su faire) à vous construire des maisonnettes formant bientôt un faubourg, dans le voisinage de la gare et d'où vos retraités veulent entendre encore le fracas des voitures passant sur les plaques tournantes, le sifflet des locomotives, tous les bruits familiers qui leur rappellent leur longue carrière de travail.

Si l'on devait dire des Compagnies ce que l'on dit des peuples : que les plus heureux sont ceux qui n'ont pas d'histoire, vous seriez bien malheureux, car vous en avez une, singulièrement écrite d'ailleurs ; on parle beaucoup de vous, on s'en occupe beaucoup dans certains milieux et avec des accents de condoléance qui doivent vous faire un peu sourire. A entendre ceux qui se font vos défenseurs et se disent vos amis, vous seriez les serfs gémissant sous le joug des tyrans. Des serfs ! A quoi pensait donc tout à l'heure votre président Paillard quand il faisait remarquer votre entrain de ce soir, vos figures rayonnantes de joie et de santé. Trahissent-elles des victimes du surmenage ? Des tyrans, regardez-moi ; ai-je donc l'air d'un tyran bien farouche ?

Je me suis permis récemment, dans un petit travail auquel on vient de faire allusion, de faire justice de certaines accusations surannées, de rectifier les erreurs et les exagérations que l'on répète à plaisir dans un milieu familier à mon voisin, M. le député Gacon, et je le remercie du témoignage qu'il vient de donner ici et à vous et à vos chefs. Il sait que je vous aime et que tous mes efforts tendent à améliorer, dans la limite du possible, la situation d'un personnel dont je constate tous les jours l'activité et le dévouement. Il faudrait être aveugle ou ingrat pour ne pas aider ceux qui, d'abord, savent si bien s'aider eux-mêmes.

J'en suis bien récompensé, vous venez de le constater, Monsieur le député, et vous pourrez le redire ailleurs, par les preuves de la sympathie qui nous unit les uns aux autres. Serait-ce donc là de la déférence officielle ? est-ce une démonstration vaine et stérile, que ces mains qui, de tous côtés, se sont tendues vers moi ? sont-ce des applaudissements de commande ou de convenance que vous entendez ? Et quand, en votre nom, mes amis, Esschenbrenner m'offre ce bouquet magnifique qui a l'inconvénient de me dérober la vue d'une partie de cette salle, ce *brûleur de cendres* a-t-il donc à ce point l'habitude de brûler les planches que je puisse redouter de sa part une fiction, une comédie ? Dussé-je passer pour un naïf, j'ai la faiblesse de croire à la sincérité de ces démonstrations, comme vous pouvez croire à la sincérité de mon affection.

C'est dans ces sentiments de mutuelle confiance que je vous réunis tous, membres, à tous les degrés de l'échelle, de nos trois grands services que je vois symbolisés devant moi par ce monument culinaire de cire vierge : la Voie, représentée par cette barrière de passage à niveau, laissée ouverte, j'ai le regret de le constater, au moment du passage d'un train ; la Traction, figurée par cette locomotive dont la blancheur immaculée contraste avec la couleur ordinaire de nos machines ; l'Exploitation enfin, que symbolise sans doute cette vierge fière dont les cheveux flottent au vent entre deux drapeaux tricolores. Et me retournant vers cette grande cocarde qui domine l'assemblée, je salue votre devise : la *solidarité* qui ne cessera de nous unir, l'*union* de tous, le *travail* qui élève, soutient et... parfois enrichit et la *fraternité*.

RÉUNION
DE
L'ASSOCIATION FRATERNELLE
ET DE
L'ORPHELINAT des CHEMINS DE FER

Montpellier, 9 mars 1902

Messieurs,

Je suis particulièrement heureux d'assister ce soir au milieu de vous à la fête collective qui réunit, avec le personnel des trois réseaux différents, dont Montpellier est le centre, deux œuvres de chemin de fer si intéressantes à des titres divers. Dans cette réunion qui n'est, je l'espère, ni fortuite ni passagère, et à laquelle, si j'en crois vos paroles, mon cher Président, les conseils que je vous adressais à Clermont-Ferrand ne sont pas étrangers, je veux voir le commencement de la réalisation d'un rêve qui, depuis longtemps, me tient spécialement au cœur, le présage d'une action commune, d'une solidarité d'efforts vers le bien, d'un encouragement et d'un patronage donnés à la sœur cadette, encore hésitante et cherchant sa voie, par sa sœur aînée solidement assise et justement fière du résultat de ses travaux depuis longtemps accumulés.

Je vous ai dit souvent déjà tout le bien que je pensais de votre Association fraternelle, de sa constance, de sa discipline, de la droiture de sa conduite, de sa fermeté à résister aux tentations. Je vous ai dit aussi, avec les ménagements que l'on doit à une association jalouse de la liberté de ses initiatives, ce que je rêvais pour elle et tout mon désir de la voir ne pas indéfiniment se complaire à ce rôle de la fourmi économe et laborieuse à laquelle il est si naturel de la comparer.

Et puisque M. Casalbou, dans sa conférence de cet après-midi, n'a pas échappé à la tentation et a appelé à la rescousse La Fontaine, que je croyais entendre lui-même en écoutant sa charmante paraphrase, qu'il me permette de le suivre sur ce terrain.

La fourmi, Messieurs, n'est pas, parmi les animaux, le meilleur modèle à proposer à l'homme à qui Dieu a donné, à défaut de l'instinct admirable de certains insectes, la faculté de penser, d'observer, de sentir la souffrance et d'y compatir. Sans doute c'est une rude travailleuse et une infatigable prévoyante ; elle excelle même à faire travailler les autres à son profit et, belliqueuse, à la façon des roitelets nègres de l'Afrique centrale, elle réduit en servage des peuplades entières moins fortes ou moins braves, qu'elle force à travailler aux plus communs ouvrages. Tout cela pour elle, pour elle seule, ne produisant rien d'utile aux autres.

<blockquote>La fourmi n'est pas prêteuse.</blockquote>

En voulant peut-être la louer, La Fontaine l'a flétrie d'un mot, comme il a flétri, dans les brèves moralités de ses fables, certains vices de notre pauvre humanité :

<blockquote>La raison du plus fort est toujours la meilleure
... Selon que vous serez puissant ou misérable
Les jugements de cour vous rendront blanc ou noir.</blockquote>

C'est vrai trop souvent, mais en tout cas ce n'est pas vous qui diriez à la cigale souffrante, même par sa faute :

<blockquote>Vous chantiez, j'en suis fort aise
Eh bien, dansez maintenant.</blockquote>

J'ai toujours été frappé, d'ailleurs, des erreurs accumulées dans cette fable célèbre. Il est d'abord des cigales, votre commission des finances le sait, qui savent récolter autre chose que les applaudissements que nous leur prodiguions hier dans votre superbe théâtre. — C'est naturel, celles-là ont des besoins. — La vraie cigale n'en a aucun.

Son œuf est pondu par la mère sur une tendre racine d'arbre, la larve y éclot adhérente et se nourrit de la sève qui y circule ; Devenue insecte parfait, la cigale sort de terre et s'envole, se fixe sur une branche d'arbre, la perce de sa vrille et en aspire indéfiniment le suc nourricier. Quand le fabuliste nous dit :

> Pas un seul petit morceau
> De mouche ou de vermiceau.

il se trompe, la cigale ne mange ni l'un ni l'autre ; quand il nous la dépeint

> La priant de lui prêter
> Quelque grain pour subsister
> Jusqu'à la saison nouvelle.

il se trompe encore, la cigale ne mange pas de grain.

Une seule chose est vraie dans la fable. La cigale chante, elle chante éperdûment au soleil, sans s'essouffler, puisque ce n'est pas de sa bouche, mais de ses membranes particulières que sort ce cri clair, continu, strident, que vous connaissez bien ici et qui, aux chaudes journées de l'été, fait le charme de vos promenades champêtres au milieu de vos garrigues ensoleillées.

Pardonnez-moi cette digression, cette conférence, la seconde de la journée ; l'exemple est contagieux et les lauriers de votre camarade m'empêchent sans doute de dormir. Si La Fontaine est un vieil ami pour moi, la science dont je fais étalage est de plus fraîche date, je l'ai acquise dans les livres d'un observateur éminent, philosophe et délicieux écrivain, votre voisin le vieux Fabre, de Lédignan, et cette évocation entomologique n'est peut-être pas déplacée dans cette ville savante de Montpellier, dans la patrie de cet autre observateur de génie, Hubert, qui, devenu aveugle, guidait encore son domestique dans les études sagaces auxquelles nous devons la connaissance de l'histoire merveilleuse d'un autre insecte, utile celui-là, l'abeille.

Mais, des insectes, revenons à nos moutons. Si la fourmi n'est pas prêteuse, ne l'imitez pas et ne vous glorifiez pas trop du rapprochement naturel, mais, au fond, peu flatteur que l'on fait entre son œuvre et la vôtre.

Ce n'est pas que je vous conseille de vous transformer en société de pure bienfaisance, même en société de prêts sur gages, avec ou sans intérêts. Nous nous sommes chargés, vous le savez, de ce soin et le conseil d'administration de notre Compagnie a bien voulu mettre à ma disposition une somme de 300,000 francs grâce à laquelle, usuriers d'un nouveau genre, nous avons pu, depuis deux ans, consentir près de 600,000 francs d'avances, remboursables sans intérêts, à ceux d'entre vous que des circonstances indépendantes de leur volonté, des événements imprévus de famille mettaient passagèrement dans l'embarras. Nous avons voulu les soustraire aux griffes des usuriers de profession plus terribles encore aux petites gens qu'aux fils de famille. Et en accomplissant une fois de plus ce que je considère comme un devoir patronal d'aide et d'assistance aux faibles, j'ai la satisfaction de constater que je vous avais bien jugés, que les rentrées se font avec la plus grande régularité et qu'à la généreuse pensée du patron, du patron dont on se plaît parfois à médire, a répondu l'exactitude et, je l'espère aussi, la reconnaissance et l'affection de ceux de nos collaborateurs que nous avons été assez heureux pour tirer d'un embarras momentané.

Je ne vous demande donc pas tant. Je vous demande autre chose, à la fois plus et mieux, je vous demande de venir en aide aux innocents qui ne sont pas, eux, malheureux par leur faute, aux enfants dont les bras sont encore inhabiles au travail, aux enfants de vos camarades enlevés avant l'heure par les accidents professionnels ou par la maladie et dont les derniers moments sont empoisonnés par le souci des orphelins qu'ils laissent après eux, de ces orphelins sur lesquels nous attendrissait la douce poésie que nous entendions hier au théâtre, aujourd'hui au concert.

C'est faire œuvre de bonne et saine camaraderie, de solidarité intelligente, que de fonder des orphelinats pour les recueillir, les élever, leur donner les moyens de vivre à leur tour en braves travailleurs comme vous. — A défaut d'argent que vos statuts vous empêchent de leur donner, et si le budget de charité que vous constituez, on nous le disait naguère, avec le produit de vos fêtes, est insuffisant, donnez-leur au moins votre sympathie, vos conseils, faites-les profiter de votre organisation, des résultats de votre expérience. Qui donne au pauvre, dit-on, prête à Dieu. Prêtez donc à Dieu et sous une forme quelconque, et s'il est vrai qu'on ne prête qu'aux riches, prêtez à celui-là; il a le moyen de vous le rendre.

Je bois donc à vos orphelinats professionnels, fondés, dirigés, surveillés par vous-mêmes, qu'ils soient laïques ou religieux, à l'orphelinat Petit, à l'orphelinat Robert, aujourd'hui séparés, demain réunis, travaillant, en utiles rivaux, à la même œuvre de bienfaisance et de salut, voire même à l'orphelinat que projette le Syndicat national, ou international, des travailleurs de chemins de fer, bien que je pense que les ferments de discorde qu'il sème incessamment parmi vous remplacent mal les fleurs autour des berceaux. — Qu'ils réussissent et je dirai : Ils ont beaucoup péché, qu'il leur soit beaucoup pardonné !

A vous tous, Messieurs, à vos travaux, à vos nouvelles initiatives, au meilleur de nos traits d'union — à la charité !

RÉUNION

DE

L'ASSOCIATION FRATERNELLE

Avignon, 25 mai 1902

Mesdames, mes amis,

Je crois avoir quelque peu mérité les remerciements que vient de m'adresser le Président de votre Association fraternelle, car en acceptant en si grand nombre depuis quelque temps les invitations de vos divers groupements, il me semble en vérité que je ne suis plus seulement un membre honoraire, mais une sorte de commis-voyageur de votre association.

A Montpellier naguère, dans la fête qu'elle donnait de concert avec l'un de vos orphelinats fraternels, je voyais le présage qu'à l'état de richesse où elle est déjà parvenue, elle étudierait le moyen d'en distraire une partie pour se constituer un budget de charité, pour secourir et élever les orphelins de ceux de vos camarades qui ont été prématurément enlevés.

Plus récemment, à Bourg, à la Fédération des Coopératives dont un grand nombre d'entre vous font partie, je montrais l'utilité de ces sociétés non seulement pour procurer à leurs membres une réduction dans le prix des objets nécessaires à la vie, mais aussi et surtout pour leur donner sans peine le moyen de s'élever aux œuvres autrement importantes de la mutualité.

Autrement importantes, ai-je dit, et j'ajoute autrement difficiles en raison de l'esprit de sacrifice qui les inspire et les fait vivre. Les Coopératives s'adressent en effet aux besoins normaux et prévus d'une famille dont le chef travaille et se porte bien ; par elles on vit mieux, mais on peut toujours, somme toute, vivre sans elles, quelque modeste que soit la position, si l'on a de la sagesse et de l'ordre. Toutes, elles produisent des bénéfices à leurs associés ; elles n'atteindront le but que le jour où cessant de les distribuer, elles en consacreront la plus grande partie à affilier leurs membres à des œuvres de mutualité.

Ces œuvres, dont votre Association fraternelle est un des spécimens les plus complets et les plus vivants, s'adressent, elles, aux besoins imprévus, aux crises de l'existence du travailleur, à celles auxquelles leur budget ordinaire est trop souvent incapable de parer, à la maladie, à la vieillesse, à la mort.

Vous ne serez satisfait, disiez-vous, mon cher Président, que le jour où tous les agents des chemins de fer seront rangés à l'ombre de votre bannière : c'est aussi mon aspiration et je leur en indique le moyen en les invitant à s'enrôler d'abord sous le drapeau des sociétés coopératives et à leur demander la création, automatique pour ainsi dire, d'un petit capital annuel que votre association saura faire fructifier si on a la sagesse de le lui confier. — Le problème social est déjà résolu pour vous grâce à la prévoyance de la Compagnie ; il le sera plus complètement encore par le supplément de retraite que votre sagesse et votre économie savent assurer à vos vieux jours.

La retraite, vous le disiez, c'est votre grande préoccupation ; votre propre expérience, vos propres travaux, vous ont appris ce qu'il en coûte pour l'assurer et la garantir. Vous n'êtes pas d'ailleurs de ceux qui se laissent entraîner par les billevesées des rêveurs ou des agités, qui demandent aux patrons d'assurer, à eux seuls, des retraites, de les garantir après quinze ans de services, à la moitié ou aux deux tiers des appointements. — Et non seulement vous admettez que les agents doivent, concurremment avec le patron, contribuer à leur formation, vous allez plus loin et vous vous assurez, par un prélèvement spontané sur vos traitements, un supplément à la retraite patronale. Soyez-en félicités, soyez-en fiers.

Dans les retraites, il faut considérer trois choses : la quotité de la pension, l'âge et la durée des services après lesquels elle est assurée. Dans notre ancienne Caisse de retraites, remplacée aujourd'hui par la Caisse de la vieillesse, la quotité était uniformément calculée à raison de 2 0/0 du traitement par chaque année de service. Pour tous les agents sans distinction, le droit à la retraite était fixé à 55 ans d'âge et à vingt-cinq de services. Cette uniformité n'était pas ce que nous avons fait de mieux et je m'accuse, pour ma part, d'avoir fait disparaître la distinction fort logique, qui existait à l'origine, entre les agents des services actifs et ceux des services sédentaires.

La même erreur d'assimilation, mais avec des conséquences bien autrement graves, a été commise, j'en demande pardon à mon voisin, M. Pourquery de Boisserin, maire d'Avignon, par la Chambre des députés quand elle a voté en décembre dernier une loi, célèbre dans le monde des chemins de fer, loi organisant le repos alors que nous nous efforçons d'organiser le travail et qui, si elle était votée définitivement, conduirait les Compagnies à s'encombrer d'un nombre énorme d'agents nouveaux travaillant peu, nécessairement, dès lors, peu payés, et par suite, les empêcherait d'améliorer, plus utilement pour vous et pour elles, bien qu'à moins de frais, la situation pécuniaire de leur personnel, sauf à lui demander de ne pas trop regarder à sa peine.

J'écris peu en général ; j'ai pris la plume cependant au commencement de cette année pour faire ressortir le vice de cette doctrine et ses conséquences néfastes, l'erreur capitale qui consiste, après avoir posé certaines règles plus ou moins justifiées pour les mécaniciens, à étendre les mêmes règles aux agents de toute nature, au personnel des trains, des gares, voire même des bureaux. Et ce n'est pas à vous que j'ai besoin d'apprendre la nécessité de faire entre eux une distinction profonde.

Certes, je ne méconnais pas la monotonie d'un travail de bureau, moins encore la fatigue du service des gares, je ne considère pas que dans les guérites de leurs fourgons les agents des trains soient toujours sur un lit de roses ; mais personne ici ne me blâmera, votre Président moins que personne, si je confesse la tendresse particulière que je ressens pour ses collègues les mécaniciens ; elle remonte au temps déjà bien lointain, où, ingénieur des mines à Marseille, bien loin de penser que je dirigerais un jour la Compagnie que j'avais alors à contrôler pour le compte de l'Etat, j'aimais à courir avec eux sur leurs locomotives. Ce sont parmi vous des agents un peu à part, conscients de leur acquit technique et de leur responsabilité, un peu réservés, un peu farouches même, semble-t-il, en raison sans doute de leurs habits spéciaux de travail, de leurs mains brûlées, de leur visage couvert de la noble poussière de la route et du charbon de leurs tenders, mais les premiers au travail et parfois au danger.

Que leur métier soit plus fatigant que d'autres, qu'ils arrivent plus difficilement que d'autres à remplir la double condition d'âge et de durée de services uniformément imposée à tous pour donner droit à la retraite réglementaire, je le sais et l'ai chiffré depuis longtemps. La présence à mes côtés de notre doyen à tous, ce mécanicien qui porte allègrement ses quatre-vingts ans semble contredire mes observations, mais à toute règle il est parfois d'heureuses exceptions. C'est pour cela qu'à eux, tout d'abord, j'avais songé à donner la faculté de se retirer plus tôt avec une retraite un peu réduite. La loi dont je parlais tout à l'heure a fait miroiter à leurs yeux tant d'espérances irréalisables que j'ai dû attendre. Mais j'y reviendrai.

Dans la même brochure, j'ajoutais que tout braves gens qu'ils fussent, ils n'étaient cependant pas des anges et qu'il le faudrait être pour résister aux flagorneries parfois peu désintéressées dont ils sont trop souvent l'objet. Le plus grand de nos poètes, s'adressant autrefois au plus grand de nos rois ne craignait pas de s'écrier en sa présence :

> Détestables flatteurs, présent le plus funeste
> Que puisse faire aux rois la vengeance céleste.

Nous n'avons plus de rois aujourd'hui au moins par droit divin ; notre démocratie ne veut plus connaître que la royauté de l'intelligence et du travail. Travailleurs que nous sommes tous ici, vous avez vos flatteurs aussi perfides, aussi funestes. Défiez-vous-en.

Des anges, il n'y en a, si nous en croyons l'Ecriture, qu'au Paradis ; encore s'en est-il trouvé parmi eux qui se sont révoltés contre l'Auteur de leur félicité et qui, chassés de la demeure céleste, se sont donné pour mission d'en faire sortir ceux qui avaient eu la sagesse d'y rester. Sans prétendre que nos compagnies soient un Paradis, même terrestre, nous avons aussi nos anges déchus, regrettant parfois, peut-être, leur rebellion, car ils seraient arrivés à des situations meilleures, s'ils avaient consacré à leur service l'intelligence et l'activité qu'ils emploient à tâcher de vous détourner de vos devoirs.

A vos anciens camarades qui essaient de vous séduire, répondez simplement avec le fabuliste : « *Les raisins sont trop verts.* »

A ceux qui se font ou se prétendent les défenseurs de vos intérêts, parce qu'ils comptent bien y trouver le leur, ayez le courage de dire : « Nous avons un métier modeste peut-être, mais bon et sûr, à l'abri du plus redoutable fléau qui menace les travailleurs, le chômage ; notre présent est assuré, une retraite garantit la sécurité de notre vieillesse, nous avons des patrons que nous ne pouvons en conscience considérer comme des malfaiteurs ou des tyrans. Laissez-nous en paix examiner avec eux les améliorations raisonnables et possibles d'une situation déjà bonne, somme toute, et justement recherchée. »

Voulez-vous savoir où ils en sont arrivés ? Voici une phrase que j'ai copiée à votre intention dans le dernier numéro de leur journal spécial, je me reprocherais de vous la laisser ignorer :

C'est fini depuis longtemps avec les histoires de bons patrons. Il n'existe plus aucun lien moral entre le patron et l'ouvrier, il ne doit plus en exister. Capital et travail sont deux termes opposés qui ne se concilieront que le jour où l'un absorbera l'autre.

Cette affirmation, votre conscience, Messieurs, la flétrit avec moi. Loin que ce soient deux termes opposés et inconciliables, le travail des uns, la richesse des autres ne sont que deux formes du capital, solidaires l'une de l'autre, ne pouvant vivre l'une sans l'autre, dont l'une d'ailleurs est l'origine et la source la plus pure de l'autre. Continuez donc à mépriser ces sophismes et conscients de votre supériorité sur ces apôtres de la rebellion, assurés de la bienveillance de vos patrons, sûrs du présent, sûrs aussi de l'avenir pour vous et pour vos familles, travaillez et économisez pour l'améliorer encore.

C'est à vous tous, mes amis, que je bois, à la *raison* qui vous guide, au *travail* qui vous permet l'économie, à votre *sagesse*, à votre confiance dans votre Association fraternelle qui réunit dans un groupement de gros capitalistes l'épargne de notre armée du travail.

RÉUNION
DE
L'ASSOCIATION FRATERNELLE

Lyon, 17 mai 1903

Mes amis,

Je vous remercie de m'avoir donné une fois de plus le plaisir de me retrouver au milieu de vous, dans ce milieu sympathique et sûr qu'est, d'un bout de la France à l'autre, votre Association fraternelle. — Vous êtes à la fois des gens de bien et des hommes pratiques qui ne vous plaisez pas aux discussions stériles, des hommes d'action qui avez garde de vous laisser séduire par les utopies ; vous démontrez le mouvement en marchant et prouvez par votre exemple de tous les jours qu'avec de l'ordre, de la sagesse et de la volonté, il est toujours possible d'économiser en vue de la vieillesse, même sur les budgets modestes que sont les vôtres.

Vous êtes restés fidèles aux enseignements de votre fondateur Burger, un modeste aussi et un homme de bien, celui-là, dont je suis heureux de voir la figure, remarquablement reproduite par votre camarade Saussier, présider à votre réunion, à la place d'honneur qu'elle devrait occuper dans les fêtes de toutes vos sections. Il vous a enseigné et vous n'avez pas oublié qu'on ne fonde rien par la discorde et la haine ; vous répudiez, comme il l'a fait lui-même dès l'origine, les malsaines excitations de quelques égarés sortis des rangs auxquels vous êtes restés fidèles et dont les excitations, n'en doutez pas, sont faites de l'envie pour ce bien-être, modeste peut-être mais assuré, dont votre sagesse a su se contenter.

Vous répudiez leur vaine phraséologie qui s'efforce d'exciter incessamment l'un contre l'autre les deux grandes forces du monde matériel : le capital et le travail, le capital sans lequel aucune industrie ne peut se créer et le travail sans lequel aucune ne peut vivre, et vous savez bien que rien de solide ne se fonde en dehors de leur union sincère et indissoluble.

Continuez donc à remplir silencieusement votre tirelire : vos 80,000 petits ruisseaux aurifères y ont déjà amené 29 millions prélevés sou à sou, sur vos économies. Ce n'est qu'un commencement. Administré avec une sagesse remarquable par votre comité directeur, votre trésor est destiné à s'accroître de jour en jour. — Qu'en ferez-vous ? Ne vous lasserez-vous pas d'être toujours comparés à la fourmi, cet insecte laborieux et économe à coup sûr, mais qui ne travaille et n'économise que pour lui et ne voudrez-vous pas un jour prendre pour symbole et pour guide l'abeille, aussi opiniâtre, aussi laborieuse, mais qui fait œuvre utile aux autres autant qu'à elle-même.

C'est une question que j'ai souvent posée à vos administrateurs de Paris. Des idées peuvent leur être soufflées par les sections de province et je serais heureux de vous faire partager les miennes. Je veux parler de nos orphelins, des enfants de vos camarades qui, avant l'heure, sont privés des soins de leur mère, parfois même de leurs deux protecteurs naturels.

Sans doute les compagnies, ces compagnies qu'on veut vous faire considérer comme des ploutocraties sans entrailles, leur viennent en aide et j'ai pris charge de quelques centaines d'entre eux que j'ai confiés, ne croyant pas trop mal faire, aux soins maternels des sœurs de Saint-Vincent-de-Paul. — Où seront-elles demain et qu'adviendra-t-il de nos pupilles ?

Sans doute encore vos camarades ont fondé eux-mêmes, dans un autre ordre d'idées, deux orphelinats, rivaux, dit-on : laissez dire et faire, ce sont d'heureuses rivalités que celles qui ne s'exercent que pour le bien.

Mais qu'est-ce que tout cela ? Et combien d'enfants échappent encore à leur action et à la nôtre !

C'est au complément nécessaire de cette œuvre que je convie votre Association fraternelle. Je ne lui demande pas de s'y intéresser aujourd'hui directement ; je me contente de son assistance morale, la seule qu'elle puisse donner quant à présent. Vos statuts, auxquels il importe de ne toucher qu'à bon escient, ne permettent pas un emploi semblable de vos fonds disponibles. Mais les barèmes d'après lesquels vous déterminez les pensions viagères qui s'ajoutent à la retraite assurée par les compagnies, vos barèmes, eux, ne sont pas intangibles, et la preuve est que vous y avez déjà touché. Quand vous serez encore beaucoup plus riches, ce qui est l'avenir certain, s'il arrivait par hasard (tout arrive) que ces barèmes eussent été assez sévèrement calculés pour vous laisser des bénéfices, oh! alors, je vous adjurerais de les affecter non pas à augmenter le chiffre de vos pensions viagères, mais en tout ou en partie à l'assistance de nos, de vos orphelins, dont l'avenir vous doit préoccuper autant que moi.

En voulez-vous un exemple ? Hier soir, au moment de quitter Paris pour venir vous trouver, on m'apporte la feuille matricule d'un de nos enfants sur lequel le malheur s'est acharné d'une façon toute particulière. Non seulement il est orphelin, mais de plus il est sourd-muet. J'avais appelé sur lui la bienveillance des Pères de la Grande-Chartreuse qui, avec leur habituelle charité, l'avaient admis, et même gratuitement, pour l'instruire dans leur école de Curières ; j'avais accepté sans scrupule de devenir, avec tant d'autres, leur débiteur et d'affecter à un autre la somme que je comptais d'abord consacrer à l'éducation de cet enfant plusieurs fois malheureux. — Les Chartreux, bien involontairement vous le savez, ont fermé leur école en quittant les montagnes qui cessaient de leur être hospitalières. — L'enfant reste, lui : Qu'allons-nous en faire, me disais-je ? Heureusement, mon voisin de table, M. le secrétaire général de la préfecture, auquel j'ai eu à l'instant même la bonne inspiration de conter mon souci, m'a fait espérer qu'il pourrait lui ouvrir les portes de l'asile départemental de Villeurbanne, peut-être même plus tard avec une bourse. Vous pensez avec quelle reconnaissance, à laquelle je veux vous associer 'ai accepté cette généreuse et opportune indication. Un de sauvé ! Mais tous ceux que, dans la tourmente actuelle, un avenir peut-être prochain va me mettre sur les bras !

C'est sur vous, mes amis, sur votre association que je compte pour m'aider ; c'est sur vous surtout, Mesdames, auxquelles j'ai mieux à faire aujourd'hui que d'adresser des compliments pour le charme que votre présence donne à ces réunions. Vous avez quelque influence sur vos maris ; ne le savez-vous pas ?

je vous l'apprendrais et je vous prie de me la prêter pour notre œuvre de charité mutuelle. C'est à la femme surtout qu'il faut s'adresser pour un culte dont, vierges, femmes ou veuves, vous êtes, Mesdames, les prêtresses toutes-puissantes.

Saint-Vincent-de-Paul le savait bien quand, il y a quelque trois cents ans, il prêchait un sermon de charité aux dames les plus élégantes de la cour de Louis XIII. Du même geste qui avait sauvé Phryné devant l'Aréopage, il découvrit des plis de son manteau quelques bébés abandonnés et les leur présenta en disant : Il dépend de vous, Mesdames, que ces enfants vivent ou meurent. — Telle fut, vous le savez, l'institution de ces Filles de la charité, dont nos soldats tombant sur les champs de bataille, dont les pauvres, dans le monde entier, connaissent et respectent la robe grise et la blanche cornette.

Je ne vous en demande pas tant, je n'ai rien d'un saint Vincent-de-Paul, vous n'êtes pas de l'aristocratie, mais sous le rapport du cœur et de la charité, les femmes de tous les mondes et de tous les temps sont sœurs, c'est avec confiance que je vous adresse mon appel pour la réalisation ultérieure de mon rêve par l'Association fraternelle des employés et agents de chemins de fer.

RÉUNION

DE

L'ASSOCIATION FRATERNELLE

Aix-en-Provence, 13 décembre 1903

Je suis charmé, mes amis, de me trouver au milieu de vous pour fêter votre naissance et administrer, pour ainsi dire, le baptême à votre jeune sous-section. Je me demandais, en venant ici, quel était le motif réel de sa formation : était-ce un effet de la pléthore de votre section de Marseille et faisiez-vous comme les abeilles qui, lorsque la ruche devient trop étroite, forment, avec une reine nouvelle, un essaim nouveau? Ou bien Padovani, qui me pardonnera cette assimilation royale, était-il inspiré par ce proverbe italien accommodé à son usage : *Corsica farà da se ?* Je suis fixé aujourd'hui et rassuré à la fois : c'est un nouveau centre d'expansion et de propagande que vous avez entendu constituer pour attirer à vous, par de nouveaux efforts, de plus nombreux adhérents. C'est l'émulation du bien. Allez donc et que la fille ressemble à la mère, la sœur cadette à son aînée ; qu'elle reste fidèle, comme elle, aux principes qui l'ont toujours guidée, à son esprit de sagesse et d'union. Ce sont les idées de votre fondateur Burger dont vous aviez raison tout à l'heure de rappeler le nom et dont je souhaiterais que l'image, due au crayon d'un de vos camarades lyonnais, présidât toujours aux réunions de ses continuateurs.

Les égarés qui raillent parfois votre sagesse et envient votre fortune dont ils rêvent de faire une arme de lutte et de révolte, alors que vous vous obstinez à en faire un instrument de concorde et de paix, sont toujours à vous parler de vos droits dans notre étroite association du capital et du travail. Sans crainte de trop me répéter, je vous parle de préférence de vos devoirs, de nos devoirs réciproques. La revendication des droits est dans leur bouche un appel à la révolte, le rappel des devoirs, dans la mienne, est un sentiment plus sûr et plus fécond. Sous une forme différente et plus saine, nous disons presque la même chose au fond, mais en prônant des moyens différents.

Le devoir de l'employé est la conséquence et le résultat des droits du patron. Le droit de l'employé correspond au devoir moral du patron et le constitue.

Tous les patrons le comprennent-ils et le remplissent-ils de même ? C'est une question qu'on peut se poser en présence des luttes si fréquentes qui, de nos jours, divisent le monde du travail. Je serais tenté de penser, en voyant l'accueil que vous venez de faire à vos chefs et à celui qui vous parle, que nous sommes de ceux qui le comprennent et le réalisent. En tout cas, ce n'est pas la bonne volonté qui nous manque, je vous l'assure.

Grande est la différence entre la petite industrie d'autrefois, l'industrie familiale, que le mouvement qui nous entraîne a fait disparaître sans retour, et la grande industrie moderne, l'industrie anonyme forcée de centraliser ses efforts pour produire beaucoup et à bon marché. A-t-on gagné au change, au point de vue social ? Je ne le sais ; les procédés en tout cas, le mode de relations entre les patrons et les employés ont dû changer du tout au tout.

Prenez le type de l'industrie si prospère et si patriarcale d'autrefois : le maître de forges, dans sa petite usine, connaissait chacun de ses ouvriers, ses qualités, ses défauts, ses besoins, ses épreuves. La patronne visitait les ménages, aidait et conseillait les femmes, les enfants, et, de cette vie commune de tous les jours, résultait une confiante accoutumance qui semblait étendre jusqu'au personnel ouvrier les limites de la famille. Mais, par cela même qu'elle donnait à l'autorité du chef un peu et beaucoup du caractère familial, elle lui donnait aussi l'idée d'en user à la façon du père vis-à-vis de ses enfants, du père qui les veut diriger dans sa voie et dans ses tendances et les voit avec chagrin, parfois avec colère, adopter des idées, ou politiques ou religieuses, différentes des siennes propres.

Dans nos grandes industries, il n'en peut être de même ; le chef vous connaît moins, connaît votre nombre plus que vos noms ; ce n'est plus une autorité familiale qu'il exerce et je serais bien embarrassé, quel qu'en soit mon désir, de considérer comme mes enfants les 80,000 agents de notre Compagnie. Il n'est pas de sultan ni de héros de mythologie qui y puisse prétendre. — Tout au moins, par contre, sommes-nous exempts de ce sentiment, conscient ou non, de domination familiale ; nous n'entendons en aucune façon exercer la moindre influence sur vos idées en matière de politique ou de religion ; nous vous demandons l'honnêteté, le travail et nous l'obtenons en vous en montrant l'exemple, nous exaltons le devoir, vous signalons le vôtre et ne négligeons pas le nôtre de justice et de bienveillance, nous faisons appel à l'union, à la confiance, à l'amitié qui seules créent et fécondent et nous n'oublions aucun des termes de notre devise républicaine : la *liberté*, que nous vous laissons pleine et entière de penser, de sentir et d'agir, l'*égalité*, idéale chimère que nous réaliserons quand se réalisera chez tous l'égalité de la force physique, de l'aptitude professionnelle et de l'intelligence, c'est-à-dire la semaine des trois dimanches ; la *fraternité* enfin, cette vertu céleste que vous pratiquez si effectivement les uns vis-à-vis des autres, la fraternité qui a donné son nom si doux à votre association, la fraternité, mère de la concorde et de l'union, sans lesquelles on ne fonde rien de grand ni de stable et qui seules ont amené notre grande et chère Compagnie à suffire à sa tâche, à conquérir une réputation que M. le maire voulait bien, tout à l'heure, proclamer bien méritée et que nos efforts à tous et notre union indissoluble sauront maintenir et accroître.

RÉUNION

DES

ANCIENS ÉLÈVES DU LYCÉE DE DIJON

3 décembre 1903

Messieurs,

Je suis tout heureux de me retrouver ce soir, sinon au milieu de mes contemporains qui chaque jour se clairsèment, du moins au milieu de camarades et de compatriotes qu'unissent une commune éducation, un commun amour pour la petite patrie.

Si nous étions encore au bon vieux temps où tout bon dîner se terminait nécessairement par des chansons, nous aurions déjà entonné quelques-uns de nos refrains du collège que notre affectation de précoce expérience ne permettait guère de faire entendre aux jeunes filles, ou quelques-uns de ces gais noëls bourguignons de Guy Barozai, de la rue du Tillot, qui se chanteront encore certainement, dans trois semaines, dans beaucoup de nos vieux foyers. Mais l'habitude s'est perdue, on ne fait plus que parler, parlons donc.

A tout âge, disait M. de la Pallice, tout homme a un avenir et un passé.

L'avenir, c'est l'inconnu que personne ne peut mesurer ni deviner ; c'est à lui que vont les regards des jeunes qui espèrent en lui et s'efforcent de le pénétrer.

Ceux qui ne le sont plus regardent de préférence le passé qui, derrière eux, indéfiniment s'allonge. Ils ne lui demandent plus d'espérances, ils le revivent dans leurs souvenirs, heureux ou tristes, riants ou mélancoliques. C'est lui qu'évoque notre réunion de ce soir, ce sont nos premières années de jeunesse, proche encore pour les uns, lointaine pour d'autres, qu'elle fait revivre pour tous sous la figure de ce lycéen dont le crayon de Lequeux a orné pour nous ce menu.

Le plus beau temps de la vie, nous disait-on alors, sans doute pour nous les faire mieux tolérer, ce sont les années de collège. Je n'ai pu encore arriver à le croire. — Qu'on appelle de ce nom l'âge heureux où, frais émoulu des écoles, muni d'un diplôme, d'un brevet ou d'un titre, le jeune homme s'élance vers la vie, voit s'ouvrir devant lui une carrière laborieusement préparée et caresse des rêves qui ne se réaliseront pas toujours, à la bonne heure. Mais les plus belles, ces années de préparation à la vie ! Que non pas.

Ce n'est pas, en tout cas, le confort matériel dont on entourait alors l'internat qui m'a laissé de doux souvenirs. Je me vois encore, en 1840, avec mon costume suranné, qu'il a fallu, pour changer, l'avènement de la République et de Carnot comme ministre : un chapeau de haute forme, un habit à queue de morue, un pantalon à pont-levis, à une seule poche, des souliers que vernissait le cuistre Bénigno avec les égouttures des quinquets, des bas bleus chinés montant aussi haut que les guêtres dont Willette habille les grenadiers de la vieille Garde et qui, pendant les premiers mois, recouvraient nos mollets d'un indélébile indigo ; puis ces lavoirs, où l'eau gelait tous les hivers, on ne se lavait pas ces jours-là, c'étaient les jours de liesse ! Ces immenses dortoirs que l'hygiène d'alors défendait de chauffer. J'en ressens encore des engelures. Non décidément, je ne suis pas assez spartiate pour regretter ce régime.

J'aime mieux songer à nos maîtres, aux camarades avec lesquels nous liions des amitiés dont quelques-unes survivent encore.

Dans les maîtres, un surtout, jeune, timide, tendre et pour nous compatissant. Un jour il tombe malade et nous décidons d'aller le voir. De nos jours, on aurait diagnostiqué une appendicite, on aurait eu vite fait de l'ouvrir et de le débarrasser d'une des rares erreurs commises par le Créateur lorsqu'il a façonné notre machine. On ne recourait alors qu'à des instruments plus bénins ! Il s'en tira tout de même. Nous étions assis, cinq, dans sa bien modeste chambrette et il nous demandait nos projets d'avenir, ce que nous voulions être. Par un singulier hasard, effet sans doute du voisinage de l'école de droit, tous les cinq voulaient être... notaires ! Un d'eux seulement, Fauléau, que plusieurs de vous ont connu, rue Chabot-Charny, a réalisé son rêve. Parmi les autres... non *licet omnibus*... Bazot est devenu premier président, Arbelet, dont nous ne reverrons plus la bonne figure réjouie, a réussi dans la basoche, Anceau, mon voisin d'études, qui a échangé la cuirasse pour les assurances, avait eu une autre ambition : un jour, dans un moment de découragement, à la vue d'un des premiers trains que nous voyions passer sur le rempart de la Miséricorde, il me dit : Bah ! je me ferai chemin de fer ! Et il s'est trouvé que c'était le cinquième qui s'est fait chemin de fer et je serais véritablement ingrat si je le regrettais.

Mais je reviens à mes moutons ou plutôt à notre berger. Il avait nom : Eugène Manuel, il est mort, il y a deux ans, inspecteur général de l'Université : c'était l'auteur des *Ouvriers*, ce poème si doux et si fort, si plein de pitié pour les faibles et qui aurait dû lui ouvrir les portes de l'Académie française.

Elles ne se sont pas ouvertes devant un autre de nos camarades qui, après nous avoir charmé en prose, en décrivant l'Engadine et cette Côte d'Azur, qu'il a baptisée de ce doux nom *(et je l'en remercie au nom du P.-L.-M. dont elle est le plus beau joyau)*, vous a conté dans la langue des dieux, après les plus gracieuses idylles, les héroïques exploits, malheureusement pour eux trop exclusivement défensifs, des pauvres Boers. J'ai nommé Stéphen Liégeard.

Est-il donc écrit que la poésie ne réussit pas aux Bourguignons ; et, moins accueillante que sa sœur des sciences, l'Académie française leur tient-elle rigueur en souvenir d'une innocente raillerie de notre grand poète dijonnais ? De même que les Beaunois n'ont pas oublié les flèches qu'il leur a décochées, se souvient-elle encore, contre ses compatriotes, de l'épitaphe qu'il s'était composée :

> Ci-gît Piron qui ne fut rien
> Pas même Académicien.

Je ne le puis croire et notre ami est encore assez jeune pour attendre.

Je ne veux pas oublier, dans ma revue du passé, mon vieil

ami Spuller, dont le robuste bon sens, la tranquille bonhomie, l'esprit fécond et orné nous font aujourd'hui grandement défaut, à l'heure où la passion n'a plus de contrepoids. *L'esprit nouveau* qui règne n'est plus celui qu'il avait eu le courage de proclamer. Libéral à l'extrême, il professait le respect de l'opinion et de la foi des autres. Avec son illustre ami et modèle Gambetta, s'il disait : le cléricalisme est l'ennemi ; il était du moins aussi convaincu que lui que l'anticléricalisme n'était pas un objet d'exportation. Que diraient-ils aujourd'hui tous deux si...

Mais je m'arrête pour ne pas violer les statuts que nous pourrions avoir et dont le premier article, s'ils existaient, serait que les discussions politiques et religieuses sont interdites. Je me condamne donc à une amende virtuelle.

Pourquoi me suis-je laissé aller à me rappeler devant vous mon lointain séjour à ce collège qui nous a tous abrités ? Pouvais-je faire autrement en pareil milieu, avec le nom que vous avez adopté pour notre réunion la *clef des champs*, qui nous rappelle nos périodiques vacances d'autrefois : à Pâques, quand la verdure renaissante nous annonçait le retour du printemps ; puis au mois d'août quand, après la séance solennelle dans la grande salle des États du palais des ducs de Bourgogne, d'où nous sortions chargés les uns de couronnes, les autres de... résignation, cette clef, plus longuement libératrice, nous ouvrait les champs déjà dépouillés de leurs riches moissons et les clos de la Côte fiers de leurs pampres rougissants.

A l'époque de notre réunion, que vous offrirait-elle cette clef magique ? des champs couverts de neige, où souffle la rude bise, mère des bronchites et des rhumatismes. — Est-ce donc un bon symbole pour nous, Bourguignons, que ce nom qui, pour tous, implique et réveille les mêmes idées de liberté et n'en est-il pas d'autres qui nous conviendraient plus spécialement ?

L'année dernière, à cette place, mon ami Barabant vous proposait la *Moutarde*. Certes, c'est là un produit éminemment dijonnais, mais, au dessert, il fallait un certain courage pour le prononcer, car, après dîner, la moutarde s'est fait une proverbiale célébrité.

Pourquoi ne prendrions-nous pas, dans notre Côte-d'Or, ce produit incomparable que connaissent et célèbrent les deux mondes, le *Chamberlin*, ce vin dont la Bourgogne est justement fière, qui donne à ses fils la force, l'ardeur, la gaîté, parfois même une douce ivresse, et sur le bout du nez, parfois aussi, cette caractéristique enluminure, pure, du moins, de toute fâcheuse origine.

Ce n'est pas l'élégant poète dont je parlais tout à l'heure qui me contredirait. Il nous manque aujourd'hui, mais si vous l'appeliez, l'année prochaine, à l'honneur de vous présider, sans doute il se déciderait à quitter pour nous Gevrey-Chambertin et sa seigneuriale demeure de Brochon, — Peut-être même, pour fortifier notre foi, sortirait-il de ses celliers quelques échantillons de ce que j'appellerai, sans crainte que vous me contredisiez, ce roi des vins. Soit dit sans offenser celui qui mousse dans cette coupe que je lève et qui, clair, pétillant... et léger, représente si bien les qualités et l'unique défaut de notre race et avec lequel je bois avec vous à la grande patrie, la France si chère, à la petite, la Bourgogne.

CONGRÈS
DES
SOCIÉTÉS COOPÉRATIVES

Paris, 11 mai 1904

Messieurs,

Vous avez bien voulu me convier une fois de plus à cette fête fraternelle qui termine et couronne chaque année les travaux féconds de la fédération de vos Coopératives. Depuis longtemps, je n'en suis plus à mesurer le bien qu'elles produisent ni à célébrer les résultats obtenus.

Ils restent cependant incomplets et peuvent même devenir dangereux : incomplets, tant qu'ils se bornent à améliorer les conditions de l'existence journalière et à vous partager les bénéfices dus à votre bonne gestion ; dangereux, vous le voyez aujourd'hui, en raison même de ces bénéfices ; le succès engendre l'envie, on veut vous assimiler à des sociétés commerciales et, par suite, vous charger des impôts qui pèsent sur elles. N'auriez-vous pas eu une force nouvelle pour échapper, comme j'espère encore que vous le ferez, à cette assimilation redoutable, si vous aviez résolu de placer ces bénéfices en vue de l'avenir, au lieu de vous les répartir aussitôt acquis ; si vous aviez pris le caractère d'une mutualité, d'une société constituée pour l'épargne, l'épargne qui seule produit et féconde.

A part cette critique que je ne me lasse pas de formuler et dont les événements actuels vous montrent le bien fondé, je reconnais et loue une fois de plus votre esprit d'initiative, la discipline affectueuse que vous maintenez parmi vous. Elle vous fait reconnaître la nécessité de celle que nous vous demandons en service, parce qu'elle est indispensable à la bonne marche de notre grande Compagnie.

Que cette discipline soit et reste, quoi qu'on en dise parfois, douce et paternelle, je n'en veux pour preuve que l'incursion que vous vous êtes permise récemment, mon cher Président, avec votre verve et votre franchise ordinaires, sur le terrain quelque peu brûlant de la politique, du rachat, de l'exploitation par l'Etat.

Je ne suis pas de ceux qui disent que tout est forcément mauvais dans une exploitation d'Etat. Je suis seulement et résolument de ceux qui pensent qu'il est préférable, en principe, de laisser l'industrie aux industriels et qu'en matière de chemins de fer, en particulier, l'exploitation par des compagnies libres, entendons-nous bien, libres sous le contrôle éclairé, assidu et nécessaire de l'Etat, présente des avantages auxquels il serait, pour le pays, singulièrement fâcheux de renoncer.

Sans aborder ici une discussion qui s'est récemment développée à la Chambre, je ne relèverai qu'une assertion qui s'y est produite et qui vous touche de très près. On a dit qu'aux chemins de fer de l'Etat la situation du personnel était meilleure que la vôtre, et l'un des orateurs qui compte parmi les plus élégants, les plus fins, les plus courtois, notre Ministre des travaux publics a déclaré que les délégués des Compagnies, qu'il recevait fréquemment, lui exprimaient le désir d'être traités aussi bien que leurs collègues du chemin d'Etat, ce qui, pour le dire en passant, n'était pas fait pour déplaire à celui qui a la haute main sur son exploitation.

Vous en devinez peut-être l'explication. La très grande majorité d'entre vous, saine, raisonnable, travailleuse et silencieuse n'encombre pas d'habitude les antichambres ministérielles. Par contre, ministres et députés sont plus fréquemment assaillis et tourmentés par les agités et les mécontents qu'en très petit nombre vous comptez dans vos rangs.

Il vous a semblé, mon cher Président, que ceux qui s'arrogent ainsi le droit de parler en votre nom et vous représentent comme des malheureux et des persécutés, n'expriment ni votre esprit ni vos idées et vous avez cru utile de le dire. On vous fait parler, vous avez parlé vous-même et les lecteurs de votre *Bulletin* vous ont applaudi. — Vous savez ce que vous avez, vous vous défiez des promesses qu'on fait miroiter à vos yeux,

Ce bloc enfariné ne vous dit rien qui vaille

ce n'est pas moi qui vous contredirai.

Je vous contredirai d'autant moins qu'en ce qui touche le bien-être du personnel, nous n'entendons céder à personne le privilège de l'attention et de la bienveillance. Je le disais il y a peu de jours à Lyon aux conducteurs de la voie désireux, comme vous tous, et c'est bien naturel, de voir leur situation s'améliorer et je leur conseillais de regarder autour d'eux, dans les autres compagnies, aux chemins d'État. En ce qui les concerne, la nôtre tient le premier rang, ce rang que je voudrais, toujours et en tout, pouvoir lui assurer. Nous ne l'occupons pas pour les mécaniciens ; nous avons, ceux d'entre eux qui assistent à cette réunion le savent, notablement relevé leurs primes de combustibles et de parcours de manière à faire disparaître notre infériorité.

Dans un autre ordre d'idées et sans que ce desideratum ait figuré dans ce qu'il est de mode, dans les milieux impatients, d'appeler les « programmes de revendication », il nous a semblé utile de faire un pas de plus dans l'amélioration du sort de nos agents les plus modestes et les plus chargés de famille.

Nous ne sommes pas, en effet, de ceux qui s'en tiennent strictement à cette loi de l'offre et de la demande, base et fondement, cependant, de toute l'économie politique ; et bien que, dans les relations entre le capital et le travail, il soit absolument juste et rationnel de ne faire dépendre le salaire que de la nature et de la valeur du service rendu, il nous a paru qu'en dehors des lois scientifiques les mieux établies, lorsqu'on a la charge et l'honneur d'être le berger d'un si grand troupeau, il fallait aussi écouter les élans du cœur.

A côté de ceux qui, restant célibataires au delà de l'âge normal, encourent la *Væ soli!* des Écritures, à côté de ceux, plus à plaindre encore, qui ont un ménage sans enfants, il en est parmi vous qui sont riches sous ce rapport, et auxquels, à égalité de travail, de mérite et par suite de salaire, la vie est singulièrement plus difficile qu'à ceux de leurs collègues pour lesquels la Providence s'est montrée moins prodigue.

J'ai donc proposé à mon Conseil, qui m'a approuvé de grand cœur, de faire commencer désormais au chiffre de trois enfants ou parents assimilés l'allocation que nous consentions depuis longtemps aux agents chargés de famille ; au lieu d'être proportionnelle au nombre des enfants, elle croît désormais progressivement de manière que, pour les familles de 10 enfants, par exemple (ou assimilés), elle a été élevée de 390 à 800 francs par an. C'est une aide sérieuse pour ceux d'entre vous chez qui le traitement modeste n'exclut pas l'amour ardent de la famille.

Vous nous en avez remercié, c'est notre plus douce récompense. Laissez-moi vous dire cependant qu'un journal que lisent certains d'entre vous, regrettant sans doute de s'être laissé entraîner, comme vous, par le premier mouvement, le meilleur, dit-on, a cru devoir, dans un second article, et dans des termes dont vous me permettrez de gazer la crudité, m'avertir que « je me... trompe si je crois que pour si peu vous vous mettrez à procréer de la chair à canons ! »

Mes visées n'ont pas été si exclusivement guerrières. Elles se sont inspirées du désir d'aider ceux qui en ont le plus besoin et, dans un sentiment de cordiale solidarité, de maintenir entre la Compagnie et son personnel, l'harmonie, la confiance et l'amitié.

Vous savez depuis longtemps ce que je pense à cet égard et que je ne vous berce pas de vaines paroles. Aussi, vous associerez-vous à moi quand je vous convierai à maintenir contre tous l'indissoluble union du capital qu'est la Compagnie et du travail dont vous et moi, ses agents, sommes ici les représentants.

ASSOCIATION FRATERNELLE

Moulins, 9 juillet 1904.

Mes amis,

Chaque fois que j'assiste à l'une de vos réunions, et cela est fréquent, je ne puis m'empêcher d'être frappé par ce contentement que vous éprouvez de vous-mêmes, par cette admiration naïve de votre œuvre. Vous avez bien raison d'en être fiers. Le succès a dépassé vos espérances et vous a depuis longtemps placés au premier rang parmi les sociétés mutualistes de notre pays ; vous le devez, et c'est justice, à ce que depuis l'origine votre effort s'est exercé dans la même direction, à ce que vous êtes demeurés strictement fidèles à la mémoire et aux principes de votre fondateur.

Burger était, au chemin de fer de Ceinture, un agent modeste à l'égal du plus petit d'entre vous; modeste il a vécu, plus modeste encore il est mort... à l'hôpital et si vous étiez tentés d'élever à sa mémoire un monument de reconnaissance, peut-être auriez-vous peine à retrouver l'endroit où il repose. Mais il ne s'agit pas de monument; statue ou buste serait un hommage dont s'effaroucheraient aujourd'hui encore, sa timidité et sa modestie. Il vit dans votre souvenir.

Ses principes, son principe, devrais-je dire, qu'il a posé et énergiquement défendu contre les impatients de la première heure était de fonder une œuvre de concorde et d'harmonie, de constituer par vos sacrifices volontaires et vos épargnes grandissantes, non pas un trésor de guerre prêt à d'inutiles attaques, mais un trésor de paix capable de compléter les mesures bienveillantes que, dès la première heure aussi, les Compagnies ont adoptées pour assurer votre bien-être présent, votre avenir surtout, au moment où vos forces déclinantes vous imposeront le repos. A l'ensemble et à la variété de ces mesures, le Président de votre réunion vient de rendre hommage dans des termes qui m'ont d'autant plus touché que vos applaudissements unanimes les ont plus énergiquement soulignés.

Les associations qui intéressent les travailleurs sont de deux natures fort différentes.

Les unes, que j'appellerai volontiers unilatérales, sociétés de secours mutuels, sociétés coopératives, association fraternelle, sont formées d'un élément unique, les travailleurs, et n'ont en vue que leur bien-être actuel ou futur.

Les sociétés de secours mutuels recueillent l'obole de chacun et la répartissent entre ceux des cotisants qui à l'improviste paient à la maladie un tribut funeste à l'équilibre de leur budget. Les coopératives de consommation achètent à bon compte, en gros, les objets nécessaires à la vie, les revendent à leurs actionnaires à des prix plus élevés bien qu'encore inférieurs au cours du détail, et répartissent entre eux, en fin d'année, le bénéfice ainsi réalisé. Les unes et les autres n'ont en vue que les besoins présents ; pour les premières, c'est leur essence même ; aux secondes, je ne cesse de demander de songer aussi à l'avenir, de se considérer comme une sorte d'école préparatoire aux associations qui l'assurent et le garantissent, à la vôtre, Messieurs ; je les voudrais voir vous verser tout ou partie de leurs bénéfices avec la certitude que votre gestion sage et sévère en ferait bon usage, pour augmenter les retraites servies par la compagnie ; le capital qui vous permet de le faire s'élève aujourd'hui à 30 millions; il ne peut cesser de s'accroître, automatiquement, dirais-je, si je ne savais la peine que vous y devez prendre et le temps que, leur travail fini, vos administrateurs y consacrent avec un si louable désintéressement.

A côté de ces associations formées d'un élément unique, l'élément du travail, il en est d'autres, c'est le cas des associations industrielles que, par opposition, j'appellerais bilatérales parce qu'elles sont formées de deux éléments : *le capital* fourni par ceux qui le possèdent, sert, chez nous par exemple, à construire la ligne, à acheter le matériel roulant ; *le travail* fourni par ceux qui souvent ne possèdent rien en dehors de leur force physique, de leur aptitude professionnelle, de leur intelligence, par vous et moi, Messieurs, qui mettons tout cela à la disposition du capital pour faire marcher l'entreprise au profit et, s'il se peut, à l'honneur de notre pays.

Entre ces deux éléments, capital et travail, l'union est nécessaire pour que prospère l'œuvre d'ensemble. Il ne manque pas de gens, surtout à notre époque troublée, qui la déclarent impossible et font d'ailleurs, pour la rompre, des efforts qu'ils devraient s'étonner, s'ils étaient sincères, de voir si infructueux, du moins chez nous. Cette union solide et intime c'était le grand principe qui inspirait Burger quand il a fondé votre association et vous n'avez pas à regretter de l'avoir invariablement maintenu.

Il y faut cependant des efforts et une mutuelle bonne volonté, un mutuel respect des droits et devoirs de chacun. A côté de vos droits dont certains vous rebattent les oreilles, sont vos devoirs que vous ne nous donnez pas souvent l'occasion de vous rappeler parce que vous les remplissez avec sagesse et simplicité ; quant aux droits du travailleur, ils sont et constituent les devoirs matériels et moraux du patron et le vôtre s'attache à connaître et à remplir les siens.

Qu'il y arrive, j'étais presque tenté de le croire tout à l'heure, quand, à vos applaudissements, l'un de vous interrompait de ses sonores « *Nous ne sommes pas des Serfs* » le discours de l'homme politique qui vous offrait son concours, vraiment inutile, pour alléger votre soi-disant surmenage.

Il faut toujours savoir gré des bonnes intentions et il y a longtemps que je n'en suis plus à m'étonner de la sympathie qu'on vous témoigne de toutes parts. Mais il ne faut rien exagérer. Il suffit de vous regarder pour sentir qu'en effet vous n'êtes pas des Serfs ! Et nous, travailleurs comme vous, nous, vos chefs que vous aimez à associer à vos fêtes, avons-nous donc l'air de despotes ?

La question sociale, chacun, de nos jours, la pose et la résout à sa façon.

Pour le collectivisme, la solution est dans l'égalité pour tous, l'égalité par en bas, bien entendu. Il veut supprimer les pauvres en supprimant les riches ; il proscrit l'épargne et la propriété parce qu'elles engendrent le capital et la richesse. Ce n'est pas dans votre association, qui ne vit que de l'épargne et pour l'épargne, dans votre association que, ne pouvant l'entamer, on flétrit du nom de capitaliste, qu'il faut chercher des adhérents à d'aussi funestes utopies.

L'égalité, nous l'avons, autant et plus peut-être qu'il ne faut, dans le domaine politique. Dans le domaine industriel et social, vous l'avez de plus en plus avec la diffusion indéfinie de l'instruction. C'est une erreur cependant de penser qu'elle doive conduire à la suppression de ce qu'on appelle les classes sociales. Que les enfants du peuple puissent aspirer à s'élever et prétendre à tous les emplois, cela est juste et moral. Que ceux qui s'endorment sur leur fortune acquise et n'ont pas l'énergie nécessaire pour la maintenir ou l'accroître fassent place à d'autres, cela aussi est moral et juste. Mais si tous peuvent essayer de monter aux premiers rangs, dire que tous doivent y arriver, c'est une chimère. Regardez-vous, Messieurs, vous vous connaissez bien entre vous, vous savez bien que vous n'avez pas tous la même force physique, la même aptitude professionnelle, la même ardeur au travail, la même intelligence. Vous savez que, bien que l'arène soit libre et libres les aspirations, tous ne peuvent arriver au succès qui, dans la vie, est la conséquence logique et nécessaire d'une naturelle et inévitable sélection.

D'autres, et de ceux-là je partage l'opinion, prônent, pour faciliter l'union du capital et du travail, un principe qu'ils considèrent comme une panacée : celui du partage des bénéfices. Oui, il est équitable que le travail ne soit pas rémunéré simplement par le salaire contractuel ; oui, n'en déplaise à cette loi économique dite de l'offre et de la demande, il est juste et bon que dans l'œuvre commune, le capital ne s'attribue pas la totalité du bénéfice réalisé, alors même qu'en cas de perte il est seul à la supporter.

Cela dit, vous êtes-vous jamais demandé si et comment notre compagnie applique ce principe ? Laissez-moi vous l'indiquer : Depuis un certain nombre d'années et pour un certain espace de temps sans doute, le dividende de nos actions est de 55 fr., fixant ainsi à 44 millions le revenu annuellement distribué au capital ; mais par ailleurs, et je dois le dire, aux applaudissements de ces actionnaires *fainéants et rapaces*, notre conseil d'administration consacre à secourir les malades, les éprouvés de la vie, à aider les familles nombreuses, à assurer par une retraite l'avenir de tous, des sommes qui, elles, s'accroissent d'année en année et représentent actuellement 16 millions. Ces deux sommes réunies, 60 millions, représentent le bénéfice net de l'opération due à la collaboration et à l'entente du capital et du travail.

Si le Capital s'en tenait à l'application stricte de la plus incontestable des lois de la nature et de l'économie sociale, de la loi de l'offre et de la demande, s'il se considérait comme quitte vis-à-vis des travailleurs quand il leur a soldé les salaires convenus lors de la passation du contrat de travail, c'est cette somme de 60 millions qu'il aurait à s'attribuer ; ce serait excessif peut-être, immoral si l'on veut, ce serait à coup sûr légitime. Mais une pareille idée n'est jamais entrée dans la tête des représentants du capital, et leur premier soin est, sur le bénéfice réalisé, de prélever un quart environ pour le distribuer entre ses collaborateurs en vue d'adoucir, pour ceux qui en ont besoin, les épreuves du présent et, pour tous, d'assurer l'avenir. Y aviez-vous réfléchi ?

En appelant votre attention sur ces faits, sur la façon dont, depuis l'origine de notre compagnie, l'élément *capital* nous applique, à nous tous qui formons l'élément *travail*, manuel ou intellectuel, le principe humain et moral de la participation aux bénéfices, je n'ai la prétention de faire la leçon à personne, j'entends vous rappeler seulement ce que vous savez et sentez, que les compagnies de chemins de fer sont un patron intelligent et bon, et que si tous les valaient les choses n'en iraient pas plus mal. Célébrons donc une fois de plus cette fête de l'union si nécessaire au succès de notre compagnie et de la concorde entre tous les travailleurs, grands et petits, qui font valoir son capital.

DISCOURS DE RÉCEPTION
A
L'ACADÉMIE DE MARSEILLE
29 Janvier 1905

Messieurs,

Il est de tradition quand on a quelques notions d'histoire moderne et qu'on est le héros de certaine aventure surprenante, de rappeler le mot de l'ambassadeur génois qui, admis à la Cour du grand roi, déclarait que parmi les émerveillements de ce Versailles fastueux, ce qui l'étonnait le plus était de s'y voir. Je n'aurai garde de manquer à cette tradition vénérable, mais si j'éprouve de votre choix une surprise et un embarras que je ne saurais dissimuler, il n'est pas défendu, quand on a l'habitude des raisonnements mathématiques, et c'est dans la classe des Sciences que vous avez bien voulu m'admettre, de chercher l'explication des faits, surtout lorsqu'ils s'écartent des règles dont les Académies sont, par essence, les gardiennes, de celle en particulier, qui astreint à la résidence vos membres titulaires.

Mes relations à Marseille, le fait de l'avoir adoptée pour ma seconde patrie, de lui avoir confié pour l'éternel repos la plupart de ceux qui m'ont été chers et qui m'attendent sous les pinèdes de Saint-Pierre, ne suffisent pas à justifier votre choix; car vous rayez de vos rangs ceux d'entre vous qui, plus que moi Marseillais, de naissance sinon de cœur, abandonnent votre Cité, même pour porter à Paris, ce patrimoine de tous, l'activité de leur esprit dans le domaine de la politique ou des affaires.

Je ne puis donc voir dans un choix qui m'honore profondément qu'un hommage indirect à cette grande compagnie P.-L.-M. que je sers depuis si longtemps et à laquelle déjà je devais tant. Vous lui accordez une quasi-ubiquité; et de même que, pour ses litiges, elle peut être assignée partout où elle compte un établissement principal, et Marseille en est à coup sûr le plus important, vous avez donné à son directeur le privilège de l'extra-territorialité en considérant qu'il est chez lui dans tous les points de son vaste réseau.

Laissez-moi donc remercier après vous, Messieurs, la Compagnie à laquelle sont allés en réalité vos suffrages, cette Compagnie que l'on aime ici et à laquelle, par suite, on applique parfois le proverbe : *Qui aime bien châtie bien*, cette compagnie qui considère Marseille comme le plus beau fleuron de sa couronne commerciale, se réjouit de ses gloires et de ses succès, compatit à ses épreuves qui deviennent les siennes propres et joint ses efforts à ceux de vos commerçants, lorsque, comme naguère, fondent sur elle des crises redoutables, capables de compromettre votre vieille prééminence commerciale et maritime.

Je suis d'autant plus fier de votre choix que vous m'appelez à succéder à un savant, qui a été l'une des lumières de la science et l'honneur de votre compagnie.

Marion avait été élevé au collège d'Aix, sa ville natale; son esprit original et chercheur s'accommodant mal d'un système qui soumet à un même régime toutes les intelligences, dès l'âge de 14 ans, il suit les cours de votre Faculté des sciences; à 16 ans, grâce au patronage du marquis de Saporta qui avait deviné les rares qualités de l'enfant dont il devait plus tard se faire l'actif collaborateur, il y devient préparateur d'histoire naturelle et dès cette époque, nourri dans le sérail, il assigne un but à son ambition, celui de devenir professeur dans cette Faculté dont nul plus que lui ne pouvait se dire le fils. A 24 ans, en 1870, il s'y fait recevoir docteur et sa thèse sur les Nématodes libres marins attire l'attention de l'Académie des sciences qui lui décerne le prix Bordin. Il aurait voulu professer la géologie qui lui avait fourni, dès 1867, le sujet de ses deux premiers mémoires scientifiques sur l'ancienneté de l'homme dans les Bouches-du-Rhône et sur la faune quaternaire de la Provence et, plus tard, de ses études, en collaboration avec Saporta, sur les flores fossiles de Gelinden et de Meximieux. Les circonstances en décidèrent autrement et quand, en 1876, il réalisa son rêve d'adolescent, c'est la chaire de zoologie qui lui fut confiée ; il la conserva pendant vingt-quatre années jusqu'à sa mort.

Frappé dès l'abord par la portée philosophique de la doctrine, nouvelle alors et dont on a tant abusé depuis, de l'évolution, il se consacre à l'étude expérimentale des animaux inférieurs, des invertébrés marins. « *Ajoutant aux faits classiques*, a dit de lui son collègue M. Jourdan, *les acquisitions de l'embryogénie comparée, il fait de son cours une œuvre vraiment personnelle ; l'attrait de ses leçons du soir y retient non seulement ses élèves, mais les gens du monde captivés par les vues inattendues ouvertes devant eux sur un monde mystérieux et inconnu, séduits par une incomparable facilité d'élocution, par son âme d'artiste qui rendait faciles les sujets les plus abstraits de son domaine.* »

En 1884, l'Académie des sciences lui décerne le grand prix des sciences physiques pour son magistral mémoire sur le *mode de distribution des animaux marins du sud de la France*, résultat de dix années de patientes investigations et de savantes études dans ce laboratoire d'Endoume qu'il a fondé et qu'ont fréquenté, à la suite de Kowalevski, son disciple de prédilection, tous les naturalistes de l'Europe. En 1887 il devenait membre correspondant de l'Institut.

Naturaliste passionné, il avait exploré l'immense domaine des sciences d'observation, géologie, zoologie, paléontologie végétale, quand le phylloxera,

Un mal qui répand la terreur...
Déclare aux vignerons la guerre

et dévaste avec une foudroyante rapidité les vignobles du Midi. La compagnie des chemins de fer P.-L.-M. s'émeut du fléau qui menace l'une des sources les plus importantes de son trafic et c'est à l'éminent naturaliste, votre confrère, que M. Talabot, son directeur général, demande aide et concours contre les terribles ravages d'un microscopique puceron. Pouvait-il faire mieux ? Marion étudie les mœurs du redoutable insecte, ses transformations, ses migrations ; il trouve dans le sulfure de carbone l'élément toxique qui doit le détruire et invente les appareils qui doivent le porter jusqu'aux radicelles sur lesquelles la larve se fixe pour y pomper le suc vital de la vigne. Le succès couronne ses efforts, mais les étendues à protéger sont immenses, le remède n'est pas toujours à la portée des petits agriculteurs qui, au lieu de détruire l'ennemi, préfèrent substituer aux anciennes vignes, trop coûteuses à défendre, des cépages nouveaux importés d'Amérique, qui s'accommodent de sa présence. Les travaux de Marion, du moins, ont ouvert la voie des discussions, des recherches qui ont amené la reconstitution de notre vignoble et le sulfure de carbone, jusque-là produit de laboratoire, grâce à lui fabriqué à grande échelle dans des usines spéciales, est devenu l'élément d'une nouvelle industrie provençale, qui extrait des tourteaux de toutes les graines oléagineuses les importantes quantités d'huiles qu'ils contiennent encore et qui leur étaient jusqu'alors abandonnées.

Dans tous ses travaux, Marion était aidé, encouragé, soutenu par l'ange de son foyer, une fille unique, confidente de ses pensées, compagne de ses voyages d'exploration scientifique. La mort la frappa de son aile et la lui ravit en pleine jeunesse et ce fut un coup qu'il se sentit incapable de supporter. La science perdit pour lui ses attraits ; dans ses recherches solitaires il revoyait sans cesse le doux visage de l'enfant disparue ; ne trouvant plus le soutien d'une main si chère, le savant cessa de produire et ne fut plus que le père frappé d'une incurable douleur. Et quand, en 1900, à moins d'un an d'intervalle, la mort revint à son foyer pour le réunir à sa fille bien-aimée, il l'accueillit libératrice.

Marion a occupé pendant dix-huit ans au milieu de vous, Messieurs, le fauteuil que vous m'avez attribué ; avant lui, l'abbé Aoust l'avait conservé dix-sept ans et de Montricher douze ; il y a quelques chances pour que je l'occupe moins longtemps.

En remplaçant un savant de profession par un ingénieur, vous indiquez une fois de plus, Messieurs, que les grandes applications de la science ne vous touchent pas moins que les recherches purement scientifiques. — Vous avez voulu voir en moi le continuateur d'un homme d'action dont, à propos du phylloxera, tout à l'heure je prononçais le nom ; en moi vous avez choisi un survivant d'une époque glorieuse pour votre ville, d'une pléiade d'ingénieurs qui ont bien mérité d'elle. Je crois donc répondre à votre secret désir en essayant de revivre avec vous cette époque déjà lointaine, en vous parlant d'eux, de Talabot, le premier d'entre eux par sa longue existence, par l'importance et la variété de ses travaux, et de ceux que je me permettrai d'appeler ses brillants satellites, de Montricher, Desplaces, Pascal, Audibert, Tassy, dont les noms vous sont chers, et dont plusieurs ont compté dans les rangs de votre Compagnie.

Paulin Talabot naquit en 1799. A sa sortie de l'école des Ponts et Chaussées et après quelques années consacrées à Decize à la construction du canal latéral à la Loire, il est appelé, en 1829, à Nîmes par le maréchal Soult, pour refaire et compléter le canal de Beaucaire. Dès ce jour il devient Provençal, et toutes ses aspirations, toutes les ressources de son esprit s'orientent vers Marseille, son développement, sa grandeur. A peine connaît-il les résultats du célèbre concours de Manchester (1829), où Stephenson avait montré la possibilité d'appliquer la vapeur à la traction sur des voies de fer, il conçoit l'idée d'amener à Marseille les houilles nécessaires au développement de sa navigation, à la création de son industrie. Dès 1830, il étudie le chemin de fer qui, de la Grand'Combe, doit les amener à Beaucaire, d'où le Rhône les descendra à Marseille ; il en devient adjudicataire en 1838, et, quatre ans plus tard, avec l'aide des principales maisons de commerce de Nîmes et de Marseille, il constitue la société des Mines de la Grand'Combe et des Chemins de fer du Gard ; les descendants de ses fondateurs vivent au milieu de vous, Messieurs, et les noms de Fraissinet et Roux, Jean Luce, Delord, Fournier frères et Joseph Ricard vous sont familiers. Les travaux, confiés à l'ami le plus fidèle de Talabot, j'ai nommé Didion qui devait s'allier ici, comme je l'ai fait moi-même, à la famille du dernier des fondateurs, sont poussés si activement que la section de Nîmes à Beaucaire est livrée à l'exploitation en 1839, et l'année suivante, celle de Nîmes à la Grand'Combe.

A la même époque, un grave problème s'imposait aux préoccupations de l'édilité marseillaise. Les Grecs, dont vous êtes issus, ne s'étaient pas préoccupés d'assurer à leurs villes, à leurs colonies, ce que, dès l'origine de leur histoire, les Romains avaient considéré comme l'élément primordial de la salubrité pour les habitations, de la fertilité pour les campagnes. L'eau manquait à Marseille, les terres qui l'entourent, brûlées par le soleil et balayées par le vent, étaient sèches et stériles. Une dérivation du Jarret remontant au xe siècle, une de l'Huveaune au xvie, la source de la Rose, étaient seules à fournir à ses habitants une eau rare, à peine suffisante à leur alimentation ; le reste, on avait dû s'habituer à le considérer comme du luxe : la déesse Hygie n'y avait pas de temples et lorsque le mistral bienfaisant se faisait trop longtemps désirer (sine vento venenosa, disait Pétrarque) les... pestilences dont s'emplissent les maisons et les rues facilitaient des épidémies dont quelques-unes ont fait à votre ville une trop funeste célébrité.

Difficile était le problème ; dès le XVII° siècle, Adam de Craponne avait projeté d'amener à Marseille les eaux de la Durance. Deux cents ans plus tard, en 1835, son idée fut reprise par la municipalité qui avait alors à sa tête un homme d'initiative dont vous saluez le nom avec reconnaissance ; M. Consolat eut l'heureuse fortune de trouver sous sa main, celui qui devait la réaliser.

Depuis quelque temps, se trouvait à Marseille un ingénieur dont la famille, Suisse d'origine, y avait été attirée par ses affaires commerciales. Élève d'un maître dont le nom est bien connu de vous tous, M. de La Souchère, Frantz de Montricher avait quelque temps cherché sa voie. Devait-il être peintre, chimiste, musicien? Il ne fut qu'ingénieur des Ponts et chaussées! Mais, éminent dans cette carrière comme il l'eût été sans doute dans les autres, il avait, dès son arrivée parmi vous, fixé l'attention et inspiré la confiance au point qu'en 1840, c'était à cet ingénieur de 30 ans que faisait allusion M. Consolat, lorsque, résumant dans un rapport définitif les longues études antérieures et proposant de lui en confier la réalisation, il écrivait : *Si donc des reproches d'imprudence et de témérité nous étaient adressés, nous aurions pour égide contre de pareilles attaques le corps illustre qui est une gloire de la France.* A quel point le jeune ingénieur sut justifier cette confiance, vous le savez, Messieurs, mais vous ne m'en voudrez pas de vous rappeler en quels termes, au retour d'une visite à ce merveilleux aqueduc de Roquefavour qui, sur ses trois rangs d'arcades superposées, franchit la vallée à 83 mètres de hauteur, et dont, comme souriante dans son élégance, la légèreté défiera l'attaque des siècles, Mery rendait compte de ses impressions à votre Académie... : *Désormais le pont du Gard* (1) *sera une sainte relique et ne sera plus un étonnement... Pour mener à fin le canal de Marseille, il fallait beaucoup plus qu'un ingénieur et un architecte, il fallait une organisation d'élite et en quelque sorte providentielle.* A cette

---

(1) Pont du Gard : 200 mètres de longueur, 47 de hauteur ; 3 rangs d'arcades.
Roquefavour : 380 mètres de longueur, 83 de hauteur ; 3 rangs d'arcades.

armée de travailleurs, il fallait un général doué de toutes les facultés qu'exigeait une campagne de sept ans, il fallait un homme jeune ayant, à son insu, l'imagination du poète corrigée par l'exactitude du mathématicien. Il fallait un esprit énergique, plein de cette noble confiance en lui, qui supprime l'hésitation dans la voix qui ordonne et dans la main qui exécute. Il fallait que l'expérience de l'âge mûr se trouvât à un degré supérieur dans un ingénieur inspirant la confiance, recueillant le respect, maître de l'œuvre et de l'ouvrier. Ceux qui ont vu M. de Montricher sur son chantier de vingt lieues diront que ce portrait est le sien. Le poète enthousiaste attend avec confiance l'homme positif ; à son retour, c'est le poète qui n'aura pas assez dit.

En 1847, l'eau de la Durance arrivait à Saint-Antoine ; en 1849, à Longchamp où, plus tard, pour la recevoir, le génie d'Espérandieu devait élever cette double colonnade à jour, merveilleuses Propylées, au pied de laquelle jaillissent des eaux que, n'étaient leur volume et les taureaux de Camargue, on croirait être celles de l'Ilyssus.

Cette œuvre gigantesque n'empêche pas de Montricher de se rappeler qu'en 1833, ses premiers travaux, sous les ordres de l'inspecteur général de Kermaingant, avaient eu pour objet l'étude d'un chemin de fer de Lyon à Marseille. Aussi prend-il énergiquement parti dans la lutte quand il s'agit, vers 1842, de fixer le tracé de la section d'Avignon à Marseille, qui devait prolonger jusqu'à vous, en supprimant l'intermédiaire trop capricieux du Rhône, le chemin de fer ouvert en 1840 de la Grand'Combe à Beaucaire.

Dès 1837, M. de Kermaingant avait proposé de l'établir par Arles et Martigues, en traversant l'étang de Caronte (comme nous allons le faire, soixante-dix ans plus tard, par notre ligne de Miramas à l'Estaque), et traversant, près de Gignac, la chaîne de la Nerthe. En 1840, MM. Talabot et Didion proposent le tracé actuel desservant Arles et Tarascon. En 1842, en pleine exécution du canal de Marseille, M. de Montricher leur oppose un tracé qui, d'Avignon, remontait la vallée de la Durance, et atteignait Rognac par Cavaillon et Salon (nous l'avons réalisé depuis comme ligne éventuelle de décharge du précédent). Il était soutenu par le conseil municipal de Marseille et ce n'est pas sans une certaine philosophie étonnée que nous relisons aujourd'hui les raisons sur lesquelles on s'appuyait, à cette époque où M. Thiers considérait les chemins de fer avec un dédain qui étonne chez un si grand esprit. *Si dans une assemblée quelconque*, disait le rapporteur, *on posait la question de l'utilité ou de la nécessité absolue des chemins de fer, il y aurait certainement divergence sur leur utilité, mais la réponse sur leur nécessité absolue serait positivement négative* (sic) ; *mais en prenant l'Europe telle qu'elle est aujourd'hui constituée, il faut s'y résoudre... Arles a déjà le Rhône, la vallée de la Durance n'a que le roulage... L'intérêt de Marseille se confond entièrement avec celui de la France, et si, par un mauvais choix dans le tracé du chemin de fer les vaisseaux désapprenaient la route qui conduit à son port, le nom de son héritière est connu : elle s'appelle Trieste.* Les temps ont changé, la lutte existe toujours, c'est la loi du monde ; mais, depuis cette époque, l'Italie est revenue à la vie et s'il ne faut pas, aujourd'hui plus qu'alors, parler d'héritière pour une succession non ouverte, ce n'est plus Trieste, c'est Gênes qui dispute à Marseille le sceptre de la Méditerranée.

Quelques petits esprits ont prêté autrefois à M. Talabot une certaine rancune de l'opposition de Montricher. Veut-on savoir de quelle manière ce grand esprit et ce grand cœur la lui ont manifestée? En 1856, il charge son adversaire d'antan, demeuré son ami, de l'étude des chemins de fer de l'Italie méridionale et quand, en 1858, écrasé par les fatigues et la fièvre contractée dans les travaux de dessèchement du lac Fucino, de Montricher meurt à Naples, à 48 ans, alors qu'il pouvait encore accomplir tant de grandes choses, c'est Paulin Talabot qui, avec le concours de Desplaces, continue et achève l'entreprise pour permettre à la famille de leur ami commun de revendiquer la rémunération due en fin de travaux.

Pendant que s'exécute la ligne d'Avignon à Marseille, Talabot se préoccupe d'en préparer l'exploitation ; avec cette intuition qui l'a toujours guidé dans le choix de ses collaborateurs, il distingue un jeune ingénieur marseillais, Edmond Audibert, et lui confie, en 1847, le soin de l'organiser. Avec quelle habileté et quelle puissance de travail Audibert s'est acquitté de cette tâche, avec quelle sagesse, secondé par Bargmann, il a créé les méthodes et les règlements de l'exploitation, les a appliqués aux lignes qui, en 1852, ont formé le réseau de Lyon à la Méditerranée, puis successivement étendus à celles qui, au nord et à l'est de Lyon, vers Paris et la Suisse, ont constitué avec les premières, le réseau P.-L.-M., je n'ai pas besoin de le rappeler ici. Devenu en 1862 directeur de l'exploitation du réseau unifié, en 1871, directeur de la Compagnie, il y fut tout, on peut le dire, grâce à l'empire qu'acquiert naturellement sur ses collaborateurs de tout rang, un chef qui n'ignore aucun détail de la tâche confiée à chacun d'eux. Il semblait qu'il dût longuement survivre à celui qui l'avait deviné et choisi. Il n'en fut rien : après vingt-six années d'un labeur opiniâtre et fécond, son heure vint, prématurée et, en 1873, épuisé par les émotions et les fatigues de l'année terrible, il mourait à 59 ans.

Pendant ces loisirs que lui faisait la précoce maturité d'Audibert, Paulin Talabot, nourri des idées des saint-simoniens, beaucoup plus encore qu'affilié à leur secte, étudiait une idée dès longtemps chère au Père Enfantin, celle du percement de l'isthme de Suez : sa raison se refusait à admettre, entre les deux mers à réunir, la grande différence de niveau qu'avaient annoncée les savants de l'expédition d'Egypte, et, en 1847, une mission par lui confiée à Bourdaloue, son ancien agent aux chemins de fer du Gard, établit la justesse de ses prévisions ; Talabot dresse alors un projet de cette œuvre colossale qu'il était réservé à un autre « Grand Français » de réaliser.

Dès 1843, Paulin Talabot s'était attaché un jeune ingénieur au doux et frais visage, dont l'intelligence était rapide à concevoir autant que la main l'était à exécuter, et dont il fit, pendant de longues années, son plus intime collaborateur. La section de Marseille à Avignon et son raccordement avec Beaucaire, comportaient deux ouvrages d'une importance peu ordinaire : le souterrain de la Nerthe, dont la longueur n'avait encore jamais été atteinte, dans les chemins de fer d'aucun pays, et le pont sur le Rhône, destiné à relier Beaucaire à Tarascon. Du souterrain, Talabot s'occupa lui-même, et l'on peut dire qu'il fixa de sa main tous les détails d'exécution devenus, depuis, familiers à tous les ingénieurs : le viaduc de Tarascon n'excitait pas moins sa sollicitude à une époque où l'on ne connaissait ni les fondations à l'air comprimé, ni l'art d'assembler de longues poutres en treillis de fer ou d'acier.

A ceux qui considèrent Paulin Talabot comme un administrateur et un financier, plus que comme un technicien possédant tous les secrets de son art, je souhaite de pouvoir relire le programme des expériences qu'il traça lui-même et que réalisa un collaborateur auquel cependant il aurait pu se contenter d'exposer les grandes lignes, car ce collaborateur dont le nom revit parmi vous, « un autre moi-même » comme il aimait à l'appeler, était de ceux qui comprennent à demi-mot et lisent sur les lèvres : c'était Gustave Desplaces.

Toutes les expériences sur la résistance des voussoirs et des voûtes en fonte, sur la meilleure forme à leur donner pour réaliser, avec un minimum de poids, un maximum de résistance, Desplaces les dirigea avec une merveilleuse sagacité ; la construction, au milieu d'incidents et de difficultés sans nombre, d'un viaduc qui n'avait de précédent dans aucun pays, fut son œuvre exclusive, et son nom donné à la place voisine de la gare de Tarascon fut le juste hommage de reconnaissance de la cité.

Toutes les lignes qui, de Marseille, se dirigent vers Avignon, vers l'Italie, vers les Alpes, furent son œuvre achevée par Tassy ; architecte autant qu'ingénieur, c'est à lui que nous devons la construction des gares de Marseille, de l'immense magasin des docks, des bassins de radoub du cap Pinède. Cette brillante carrière fut, hélas! trop tôt interrompue ; en 1869, à 49 ans, il mourait à Marseille. Pour vous, Messieurs, il n'est pas mort tout entier. Vous avez le fils, j'ai voulu vous rappeler ce que fut le père !

Les Docks, dont je viens de prononcer le nom, furent aussi là conception de Paulin Talabot ; c'était, pour lui, le complément du chemin de fer qui desservait votre grand port. Jusqu'en 1854, les marchandises en provenance de la mer s'entreposaient dans une série de magasins particuliers dont, depuis plus d'un demi-siècle, la loi de floréal an XI avait prescrit la réunion en un seul corps de bâtiment. La ville obtient de l'Etat les terrains de l'ancien lazaret, avec l'obligation d'y établir un dock ; elle en concède la construction et l'exploitation à une société constituée par Paulin Talabot, Béhic, Simons, Rey de Foresta. Desplaces est chargé d'établir les bâtiments et les bassins de radoub ; quant aux ouvrages maritimes, ils étaient en bonnes mains.

Depuis 1844, en effet, l'étude des développements à donner aux ports de Marseille avait été confiée à un jeune ingénieur, âgé alors de 29 ans, que vous avez tous connu. L'insuffisance du vieux port des Phocéens sautait aux yeux ; on y voulait adjoindre un bassin spécialement réservé aux bateaux à vapeur. *Avec la hauteur de vues qui a caractérisé toutes ses œuvres, Pascal comprit qu'il s'agissait de créer autre chose qu'un bassin auxiliaire. Il conçut un plan d'ensemble comprenant une série de bassins échelonnés le long de la côte, susceptibles d'être exécutés par partie au fur et à mesure des besoins et dont le bassin de la Joliette formerait le premier élément. C'est à lui qu'on doit ces magnifiques bassins qui, par la grandeur de leurs proportions, l'harmonie de leurs dispositions, font l'admiration du monde entier.* Nul n'était plus autorisé à lui rendre cet hommage que l'un des vôtres, Messieurs, son continuateur, M. Guérard, dont, ne pouvant mieux dire ni mieux juger, je reproduis les paroles.

D'accord avec Paulin Talabot, Pascal construit, de 1856 à 1863, tous les bassins nécessaires à l'exploitation des docks ; les bassins de radoub ne devaient être achevés qu'en 1871 ; dès 1856, il affecte à la réparation des navires le canal du fort Saint-Jean qui relie le vieux port à la Joliette, et, jusqu'en 1874, dirige, avec une incomparable maîtrise, tous les travaux de votre grand port. Il y acquiert une telle notoriété que tous les pays d'Europe, pour ainsi dire, font appel à sa haute expérience : l'Italie en 1858 pour la Spezzia, l'Egypte en 1863 pour les travaux de Port-Saïd, la Grèce et la Turquie pour les ports de Syra et Patras, de Salonique, Constantinople et Varna, l'Autriche en 1870 pour ceux de Fiume et Trieste ; le duc de Galiera, enfin, en 1875, lui confie le soin de dresser le plan du grand port que sa filiale munificence offrait à Gênes, sa ville natale.

Inspecteur général des ponts et chaussées en 1874, secrétaire général du ministère des Travaux publics, honorant hautement son pays, votre Académie qui, en 1865, lui avait ouvert ses portes, il s'éteignit doucement à 81 ans, fidèle à ses principes, à ses amis.

Paulin Talabot comptait parmi les plus sûrs ; épris comme lui de Marseille, ardemment confiant dans son avenir, jaloux de son développement et de sa prospérité, il ne se contente pas de l'avoir dotée d'un chemin de fer, de l'instrument de ses échanges avec la mer ; il voit de l'autre côté de la Méditerranée, dans notre grande colonie algérienne, l'un des éléments les plus sûrs de sa richesse ; il y installe, en 1863, les premiers chemins de fer desservant les trois ports d'Alger, Oran et Philippeville. En 1867, il crée, à l'est de nos possessions, une société pour l'exploitation du puissant gisement de fer magnétique de Mokta el Hadid, un chemin de fer pour le relier au port de Bône, la Compagnie marseillaise des transports maritimes à vapeur pour en exporter les produits.

Quelques années plus tard, à l'autre extrémité de l'Algérie, à la frontière du Maroc, il organise l'exploitation du gisement, plus remarquable encore, de la Tafna et crée, pour faciliter l'embarquement de ses minerais, le grand port de Beni Saf.

Après tant d'efforts dans lesquels il n'est pas malaisé de voir l'unité d'un dessein constant, toujours orienté vers la grandeur et la gloire de Marseille, Talabot songea-t-il à se reposer au milieu de ses lauriers? Un instant on put le croire.

Sur le sommet de la haute colline qui, du côté sud, domine la ville, s'élève une chapelle qu'entoure depuis longtemps la vénération des Marseillais; une tour carrée la couronne, surmontée de la statue de celle qu'ils appellent *la bonne mère de la Garde*. Pour tous ceux qui n'ont pas oublié la vieille chanson qui berça leur enfance, c'est un lieu de pèlerinage; les matelots la regardent comme leur protectrice, et quand leur navire perd les côtes de vue, cette statue d'or illuminée par les rayons du soleil est le dernier signe qui les relie à la terre, ils lui recommandent ceux qu'ils aiment et laissent derrière eux dans l'incertitude du revoir. Au retour, c'est elle qu'ils distinguent la première, scintillant aux premières lueurs du jour, par-dessus les brumes du golfe. Pour les *terriens*, c'est une vigie dont les pavillons multicolores, tordus par le vent, signalent l'arrivée des navires attendus. Pour les étrangers qui veulent se faire une idée de l'étendue de la grande ville et de la disposition de ses ports, c'est un splendide observatoire qui, de l'île de Maïre au cap Couronne, domine tout le golfe de Marseille. Son pourtour, jadis rocheux, stérile et dénudé, est couvert aujourd'hui de jardins, de villas ou de cabanons, et il semble que le génie des Talabot, des Montricher, des Desplaces, des Pascal, se soit entendu pour étaler au pied des visiteurs le plus merveilleusement varié des panoramas. La paix majestueuse du lieu de pèlerinage contraste avec l'incessante agitation des ports et des gares; le silence que rien ne trouble avec le bruit de la ville, le fracas des marteaux, le roulement des chars ; l'air pur, parfois violemment renouvelé, avec les fumées nuit et jour vomies par les hautes cheminées immobiles des usines, et les blancs panaches de vapeur promenés dans l'espace par nos locomotives.

Au-dessous de cette chapelle, sur le versant qui regarde l'horizon infini de la mer d'Azur et l'enchevêtrement des montagnes de marbre qui, de Marseille à Toulon, font un rempart à la vallée de l'Huveaune, Paulin Talabot s'était choisi un large espace couvert d'un embryon de végétation forestière. Il y avait ramené la terre végétale dont les siècles l'avaient dépouillé, l'eau de la Durance l'arrosait à profusion, grâce à de Montricher, et s'échappait à la mer en bondissantes cascatelles, le soleil de Provence faisait le reste, et, en peu d'années, transformait ce *Secadou* en un vallon ombreux où croissait à l'envi, importé du jardin d'essai d'Alger (encore une de ses créations), un fouillis de fleurs tropicales et d'arbres exotiques. Une fois constitué ce jardin du Paradis reconquis, il couronnait le sommet de la colline d'une villa que, par un modeste euphémisme, il appelait la Bastide du Roucas blanc.

Là, il eût été doux de vivre et de se reposer, en face d'un des plus beaux spectacles de la nature, au milieu des artistes et des poètes qu'attirait, Mery à leur tête, cette demeure hospitalière. Paulin Talabot y songea-t-il? Un instant peut-être, mais il était de ceux auxquels le démon des affaires interdit le repos. Une catastrophe imprévue devait, d'ailleurs, le replonger dans le courant et dire : Marche! à celui pour lequel l'oisiveté eût été la plus grave et sans doute la plus expéditive des maladies. Audibert mourait, en 1873, et, sans hésitation, sans inutiles regrets, à 74 ans, Talabot se remettant à ce qui avait été l'œuvre de sa jeunesse, reprenait le gouvernail; longtemps encore, il le conservait dans ses mains puissantes, jusqu'au jour où, frappé de cécité, il crut utile et sage de le confier à des mains autrement débiles, mais du moins, à cette époque, riches, à défaut de mieux, de bon vouloir et de jeunesse.

J'ai dit ce qu'avaient fait au milieu de vous, Messieurs, les quelques hommes dont j'ai rappelé l'histoire. D'où étaient-ils sortis ? Etaient-ils, par leur origine, prédestinés en quelque sorte au rôle qu'ils ont joué? Ont-ils eu des prédécesseurs dans leur famille? Ont-ils été continués dans leur descendance?

Le père de Talabot était président du tribunal de Limoges; celui de Montricher, négociant; le père d'Audibert, neveu du chevalier Roze d'héroïque mémoire à Marseille, était inspecteur des douanes ; le père de Pascal, agriculteur en Vaucluse : celui de Desplaces, neveu de Montgolfier et de Seguin, avait été secrétaire du baron d'Haussez, ministre de la Marine sous Charles X.

Ce n'est donc pas l'atavisme, mais plutôt, comme il arrive le plus souvent, les circonstances, qui les ont orientés dans la voie qu'ils ont brillamment parcourue; un incident, une rencontre, un conseil, peut-être la simple vue de ce brillant et sévère uniforme de l'Ecole polytechnique porté par quelques-uns de leurs devanciers a pu leur donner l'idée de se présenter à cette école célèbre qui depuis cent dix ans a été, pour notre pays, une inépuisable pépinière de savants, d'ingénieurs, d'officiers de ses armes spéciales.

Si nos amis n'ont pas continué leurs ascendants, qu'ont-ils laissé d'eux-mêmes, je ne dis pas à leurs enfants d'adoption, à leurs élèves qu'ils ont, ceux-là, librement choisis, discernés, nourris de leur expérience, mais à leur descendance suivant la nature, à leurs fils?

Paulin Talabot n'a pas laissé d'enfants. Le fils de de Montricher est entré à l'école qui l'avait formé lui-même ; comme lui il siège parmi vous et, par un troisième semblant d'atavisme, s'il a abandonné l'industrie des chemins de fer, où il était mon collaborateur avant qu'ici je ne devinsse son confrère, c'est pour s'occuper de cette grande tâche de l'assainissement de Marseille à laquelle le père avait consacré sa vie. Pascal a laissé un fils qui a préféré les travaux de Mars aux lauriers de l'hydraulique. Quant au fils de Desplaces, l'esprit souffle où il veut, c'est un penseur. Dieu me garde de dire un rêveur, car son premier ouvrage sur le « Rôle des Chambres Hautes dans les pays de régime parlementaire » est d'un homme aussi éveillé que réfléchi ; tout récemment, il a mis son talent remarquable d'expressives descriptions au service du plus noble sentiment que l'on puisse défendre contre l'esprit utilitaire de notre époque : le désintéressement. Et bien que son héros le pratique avec un peu d'excès, ce n'est pas rêver que penser et dire, que l'homme est plus heureux encore par la générosité, même maladroite, que par le calcul et l'égoïsme.

C'est que la *Loi d'atavisme* est plus vraie dans le monde physique que dans le monde intellectuel ou moral.

L'acte de la création peut bien donner et donne souvent, en effet, la ressemblance matérielle, les qualités ou les tares physiques soit du père, soit de la mère. Il ne va jamais plus loin chez l'animal, pas souvent chez l'homme.

De l'animal, nous admirons l'instinct parfois merveilleux, surtout chez certains insectes hyménoptères étudiés par les Hubert et les J.-H. Fabre ; mais cet instinct, l'animal ne l'acquiert pas, il le possède de suite tout entier ; il ne dépend de lui, ni de le créer, ni de le développer ; il possède la vie et, comme une sorte de fonction matérielle, les moyens parfois surprenants de la défendre, de l'assurer à ses produits ; il n'a pas la faculté d'apprendre, de raisonner, parce qu'il n'a pas la raison.

L'homme la possède : c'est elle qui, dans sa faiblesse physique, fait sa force, sa grandeur morale, sa perfectibilité pour ainsi dire sans limites ; mais si c'est l'élément qui le caractérise, si elle fait de lui un être à part, c'est d'en haut qu'il la reçoit ; il ne peut qu'en user, bien ou mal, à sa guise.

Nous en plaçons le siège dans le cerveau, et avec raison, car l'expérience montre qu'aux lésions cérébrales correspondent, non seulement les désordres physiques, mais aussi les déchéances intellectuelles. Mais tout n'est pas là, dans le poids de la matière cérébrale, dans sa nature, dans ses circonvolutions ; tout est dans ce *l'on ne sait quoi* qui fait qu'avec une matière identique à celle que souvent possède l'animal, l'homme pense, réfléchit, parle et progresse.

Au cerveau bien conformé du père correspond, en général, chez le fils, un cerveau bien conformé ; mais c'est tout ce qu'on peut dire, et Celui-là seul lui donne sa capacité, son orientation spéciales qui a créé la faculté de penser, de sentir et de raisonner.

Il n'est donc pas étonnant qu'à part certaines exceptions remarquables, et remarquées précisément parce qu'elles sont fort exceptionnelles, les fils n'aient pas les mêmes aptitudes et ne suivent pas la même carrière que leurs pères.

Dans quelle limite, du moins, l'influence paternelle doit-elle, peut-elle se faire sentir ?

L'ancienne loi, grecque ou romaine, donnait au père les droits les plus absolus sur l'enfant, admettant sans doute que son affection, son expérience de la vie, de la vie qu'il lui a donnée, faisait de lui le guide le plus éclairé, le plus compétent et le plus sûr. Elle faisait absolument abstraction du droit de l'enfant qu'a revendiqué énergiquement l'esprit chrétien : ... *Dans la conduite de vos familles*, disait Bourdaloue dans son sermon sur le devoir des pères, *jamais ne portez atteinte au droit de vos enfants. Laissez leur la même liberté que vous avez souhaitée, et dont peut-être vous avez été si jaloux. Dieu ne vous oblige point à les faire riches, mais il vous ordonne de les laisser libres. Un père dans sa famille n'est pas le distributeur des vocations.*

Du droit du père, du droit de l'enfant, nos récentes lois semblent faire également bon marché, c'est surtout le droit de l'Etat qu'elles proclament. Elles ne vont pas encore, elles n'iront pas, je l'espère, jusqu'à donner à l'Etat, comme le voulait certaine secte soi-disant philosophique, le droit de choisir les carrières de chacun.

Les carrières, l'éducation les prépare, mais les circonstances les déterminent plus souvent que ce qu'on appelle la Vocation. Qu'elle existe parfois, l'on n'en saurait douter : Giotto était né peintre, Puget sculpteur, Mozart musicien, Victor Hugo poète, Joseph Bertrand mathématicien, et je serais étonné si, dès le berceau, les muses aux lèvres de miel n'avaient pas été les compagnes des deux poètes, nos glorieux confrères, dont l'un, dans son harmonieuse langue provençale, nous a chanté la touchante histoire de Mireille et dont l'autre, avec une puissance de romanesque invention que j'espère inépuisable, nous a conté les rêves de la Princesse Lointaine et de la Samaritaine et la verve endiablée de Cyrano de Bergerac. Mais ces enfants prodiges, lorsqu'ils ne meurent pas jeunes, écrasés par la précocité même du génie, sont des exceptions. C'est, semble-t-il, le propre de l'art ou de la science pure de les produire, on naît poète ou musicien, peintre ou mathématicien, on ne le devient pas ; on ne naît pas négociant, avocat ou médecin... pas même ingénieur : tous le peuvent devenir, le travail aidant et aussi les circonstances.

En dehors de ces génies prédestinés qui tracent en fulgurants jalons la marche de l'humanité, la masse, avec une intelligence moyenne que l'homme ne crée pas, mais qu'il dépend singulièrement de lui de développer et de féconder, a des aptitudes moyennes plus ou moins latentes, plus ou moins accusées. C'est le talent des pères de les savoir discerner, c'est leur devoir de les mettre en valeur par l'éducation ; c'est la difficulté aussi de la donner avec discernement, car dans l'intelligence il est des degrés, et il ne sert à rien de semer des graines précieuses dans un terrain mal préparé ; elles s'y dessèchent stériles.

C'est qu'en effet en dehors des droits politiques, et c'est un terrain que je ne veux pas aborder d'ailleurs, l'inégalité est la loi du monde, le principe et l'essence de toutes les sociétés, et si, par un miracle qui n'est pas près de se réaliser, l'égalité pouvait exister un jour entre les citoyens d'un même pays, égalité par en bas ou égalité dans une commune médiocrité, elle serait dès le lendemain rompue par la force des choses, par l'effet de cette loi divine, morale, humaine, comme vous voudrez l'appeler, qui veut que, sans égard pour le rang ou la fortune léguée, les incapables, les faibles et les paresseux s'abaissent, tandis que, de haute et loyale lutte, s'élèvent les capables et les vaillants (1).

C'est donc le devoir des pères, en vue des luttes inévitables de la vie, d'armer leurs fils par l'éducation qui développe et meuble l'esprit, exalte l'intelligence, donne la confiance aux enfants à la veille de devenir des hommes, et les met à même,

---

(1) J'ai dit que je ne voulais pas aborder le terrain politique ; ce n'est pas faillir à ma promesse que de vous conter un fait divers dont l'un de vos plus illustres compatriotes fut le héros, et qui en dit long sur la valeur de l'égalité en matière de suffrage. C'était en 1873, les électeurs du VIIIᵉ arrondissement de Paris, appelés à élire un député, avaient à choisir entre M. de Rémusat et M. Barodet. A la fin de la journée, M. Thiers, Président de la République et ami du premier, veut remplir ses devoirs d'électeur ; au moment où, dans la cour de l'Elysée, il ouvre la portière de son coupé, il s'adresse à son cocher dont les vieux services autorisaient le libre parler : « Joseph, vous votez, je suppose, pour M. de Rémusat? — Ma foi non, Monsieur le Président, moi, je vote pour Barodet. — Ah! alors, Joseph, vous pouvez dételer, nous avons voté. »

en s'efforçant de les rendre aptes à tout (parfois, hélas ! à rien, malgré tous les sacrifices) de s'orienter dans le choix d'une carrière.

C'est ce qu'ont eu la sagesse de faire ceux que j'ai essayé de faire revivre devant vous ; ils ont compris, avec Bourdaloue, *qu'un père dans la famille n'est pas le distributeur des vocations.* En nous rappelant naguère ce précepte, M. Brunetière ajoutait : *Souvenez-vous, à l'âge où les vocations se décident, combien peut-être il vous a fallu soutenir de luttes pour échapper, par exemple, à la profession paternelle qu'on voulait vous imposer; une vocation forcée, c'est une vie manquée.* Ceux dont je parle s'en sont souvenu. Ils n'ont pas voulu, contre vents et marées, faire de leurs fils les continuateurs de leur œuvre, ils se sont contentés d'en faire des citoyens instruits, travailleurs, utiles à leur pays.

Ils ont bien fait. Certains noms, d'ailleurs, sont difficiles à porter et leur illustration difficile à soutenir. D'un père éminent ou seulement bien servi par les circonstances, les fils doivent se souvenir et s'inspirer, ils ne doivent pas, en général, essayer de suivre sa trace. Et pour terminer cette trop longue conférence, laissez-moi vous citer un mot qui me touche de près : deux amis du lycée Condorcet se rencontrent naguère, on refait connaissance, on s'enquiert des camarades oubliés ou disparus : Que fait Pierre Lalo, dit le premier ; un nouveau *Roi d'Ys ?* de la musique ? — De la musique! reprend vivement son interlocuteur, c'est comme si je faisais du chemin de fer ! Cet interlocuteur, vous le devinez peut-être, c'était celui que vous avez récemment accueilli comme membre correspondant de votre compagnie. Et puisque votre statut le réduit au silence, j'ai voulu vous montrer qu'il n'était pas, tout au moins, dépourvu de bon sens. Que ce soit, Messieurs, son remerciement et le mien pour le grand honneur que vous nous avez fait à tous deux.

OBSÈQUES

DE

M. PAULIN TALABOT

Directeur Général de la C¹ᵉ P. L. M.

24 mars 1885

Messieurs,

C'est au nom du nombreux personnel de la Compagnie Paris-Lyon-Méditerranée que je viens rendre un dernier hommage à celui qui, si longtemps, fut son chef et dont le nom, populaire et aimé à tous les degrés de la hiérarchie, personnifiera longtemps encore la Compagnie qu'il a fondée et dont, pendant près de quarante ans, il a dirigé tous les services.

La vie de l'homme qu'accompagnent ici nos regrets a été exclusivement consacrée au travail ; elle est de celles dont il faut conserver le souvenir, parce qu'elles honorent un pays et une époque. Un petit nombre parmi nous en ont vu les débuts, beaucoup en ont connu l'apogée ; qu'il me soit permis de la retracer brièvement, pour les plus jeunes surtout, qui n'ont guère connu que de réputation ce champion des premières luttes de notre laborieuse industrie.

M. Paulin Talabot est né à Limoges, en 1799. C'était un véritable et digne enfant de ces fortes populations du centre de la France et il en possédait au plus haut degré les précieuses qualités. Apreté au travail, persévérance dans les desseins, indomptable ténacité, complétées par une sérénité qu'aucune épreuve n'a pu ébranler jamais, étaient chez lui au service d'une organisation robuste, qui, jusqu'après la 80ᵉ année, a conservé une rare vigueur.

En 1819, il entre dans les premiers rangs à l'Ecole polytechnique, qui lui ouvre les portes du corps des Ponts et Chaussées.

Après quelques années passées à Brest, il est attaché, à Bourges, au canal du Berry ; appelé à Nîmes, en 1829, et chargé du service du canal de Beaucaire, il trouve dans le Gard le commencement d'une carrière industrielle que peu d'hommes ont parcourue d'une manière aussi brillante.

Pendant les quelques années passées au service de l'État, il avait suivi avec une avide curiosité la révolution qu'accomplissait, en 1824, Georges Stephenson en appliquant la machine à vapeur à la traction des wagons sur les voies de fer depuis longtemps en usage dans les mines. De nombreux voyages en Angleterre l'avaient familiarisé avec la langue, l'esprit, le mouvement industriel de ce pays. Paternellement accueilli par le grand inventeur, il s'était lié avec Robert Stephenson, son fils, d'une amitié qui s'est cimentée par une suite de travaux entrepris en commun.

A peine le premier essai est-il tenté dans la Loire par Marc Seguin, M. Paulin Talabot conçoit le projet d'un chemin de fer destiné à amener jusqu'au Rhône, à Beaucaire, les produits du bassin houiller d'Alais, alors peu connu et dont il avait deviné l'exceptionnelle importance. Dès 1830, il organise une société d'études et, l'année suivante, il présente l'avant-projet au conseil général des Ponts et Chaussées. Il appelle auprès de lui, pour partager ses travaux, un de ses camarades d'école auquel l'a lié, pendant plus de cinquante ans, une affection inaltérable et féconde : j'ai nommé M. Didion, que nous conduisions ici, naguère, à la place du suprême repos, à quelques pas de l'endroit où voici aujourd'hui l'ami fidèle des bons et des mauvais jours.

En 1833, l'adjudication est prononcée en faveur des frères Talabot. Il restait à faire partager aux capitalistes la confiance qui animait les fondateurs de l'entreprise : tâche ardue, à cette époque, et délicate assurément ! Mais c'était une des qualités maîtresses de M. Talabot que d'entraîner à ses idées, par une contagieuse et irrésistible expansion, les personnes qui en pouvaient faciliter la réalisation. En 1837, il constitue la Compagnie des mines de la Grande-Combe et des chemins de fer du Gard ; en 1839, il livre à l'exploitation, de Nîmes à Beaucaire, le premier chemin de fer établi en France sur un type qui, depuis, n'a plus varié.

A celui-ci succède, en 1843, la ligne de Marseille à Avignon ;

il y construit deux ouvrages d'une extrême hardiesse et qui, aujourd'hui encore, servent de modèle aux ingénieurs : le viaduc de Tarascon et le souterrain de Nerthe, le plus important travail de cette nature qui existe dans notre pays. En 1851, la ligne se complète d'Avignon à Lyon, et les chemins de Montpellier à Cette et à Nîmes, réunis aux précédents, forment, en 1852, la Compagnie de Lyon à la Méditerranée.

C'est la première application de cette idée, large et pratique, de la constitution des grands réseaux, dont la conception appartient en propre à M. Talabot et qui a eu pour le pays de si fécondes conséquences. A cette première fusion succède celle de toutes les voies de fer qui sont au nord de Lyon, fusion qui, organisée en principe en 1857, est en fait réalisée en 1862. La Compagnie Paris-Lyon-Méditerranée est constituée et M. Talabot en devient le directeur général.

Malgré les labeurs incessants de l'administration d'une pareille affaire, se reposant avec confiance sur le collaborateur éminent qu'il s'était choisi, notre ancien chef, M. Audibert, il trouve le temps d'organiser les plus grandes entreprises industrielles de notre époque : les Docks de Marseille, les mines de Mockta et la Compagnie générale de navigation à vapeur, les chemins de fer algériens et la Société algérienne ; en Autriche, les chemins de fer du Sud ; en Italie, les chemins Lombards.

Dans une autre direction, épris d'une idée sur laquelle, depuis 1826, M. Enfantin n'avait cesser d'appeler l'attention publique, M. Talabot avec Robert Stephenson, fait reconnaître l'isthme de Suez. Son esprit se refusait, dit-il, à admettre, à défaut de toute justification, un phénomène aussi merveilleux que celui de la différence de niveau des deux mers. Les savants de l'expédition d'Egypte, en 1799, l'avaient affirmée et évaluée à 8 mètres environ. Laplace en avait absolument nié l'existence; *son opinion fut confirmée par l'étude de M. Talabot, qui, fixant à $0^m,80$ la surélévation de la mer Rouge, lui permit d'arrêter un avant-projet de canal aisément praticable, au moins au point de vue technique.* Il était réservé à un autre travailleur dont notre pays s'honore, à M. de Lesseps, de réaliser cette idée grandiose, avec la foi ardente, l'inépuisable activité qui, chez les hommes de cette taille, survit aux années et semble n'en pas connaître le poids.

La multiplicité de ces entreprises pourra étonner certains

esprits. Il n'est cependant pas malaisé d'y voir la suite et le développement d'une idée persistante et l'unité d'un dessein constant. Il n'en est pas une qui ne se rattache, par un lien plus ou moins direct, mais incontestable, à l'accroissement du trafic et à la prospérité de la grande voie de Paris à la Méditerranée. C'est là l'œuvre de prédilection de M. Talabot, le but et le résumé de toutes ses vues, de tous ses efforts.

Peu d'hommes ont accumulé sur leur tête un aussi lourd fardeau d'affaires. Grâce à une activité prodigieuse, à une incomparable mémoire, à une philosophie qui lui laissait, dans les circonstances les plus graves, une liberté d'esprit aussi nécessaire que difficile à conserver, il suffit à tout sans faiblir ; et quand, en 1873, la mort vint si inopinément lui enlever M. Audibert, il nous donna ce spectacle surprenant d'un vieillard de 74 ans ressaisissant d'une main ferme le gouvernail et se remettant à l'œuvre de sa jeunesse avec cette résolution tranquille qui n'a jamais connu les difficultés. Une terrible épreuve lui était cependant réservée qui était bien faite pour ébranler un caractère moins fortement trempé : il supporte avec un stoïcisme héroïque la perte de la vue, et, comme se repliant en lui-même, demandant à sa mémoire toujours fidèle et à l'intuition de son esprit de suppléer à ce qu'il ne peut plus directement percevoir, il conserve, pendant neuf ans encore, avec les soucis des luttes de chaque jour, la direction de cette vaste entreprise.

C'est un grand exemple pour tous que cette vie si longue, si bien remplie d'œuvres utiles, si bien couronnée par une fin chrétienne. Quelles que soient les crises qui semblent nous menacer, un pays ne tombe pas qui produit encore de tels hommes et qui sait leur rendre les hommages qu'ils méritent.

Et maintenant, disons un dernier adieu à notre vieux chef. Comme naguère sa parole, son souvenir nous soutiendra encore et son nom vivra, vénéré, dans la Compagnie de Paris à Lyon et à la Méditerranée, aussi longtemps qu'on y saura apprécier les services rendus et qu'on y conservera le culte de l'honneur, du devoir et du travail.

M. JACQMIN
Directeur de la C¹⁰ des Chemins de fer de l'Est

30 avril 1889

Que pourrais-je ajouter au récit qui vient de vous être fait d'une vie utile et bien remplie ? Et cependant, interprète de ses collègues des autres compagnies de chemins de fer, j'éprouve le besoin d'adresser un suprême adieu à l'ami tant regretté, au moment où il va accomplir pour la dernière fois, sur cette ligne qu'il a aidé à construire, ce voyage vers Melun où il allait si souvent chercher au milieu de ses souvenirs de jeunesse, où il va trouver, à côté de ceux qui l'attendent, l'oubli des luttes de la vie.

Nous qui l'avons approché de près et vu si longtemps à l'œuvre, nous pouvons confirmer le témoignage qui vient de lui être rendu. Nous l'avions appelé sans conteste à présider nos réunions périodiques des Chemins de fer de Ceinture, et dans ces réunions familières où se traitaient souvent à l'improviste les questions les plus diverses, que de fois ne nous a-t-il pas donné la mesure à la fois de la bienveillance et de la précision d'un esprit merveilleusement ordonné, toujours prêt, comme s'il s'était recueilli à l'avance, à évoquer en chaque circonstance les souvenirs du passé, à indiquer la meilleure marche à suivre pour le présent ; aussi professions-nous tous pour lui une respectueuse et affectueuse déférence.

Tous nous avons pris part à ses épreuves quand, il y a quelques années, il a été frappé par la plus amère des douleurs ; il a cherché et trouvé, dans le travail obstiné, l'oubli momentané de ses chagrins, dans le commerce habituel des livres les plus anciens et les plus clairs de notre religion, sinon la consolation, du moins le réconfort et le soutien.

C'est dans ces dispositions d'âme que la mort est venue brusquement, non le surprendre, mais l'atteindre ; il était prêt à la recevoir et pouvait l'attendre sans crainte.

Puissions-nous tous nous inspirer d'une telle vie, d'une telle mort.

M. MATHIAS
1889

Le président du conseil d'administration du Nord vous a dit ses regrets et ce qu'a perdu la Compagnie en perdant le plus ancien de ses collaborateurs, celui qui, depuis longtemps, s'était identifié à elle au point de la considérer comme sa chose et sa famille. Presque au même degré, en effet, que le nom des Rothschild qui en est inséparable depuis sa création, le nom de Petiet d'abord, celui de Mathias ensuite représentaient et personnifiaient la Compagnie des chemins de fer du Nord.

Un de ses collaborateurs les plus anciennement fidèles va vous dire, au nom du personnel, ce qu'était le chef vigilant et affectueux qu'il a perdu, après une longue carrière de travail; c'est surtout aux regrets des petits que l'on peut mesurer si le chef a été digne de ses hautes fonctions, s'il a bien compris l'étendue de ses devoirs vis-à-vis d'eux. Leur affection pendant sa vie, leur chagrin après, est, pour celui qui a charge d'âmes, la plus précieuse des récompenses.

Il m'appartient, au nom des autres compagnies de chemins de fer français, d'adresser un dernier adieu au vieux compagnon de nos travaux et de nos pacifiques combats.

Presque contemporain de l'origine des chemins de fer dans notre pays, entré dès sa première jeunesse dans l'industrie naissante à laquelle il devait consacrer sa vie entière, M. Mathias a toujours gardé l'influence de ses premières études, du milieu où s'étaient passées ses premières années. Malgré le trouble que d'inoubliables événements ont apporté dans les relations avec un peuple voisin vers lequel le reportaient, en dépit de son ardent patriotisme, les souvenirs de son enfance, il en admirait, parce qu'il les connaissait bien, la littérature et le génie, l'esprit puissant d'ordre et d'organisation. Il s'inspirait de ses procédés en en tempérant la rigueur et faisait servir au perfectionnement incessant du service dont il avait la direction, aussi bien ses voyages nombreux au delà du Rhin, que ses fréquentes excursions en Angleterre où il comptait, *pour* ainsi dire, autant d'amis dévoués qu'il en avait dans notre propre pays.

Il apportait au comité du Chemin de fer de Ceinture, dont il était le membre le plus ancien et le plus assidu, le fruit de son expérience personnelle et les enseignements du passé qu'une mémoire particulièrement fidèle avait profondément gravés dans son souvenir. Jamais plus heureux que lorsqu'on avait un service à lui demander, sa gaieté naturelle, la passion, souvent voulue, qu'il apportait dans les controverses, la vivacité de son esprit, les récits dont il agrémentait les plus sérieuses discussions, le rendaient pour nous tous un collègue aimable et précieux.

Il nous aurait manqué, si quand, il y a quelques mois, il a cru devoir prendre, peut-être trop tard hélas, un repos nécessaire, il eût cessé de venir partager nos travaux. Nous aussi lui aurions manqué et c'était une commune joie quand nous le voyions, dans ces derniers temps, grâce à des subterfuges qui faisaient, croyait-il, illusion à sa famille, revenir à nos réunions, prétextant des visites à faire à Paris pour échapper à la loi du repos que sa fidèle compagne lui avait imposée, sachant bien qu'elle ne pourrait pas absolument la faire respecter.

Son souvenir vivrait fidèle parmi nous, alors même qu'il n'aurait pas, pour le représenter à nos réunions, le collaborateur aimé auquel il avait fait place à son foyer, donnant ainsi une preuve nouvelle qu'il ne savait pas, dans ses affections, séparer sa chère compagnie de sa propre famille.

Il y a longtemps que nous avons reporté sur ce fils, qu'il a si bien su choisir, l'amitié que nos anciens, puis que les jeunes lui avaient vouée à lui-même.

Puisse cette sympathie vivace qui s'appliquait à la fois à celui qui n'est plus et à celui qui nous reste, et ne sera que plus vive, aujourd'hui qu'elle ne peut plus se partager, être pour lui et pour toute sa famille un adoucissement à une douleur dont nous comprenons et partageons toute l'étendue.

M. HENRY

Ingénieur en Chef des Mines, Ingénieur en Chef
du Matériel et Traction des Chemins de fer P. L. M.

30 janvier 1892

J'aurais voulu qu'en revenant au village où il a désiré reposer, l'ami qui s'est éteint loin de nous pût passer par Paris, pour faire un dernier séjour dans notre gare, auprès des ateliers qu'il dirigeait. Leur personnel tout entier aurait été heureux de lui faire cortège et d'adresser un sympathique adieu au chef aimé et respecté qui avait su inspirer à tous, depuis les ingénieurs jusqu'au plus modeste de ses 15,000 collaborateurs, un même sentiment d'affection et de déférence.

Les quelques amis qui ont pu être prévenus à temps ont tenu à venir ici lui donner un hommage suprême. C'est en leur nom que je dépose, sur cette tombe prématurément ouverte, le témoignage de profonds et universels regrets.

Il a désiré prendre son dernier repos (pour ce travailleur acharné je pourrais dire son premier repos) ici, dans son pays, à côté de ses parents si justement fiers de lui, dans le modeste cimetière de ce village où il est né et qu'il a toujours tant aimé.

Aimé au point que, quand il s'est senti frappé par un mal qui, malgré sa jeunesse, ne devait pas pardonner, il se reprochait de l'avoir quitté, considérant presque comme une punition du ciel de lui avoir été infidèle. « Paysan j'étais, me disait-il, paysan j'aurais dû rester ! » Comme si lorsque Dieu marque un enfant d'un rayon de sa puissance, il était loisible à cet enfant, devenu homme, de laisser s'éteindre ce rayon, comme si la flamme d'intelligence qui l'anime pouvait demeurer sous le boisseau, comme si, au risque de consumer son enveloppe même, elle ne devait répandre autour d'elle la chaleur et la lumière, et contribuer, pour sa part, au développement des connaissances de l'humanité.

Henry était de ces esprits privilégiés auxquels est échu en partage une haute intelligence, une rare faculté d'apprendre et de retenir, de briller dans tout ce qu'ils entreprennent, de faire progresser toutes les branches des sciences auxquelles ils s'attachent. Parti de rien, élevé au prix de sacrifices bien lourds, mais devant lesquels ses parents, sûrs avec raison de son avenir, ont eu le courage de ne pas reculer, il arrivait, très jeune, malgré les lacunes de son éducation rapide, à l'Ecole polytechnique : il en sortait le second dans le Corps des Mines. Soit comme attaché au laboratoire de l'Ecole supérieure des mines, soit comme professeur à l'Ecole de Saint-Etienne, soit comme ingénieur à Rive-de-Gier, en chimie, en métallurgie, en exploitation des mines, dans tout ce qu'il a touché, il a laissé une trace lumineuse et un souvenir. Désigné à notre compagnie par la réputation qu'il s'était rapidement acquise dans le Corps, il s'y occupa d'abord de l'exploitation technique des chemins de fer ; mais, bientôt distingué par un chef perspicace, autant que difficile dans ses choix, il devenait, en 1879, collaborateur de M. Marié, alors ingénieur en chef du matériel et de la traction. Deux ans après, la mort de son chef lui laissait la direction d'un des services les plus importants et les plus lourds, qu'on aurait pu, avec raison, hésiter à confier à un ingénieur aussi jeune, si le passé n'avait en lui et partout garanti l'avenir et donné la certitude que ses robustes épaules étaient de taille à supporter le fardeau qu'on leur imposait.

Pendant les dix années qu'il a passées à la tête de ce service, il n'en est pas une qui n'ait été marquée par une découverte nouvelle, une réforme, un perfectionnement, lentement étudié mais réalisé avec une sûreté, une précision qui ne laissaient jamais place à l'erreur et n'ont jamais comporté de rectification ultérieure.

Ce n'est pas ici le lieu de rappeler le détail, ni de ses travaux passés, ni de ceux qu'il préparait et qu'il ne voulait produire que quand la réflexion les aurait mûris et assurés. Je me borne à dire qu'il s'y est toujours montré un maître dont la perte est vivement ressentie par la Compagnie de Paris à Lyon et à la Méditerranée, et presque aussi vivement, je ne crains pas de le dire, par ses collègues des autres compagnies qui ne lui ont ménagé les preuves ni de leur estime ni de leur gratitude.

Et maintenant, toutes ces espérances sont brisées ; il n'y a plus rien à attendre de cet esprit si bien préparé pour produire encore pendant de longues années. Il meurt à 45 ans ; faut-il le plaindre ? Dussé-je raviver la douleur d'une famille qu'il a comblée de ses bienfaits et à laquelle il était encore si nécessaire, il vaut mieux envier plutôt son sort ; il meurt dans la plénitude de la force et de l'intelligence, entouré d'unanimes et sincères regrets. S'il est naturel que les heureux et les riches de la terre désirent prolonger jusqu'aux plus extrêmes limites de la vieillesse une vie qui, pour eux, a été souvent exempte d'amertume et de soucis, faut-il faire le même vœu pour ceux qui pour toute richesse ont l'intelligence, qui, partis des rangs les plus humbles de la société, se sont élevés par l'esprit et par le travail ? Qui sait les épreuves que la Providence nous réserve, si elle nous réserve la vieillesse ? Elles ont été, du moins, épargnées à notre ami, et la plus redoutable de toutes pour un homme de travail, celle de voir ses forces trahir son courage, la maladie paralyser son ardeur, et, pis encore, le corps survivre parfois aux ruines de l'intelligence. Il est mort, du moins, tout entier. Que Dieu nous évite, comme à lui, ces terribles épreuves. Qu'il se repose maintenant, il l'a bien gagné.

Adieu, mon ami !

M. MASSIEU
Inspecteur Général des Mines
10 février 1896

Je n'ai pas à parler ici au nom du corps des Mines frappé douloureusement dans l'un de ses membres les plus distingués. C'est au vieil ami que je veux adresser un adieu personnel au nom de ses camarades de promotion qui entourent son cercueil de sympathie et de regrets.

Qui ne regretterait, en effet, parmi ceux qui l'ont connu, parmi ceux qui l'ont approché, l'homme savant, doux, serviable et bon que fut Massieu, toujours prêt à se donner quand on lui demandait un service, surtout un concours de travail, n'épargnant aucun effort, aucune recherche, heureux quand il avait résolu pour les autres une de ces difficultés matérielles ou théoriques que son cœur pour les unes et pour les autres, sa tenace perspicacité ne laissaient jamais sans solution.

D'une origine modeste, comme tant d'entre nous auxquels l'Ecole polytechnique ouvre libéralement ses portes, il n'a rien dû qu'à lui-même, à l'intelligence que Dieu lui avait départie avec largesse, au travail obstiné par lequel il l'a fécondée. Après quelques années seulement d'une éducation tardivement commencée, il entrait en 1851 à l'Ecole. Deux ans après, à l'Ecole des mines, nous nous demandions duquel de nos maîtres il continuerait le plus dignement les travaux, car à tous son esprit était apte à un égal degré. La mécanique rationnelle, la mécanique appliquée lui étaient également familières. La théorie mécanique de la chaleur lui devait d'importants progrès. Les lois géométriques de la formation des cristaux l'attiraient et dans le développement des principes posés par notre maître Bravais, il précédait l'ami commun, auquel nous rendions récemment les derniers devoirs, Mallard, auquel il était réservé d'expliquer avec autant de précision que d'élégance les lois philosophiques du groupement de la matière et de conquérir dans le monde savant une si légitime renommée.

Après quelques années de service ordinaire, la géologie qu'il professa avec éclat à la Faculté de Rennes parût devoir l'attacher spécialement à l'étude des séduisantes théories d'Elie de Beaumont sur les fractures géométriques de l'écorce terrestre. Il délaissa cependant ces études, à la chaire qu'avant lui avait illustrée Durocher, quand les hasards de la vie administrative l'attachèrent comme ingénieur en chef au contrôle des chemins de fer de l'Ouest.

Là, son esprit d'investigation trouva fréquemment l'occasion de s'exercer et son étude sur la machine Rahrschaert est un modèle, aussi bien que son mémoire sur les freins peut servir de guide aux ingénieurs, même après la généralisation de l'emploi de l'air comprimé dans les trains de voyageurs.

Bientôt après, de plus importantes occupations s'imposent à lui quand, inspecteur général, il est appelé à la Direction du contrôle de l'Etat auprès des chemins de fer de l'Est. Nous l'y avons vu pendant de longues années, sentinelle vigilante de l'Etat, défendre, comme il en avait mission, les droits dont il avait la garde et rendre facile pour la Compagnie, dont il s'était fait le plus zélé collaborateur, l'accomplissement de ses devoirs vis-à-vis de l'Etat, vis-à-vis du public.

C'est parfois un sujet d'étonnement pour les esprits superficiels que la facilité de cet accord entre deux organismes dont l'un surveille l'autre, dont les intérêts parfois opposés doivent cependant toujours se concilier parce qu'ils tendent l'un et l'autre vers un même but. Avec vous, Messieurs, qui réalisez chaque jour cette conciliation nécessaire, nous en faisons honneur à l'esprit commun qui nous anime, aux sentiments d'honneur et de devoir que notre Ecole polytechnique a profondément enracinés dans nos cœurs, à nos traditions. Nous savons à quel point la camaraderie issue d'une commune origine rend facile le loyal accomplissement du devoir pour peu qu'on ait l'esprit dégagé des vulgaires rancunes ou des mesquines jalousies et nous demeurons fièrement au-dessus des attaques que, dans notre époque de suspicion et d'envie, des Pharisiens, revendiquant je ne sais quel monopole de vertu, adressent à ceux qu'ils croient flétrir par notre précieuse appellation de « chers camarades ». Ne peuvent comprendre certains sentiments ceux qui ne peuvent les éprouver.

Nul ne fut meilleur camarade que Massieu, nul ne comprit mieux que lui le double rôle des ingénieurs de l'Etat contrôlant les Compagnies. Il savait exiger, il en avait rarement besoin, car de même que la façon de donner vaut mieux que ce qu'on donne, la façon de demander est le plus sûr moyen d'obtenir ce qu'on n'aurait pas le droit d'imposer.

Sa vie simple et modeste peut être donnée en exemple à tous. Sa mort aussi est digne d'envie. Dieu l'a repris tout entier, en pleine intelligence, en plein travail sans lui infliger la douloureuse décadence qui frappe souvent les trop longues existences.

Sur les six jeunes camarades qui entraient en 1853 à l'Ecole des mines, il en a déjà rappelé trois. Puisse-t-il être aussi clément à ceux qui restent et au nom desquels je t'adresse, mon vieil ami, un temporaire adieu.

M. CHARDARD

Ingénieur en Chef des Ponts et Chaussées
Sous-Directeur de la C¹⁰ des Chemins de fer P. L. M.

1896

La vie a de ces ironies, la mort de ces injustices, et telle est la fragilité de nos calculs et des espérances humaines que je m'étonne de me trouver en ce lieu, à cette place où Chardard devait normalement me conduire.

Qui aurait pu soupçonner, il y a un an à peine, que m'incomberait le douloureux devoir de dire un dernier adieu, au nom de la Compagnie, au nom de nos camarades, au fidèle compagnon que je m'étais choisi, plein de jeunesse alors et d'entrain, et m'aidant si allègrement à supporter un fardeau que son intelligence et sa bonne humeur lui faisaient trouver léger et passionnant ?

La maladie est venue subite, imprévue, impitoyable, marquant, dès le premier jour, du signe des prédestinés à la mort prématurée, celui qui croyait pouvoir la défier et devant qui s'était ouverte une carrière brillante et assurée. Et tout s'est anéanti. Adieu l'espérance, adieu l'avenir.

Ce n'est pas le premier de mes collaborateurs que je vois ainsi disparaître avant l'heure, ce n'est pas la première force que je vois se briser entre mes mains, ni la première fois que Dieu met à néant les projets formés pour remettre au plus digne le soin de diriger des affaires dont le poids s'accentue à mesure que fuit la jeunesse.

Le plus digne, Chardard l'était à coup sûr. Sa haute et vive intelligence, ses rares facultés d'imagination, la facilité avec laquelle son esprit s'adaptait aux études les plus diverses, son jugement net autant que bienveillant, son entraînante bonne humeur en faisaient le plus charmant et le plus sûr des collaborateurs et à ses chefs, comme à ses subordonnés, dès le premier abord, inspiraient la sympathie et commandaient la confiance.

Vingt ans il a servi l'État comme ingénieur des Ponts et

Chaussées. Pendant quatorze ans, il a donné son concours à notre Compagnie et depuis dix-huit mois la confiance de notre Conseil l'avait investi des fonctions de sous-directeur. Et il meurt à 55 ans, laissant écrasés dans leur deuil la plus dévouée et la plus vaillante des femmes et deux enfants, dont l'éducation était encore le trop légitime objet de ses préoccupations !

Que Dieu leur donne la résignation, le courage et la foi dans un avenir dont chacun de nous s'efforcera d'écarter les nuages. Sur eux, mon ami, se reporteront les universelles sympathies que vous aviez su vous attirer.

Dormez tranquille votre éternel sommeil !

M. RENÉ PICARD

Chef de l'Exploitation des Chemins de fer P. L. M.

31 octobre 1902

Messieurs,

Nous conduisons à sa dernière demeure mon vieux camarade de 1851 à l'Ecole polytechnique et j'adresse un suprême adieu à celui de tous que les circonstances ont le plus rapproché de moi, puisque, depuis 1869, pendant trente années consécutives, il n'a cessé de me donner, en Algérie d'abord, puis à Paris, la plus affectueuse et la plus efficace des collaborations.

Peu d'hommes ont exercé au même degré un pouvoir de séduction, je dirai presque de fascination sur ceux qui l'approchaient.

Son enfance avait été bercée en Alsace par le récit des guerres du Premier Empire auxquelles son père, colonel d'artillerie, avait pris part. Artilleur, il voulait être, lui aussi. Les circonstances en décidèrent autrement, et les idées austères de la famille dans laquelle il avait, dès l'Ecole polytechnique, choisi sa fiancée, firent de lui un marin. D'une longue et rude campagne à la Nouvelle-Calédonie et dans les mers de Chine, il revenait presque mourant, à 24 ans, d'une maladie qui, plusieurs fois, depuis, a mis sa vie en danger. Quittant la marine, il entrait, par la porte la plus modeste, aux chemins de fer du Dauphiné ; en 1868, il était appelé à Alger comme chef de l'Exploitation des chemins de fer dont notre Compagnie venait d'accepter la concession.

En 1870, il voulait quitter ce poste et sa famille pour reprendre son épée : on jugea que sa présence était plus utile en Algérie où se préparait une insurrection qui mettait en grave péril les intérêts dont nous avions la garde et il assistait, impuissant, aux désastres qui nous enlevaient sa chère Alsace.

Ce déchirement profond, une rechute de son mal l'obligeaient, en 1872, à rentrer en France.

Ce qu'il y a été pendant vingt-sept ans comme inspecteur principal, inspecteur général, puis chef de l'exploitation, vous le savez tous, vous qui m'entourez et l'avez vu à l'œuvre. Vous avez connu ce cœur franc et généreux, cet esprit vif, ouvert, cette conception rapide, cette intelligence alerte pour laquelle rien n'était difficile et que n'effrayait aucun problème.

Sévère parfois, parce qu'il était exigeant pour lui-même, intraitable sur le chapitre de la discipline qu'il savait indispensable au succès, à l'existence même de notre grande industrie, mais bon, serviable, prévenant, obligeant autant qu'on peut l'être, et d'un mot pansant les blessures qu'avait pu causer un moment de vivacité.

Aussi était-il véritablement adoré de son personnel, fier d'avoir à sa tête un chef si brillant, si justement estimé de tous.

Mieux que mon affirmation, le témoignent ce concours d'agents de tous ordres qui se pressent autour de cette tombe ouverte, la présence de ses plus anciens et fidèles collaborateurs, la pléiade brillante des anciens chefs de nos armées, ses camarades de promotion à l'Ecole.

Dieu lui a été miséricordieux en lui accordant une longue suite d'années, trop courte encore au gré d'une famille nombreuse à laquelle il était si nécessaire, et, quand est venue la dernière épreuve, en abrégeant ses souffrances. Car, étant ce qu'il était, qu'aurait été pour lui la vie sans la plénitude de l'intelligence et de la volonté !

Plus encore que les douleurs physiques, l'avait frappé une douleur que trop d'entre nous ont connue, qui ne veut ni oublier ni être consolée, quand sur la terre lointaine de l'Annam, il avait perdu son unique fils, brillant officier d'artillerie, devant lequel l'avenir s'ouvrait souriant et dont la mort prématurée avait laissé dans son cœur une blessure toujours ouverte.

A dix-sept ans d'intervalle, nous réunissons dans cette tombe leurs dépouilles mortelles. Mais que vaut la matière périssable, pour charmante qu'ait été la forme qu'elle avait revêtue pendant la vie ? Par ce qu'ils avaient de meilleur, ils sont, je l'espère, réunis dans une autre demeure ; car ils n'étaient pas de ceux qui pensent que tout finit par la mort. Et je crois avec eux que ce qu'on appelle l'éternel adieu n'est que le prélude de l'éternel revoir. C'est dans cette pensée que je te dis adieu, mon vieil ami.

TABLE DES MATIÈRES

MÉMOIRES

		Pages
1883	La vie et les travaux de M. Charles Didion	1
1888	Alexandre Surell	23
1889	Institutions patronales des Compagnies de chemins de fer.	68
— —	Chemins de fer départementaux	84
1890	Tarification sur les chemins de fer et tarifs de pénétration	114
1902	Conditions du travail dans les chemins de fer	137

DISCOURS ET ALLOCUTIONS

1880	La concurrence des canaux et des chemins de fer	162
1890	Au sacre de Mgr Sonnois	171
— —	Inauguration de la fontaine Estrangin, à Marseille	173
— —	Inauguration du buste de Paulin Talabot, à Nîmes	176
1891	Distribution des prix de l'école Monge, à Paris	180
1892	Union des chemins de fer P.-L.-M., à Lyon	184
1893	— — — à Dijon	188
— —	Le péage sur les voies navigables (Congrès de navigation à Paris)	199
1894	Conférence européenne des horaires, à Paris	216
1895	Association fraternelle des chemins de fer (assemblée générale)	218
1896	Congrès des sociétés coopératives P.-L.-M., à Grenoble.	222
1897	Association amicale de l'École polytechnique	226
— —	Association fraternelle, section de Paris	235
1898	Questions lyonnaises. — Chemins de fer et navigation	240
— —	Congrès des sociétés coopératives, à Marseille	253
— —	Association fraternelle, section de Villeneuve-St-Georges.	258
— —	Conférence européenne des horaires, à Nice	262
1899	Congrès des sociétés coopératives, à Alger	265
— —	Association fraternelle, section de Paris	272
— —	— — de Nevers	274
1900	Congrès des sociétés coopératives, à Besançon	277
— —	Association fraternelle, section de Clermont	280
— —	— — de Paris	284
— —	Union centrale des officiers retraités	288
— —	Association fraternelle, sociétés coopératives et de secours mutuels	290

1901 — Congrès des sociétés coopératives, à Nice		293
— — Association fraternelle, section de Marseille		297
— — — — de Paris		302
1902 — — — St-Germain-des-Fossés		304
— — — — de Montpellier		307
— — — — d'Avignon		312
1903 — — — — de Lyon		317
— — — — d'Aix		321
— — Réunion des anciens élèves du lycée de Dijon		324
1904 — Congrès des sociétés coopératives de Paris		329
— — Association fraternelle, section de Moulins		333
1905 — Discours de réception à l'Académie de Marseille		338

OBSÈQUES

1885 — M. Paulin Talabot		357
1889 — M. Jacqmin		361
— — M. Mathias		362
1892 — M. Henry		364
1896 — M. Massien		366
— — M. Chardard		369
1902 — M. René Picard		370

Imp. PAUL DUPONT, 114, rue Montmartre — Paris, 2ᵉ Arrᵗ.

www.ingramcontent.com/pod-product-compliance
Lightning Source LLC
Chambersburg PA
CBHW070457170426
43201CB00010B/1381